GUERRA NUCLEAR

UM CENÁRIO

ANNIE JACOBSEN

GUERRA NUCLEAR
UM CENÁRIO

Tradução de Livia de Almeida

Rocco

Título original
NUCLEAR WAR
A Scenario

Copyright © 2024 *by* Anne M. Jacobsen

Todos os direitos reservados.

Nenhuma parte desta obra pode ser reproduzida ou transmitida por meio eletrônico, mecânico, fotocópia, ou sob qualquer outra forma sem a prévia autorização do editor.

PROIBIDA A VENDA EM PORTUGAL.

Direitos para a língua portuguesa reservados com exclusividade para o Brasil à
EDITORA ROCCO LTDA.
Rua Evaristo da Veiga, 65 – 11º andar
Passeio Corporate – Torre 1
20031-040 – Rio de Janeiro – RJ
Tel.: (21) 3525-2000 – Fax: (21) 3525-2001
rocco@rocco.com.br
www.rocco.com.br

Printed in Brazil/Impresso no Brasil

Preparação de originais
DAFINE SKARBEK

CIP-BRASIL. CATALOGAÇÃO NA PUBLICAÇÃO
SINDICATO NACIONAL DOS EDITORES DE LIVROS, RJ

J18g

Jacobsen, Annie
 Guerra nuclear : um cenário / Annie Jacobsen ; tradução Livia de Almeida. - 1. ed. - Rio de Janeiro : Rocco, 2025.

 Tradução de: Nuclear war : a scenario
 ISBN 978-65-5532-549-2
 ISBN 978-65-5595-354-1 (recurso eletrônico)

 1. Guerra nuclear - Estados Unidos - Previsão. 2. Armas nucleares - Política governamental. 3. Ataque e defesa (Ciência militar). 4. Estados Unidos - Política militar. I. Almeida, Livia de. II. Título.

25-97246.2
CDD: 355.02170973
CDU: 355.02:623.454.8(73)

Meri Gleice Rodrigues de Souza - Bibliotecária - CRB-7/6439

Para Kevin

"A história da raça humana é a Guerra.
A não ser por breves e precários interlúdios,
nunca houve paz no mundo;
e antes que a História tivesse início, o conflito assassino
era universal e interminável."

Winston Churchill

SUMÁRIO

Nota da autora. 11

Entrevistas 13

Prólogo: O inferno na Terra 17

PARTE I
Os antecedentes (ou como chegamos até aqui) 25

PARTE II
Os primeiros 24 minutos. 49

PARTE III
Os 24 minutos seguintes 147

PARTE IV
Os 24 minutos seguintes (e finais) 229

PARTE V
Os 24 meses seguintes e o que vem depois
(ou para onde vamos depois de um conflito nuclear). 269

Agradecimentos. 287

Notas 291

Bibliografia 333

NOTA DA AUTORA

Desde o início dos anos 1950, o governo dos Estados Unidos gastou trilhões de dólares se preparando para uma guerra nuclear, ao mesmo tempo que burilava os protocolos destinados a manter o funcionamento da administração pública depois que centenas de milhões de norte-americanos se tornassem vítimas de um holocausto nuclear de proporções apocalípticas.

Este cenário — do que poderia acontecer nos momentos após o disparo de um míssil nuclear — se baseia em fatos obtidos através de entrevistas exclusivas com assessores presidenciais, membros do gabinete, engenheiros nucleares, cientistas, militares, pilotos, operadores especiais, agentes do Serviço Secreto, especialistas em gerenciamento de emergências, analistas de inteligência, funcionários públicos e outros que trabalharam com esses cenários macabros no decorrer do tempo. Como os planos para uma Guerra Nuclear Geral estão entre os segredos mais bem guardados pelo governo dos Estados Unidos, este livro, e o cenário que ele postula, leva o leitor ao limite do que pode ser legalmente conhecido. Documentos que tiveram o sigilo quebrado[1] — após passarem décadas protegidos — preenchem as lacunas com uma clareza aterrorizante.

Como o Pentágono é, nos Estados Unidos, um dos principais alvos possíveis para um ataque inimigo com armas nucleares, no cenário que se segue, a capital do país, a cidade de Washington, é o primeiro local a ser atingido — com uma bomba termonuclear de 1 megaton. "Um ataque *Bolt out of the Blue* contra a capital é o que todos em Washington mais temem",[2] diz o ex-secretário-assistente em programas de defesa nuclear, química e biológica, Andrew Weber. "*Bolt out of the Blue*" é como o Comando e Controle Nuclear dos Estados Unidos se refere a um "grande ataque [nuclear] inesperado".[3]

Essa ofensiva à capital dos Estados Unidos é o começo de uma Guerra Nuclear Geral, praticamente um Armagedom, que quase com certeza se seguirá. "Não existe uma guerra nuclear pequena", como se costuma dizer em Washington.

Um ataque nuclear ao Pentágono é apenas o início de um cenário cuja conclusão será o fim da civilização como a conhecemos. Esta é a realidade do mundo em que vivemos. O cenário de guerra nuclear proposto neste livro poderia acontecer amanhã. Ou ainda hoje.

"O mundo poderia acabar nas próximas horas", alerta o general Robert Kehler, ex-comandante do Comando Estratégico dos Estados Unidos.[4]

ENTREVISTAS

(Os cargos no Comando e Controle Nuclear dos Estados Unidos não são mais ocupados pelos nomes nesta lista.)

Dr. Richard L. Garwin: Desenvolvedor de armas nucleares, responsável pela bomba termonuclear Ivy Mike

Dr. William J. Perry: Secretário de Defesa dos Estados Unidos

Leon E. Panetta: Secretário de Defesa dos Estados Unidos, diretor da CIA e chefe de gabinete da Casa Branca

General C. Robert Kehler: Comandante do Comando Estratégico dos Estados Unidos

Vice-Almirante Michael J. Connor: Comandante das forças de submarinos [nucleares] dos Estados Unidos

Brigadeiro-General Gregory J. Touhill: Primeiro chefe de segurança cibernética dos Estados Unidos (CISO, na sigla em inglês); diretor de Sistemas de Comando, Controle, Comunicações e Cibernéticos (C4) e do Comando de Transporte

William Craig Fugate: Administrador da Agência Federal de Gestão de Emergências (FEMA, na sigla em inglês)

Andrew C. Weber: Secretário-assistente de Defesa para programas de defesa nuclear, química e biológica

Jon B. Wolfsthal: Assistente especial do presidente para segurança nacional, Conselho de Segurança Nacional

Dr. Peter Vincent Pry: Agente de inteligência da CIA especializado em armas de destruição em massa e Rússia; diretor executivo da Força-Tarefa de Pulso Eletromagnético do Departamento de Segurança Nacional e Interna

Juiz Robert C. Bonner: Comissário de Alfândega e Proteção de Fronteiras, Departamento de Segurança Interna

Lewis C. Merletti: Diretor do Serviço Secreto dos Estados Unidos

Coronel Julian Chesnutt, ph.D.: Serviço Clandestino de Defesa, Agência de Inteligência de Defesa; adido de Defesa; adido aéreo dos Estados Unidos; comandante de esquadrão F-16

Dr. Charles F. McMillan: Diretor do Laboratório Nacional de Los Alamos

Dr. Glen McDuff: Engenheiro de armas nucleares, Laboratório Nacional de Los Alamos; pesquisador e historiador

Dr. Theodore Postol: Assistente do chefe de operações navais; professor emérito do MIT

Dr. J. Douglas Beason: Cientista-chefe do Comando Espacial da Força Aérea dos Estados Unidos

Dr. Frank N. von Hippel: Físico e professor emérito da Universidade de Princeton (cofundador do Programa de Ciência e Segurança Global)

Dr. Brian Toon: Professor e coautor da teoria do inverno nuclear (com Carl Sagan)

Dr. Alan Robock: Professor renomado, climatologista, especialista em inverno nuclear

Hans M. Kristensen: Diretor do Projeto de Informação Nuclear da Federação de Cientistas Americanos

Michael Madden: Diretor do North Korea Leadership Watch (Observatório de Liderança da Coreia do Norte), Stimson Center

Don D. Mann: Chefe de equipe do Team Six dos SEALs no Programa Nuclear, Biológico e Químico

Jeffrey R. Yago: Engenheiro e consultor da Força-Tarefa de Pulso Eletromagnético do Departamento de Segurança Nacional e Interna

H. I. Sutton: Analista e escritor do Instituto Naval dos Estados Unidos

Reid Kirby: Historiador militar especializado em defesa química, biológica, radiológica e nuclear

David Cenciotti: Jornalista de aviação; segundo-tenente (aposentado), *Aeronautica Militare* (Força Aérea Italiana, ITAF, na sigla em inglês)

Michael Morsch: Arqueólogo neolítico da Universidade de Heidelberg; codescobridor de Göbekli Tepe

Dr. Albert D. Wheelon: Diretor da CIA, Diretoria de Ciência e Tecnologia

Dr. Charles H. Townes: Inventor do laser; ganhador do Prêmio Nobel de Física em 1964

Dr. Marvin L. Goldberger: Físico e membro do Projeto Manhattan; fundador e presidente dos cientistas do Jason,* consultor científico do presidente Johnson

---

* Grupo independente de conselheiros do governo norte-americano, composto por cientistas de alto nível e especialistas em ciência e tecnologia. O nome não é um acrônimo, e sim uma referência ao herói da mitologia grega Jasão (N. da E.).

Entrevistas

Paul S. Kozemchak: Assistente especial do diretor da Agência de Projetos de Pesquisa Avançada de Defesa (Defense Advanced Research Projects Agency, DARPA) e seu membro mais antigo

Dr. Jay W. Forrester: Pioneiro da computação, fundador da dinâmica de sistemas

General Paul F. Gorman: Ex-comandante em chefe do Comando Sul dos Estados Unidos (U.S. SOUTHCOM) e assistente especial do Estado-Maior Conjunto

Alfred O'Donnell: Membro do Projeto Manhattan, engenheiro de armas nucleares da EG&G, Comissão de Energia Atômica

Ralph James Freedman: Engenheiro de armas nucleares da EG&G, Comissão de Energia Atômica

Edward Lovick Jr.: Físico e especialista em tecnologia *stealth* na Lockheed Skunk Works

Dr. Walter Munk: Oceanógrafo e ex-cientista do Jason

Coronel Hervey S. Stockman: Piloto; o primeiro homem a sobrevoar a União Soviética em um U-2 e piloto de amostras atômicas

Richard "Rip" Jacobs: Engenheiro do esquadrão VO-67 da Marinha dos Estados Unidos, no Vietnã

Dr. Pavel Podvig: Pesquisador do Instituto das Nações Unidas para Pesquisa sobre Desarmamento; pesquisador do Instituto de Física e Tecnologia de Moscou

Dra. Lynn Eden: Pesquisadora emérita da Universidade de Stanford, especialista em tempestades ígneas, política nuclear e política externa e militar dos Estados Unidos

Dr. Thomas Withington: Pesquisador especializado em guerra eletrônica, radares e comunicações militares do Royal United Services Institute (Instituto Real de Serviços Unidos), Inglaterra

Joseph S. Bermudez Jr.: Analista especializado em defesa e inteligência da Coreia do Norte e no desenvolvimento de mísseis balísticos do Centro de Estudos Estratégicos e Internacionais

Dr. Patrick Biltgen: Engenheiro aeroespacial e ex-diretor da Diretoria de Integração de Inteligência da BAE Systems

Dr. Alex Wellerstein: Professor, autor e historiador das ciências e tecnologias nucleares

Fred Kaplan: Jornalista, autor e historiador de armamentos nucleares

PRÓLOGO

O inferno na Terra

Washington, capital dos Estados Unidos
Possivelmente em algum momento do futuro próximo

A detonação de uma arma termonuclear de 1 megaton começa com um clarão de luz e calor de tamanha grandeza que escapa à compreensão da mente humana.[1] A temperatura de 100 milhões de graus Celsius é quatro ou cinco vezes superior àquela encontrada no centro do Sol.[2]

Na primeira fração de milissegundo após a bomba termonuclear atingir o Pentágono nos arredores de Washington, há luz. A luz suave dos raios X, com um comprimento de onda muito curto.[3] A luz superaquece o ar ao redor a milhões de graus, criando uma enorme bola de fogo que se expande a milhões de quilômetros por hora. Em questão de segundos, essa bola de fogo cresce até um diâmetro de pouco menos de 2 quilômetros,[4] com luz e calor tão intensos que superfícies de concreto explodem, objetos de metal derretem ou evaporam, pedras se estilhaçam e seres humanos se transformam instantaneamente em carbono em combustão.

A estrutura de cinco andares e cinco lados do Pentágono — e tudo na área de 604 mil metros quadrados de escritório — explode, se transformando em poeira superaquecida no instante do clarão inicial de luz e calor. Todas as paredes são pulverizadas pela chegada quase simultânea da onda de choque. Seus 27 mil funcionários perecem instantaneamente.

Não sobra nada na bola de fogo.

Nada.

O ponto zero é literalmente zerado.[5]

Viajando à velocidade da luz, o calor irradiado pela bola de fogo incendeia tudo o que é inflamável ao alcance da sua linha de visão[6] em todas as direções por vários quilômetros. Cortinas, papéis, livros, cercas de madeira, roupas e folhas secas irrompem em chamas e se tornam combustível para uma grande tempestade ígnea que começa a consumir a área de 260 ou mais quilômetros quadrados[7] que, antes desse clarão, era o coração pulsante do governo norte-americano e lar de cerca de 6 milhões de pessoas.

A algumas centenas de metros a noroeste do Pentágono, os 2,6 quilômetros quadrados do Cemitério Nacional de Arlington, incluindo as 400 mil ossadas e lápides que marcam os mortos da guerra, os 3.800 afro-americanos libertos enterrados na seção 27, os visitantes que prestam homenagens nessa tarde de início de primavera, os jardineiros cortando grama, os arboristas cuidando das árvores, os guias turísticos e os soldados da Old Guard vigiando o Túmulo do Soldado Desconhecido com suas luvas brancas — todos são transformados em figuras humanas carbonizadas. Em fuligem preta composta de matéria orgânica. Aqueles que foram incinerados são poupados do horror sem precedentes que é infligido aos milhões de pessoas gravemente feridas,[8] indivíduos que ainda não morreram durante este primeiro ataque nuclear surpresa conhecido como "*Bolt out of the Blue*".

Do outro lado do rio Potomac, a pouco mais de 1 quilômetro a nordeste, as paredes e colunas de mármore dos memoriais de Lincoln e Jefferson superaquecem,[9] racham, explodem e se desintegram. As pontes de aço e pedra, assim como as vias expressas que conectam esses monumentos históricos aos arredores, cedem e desmoronam. Ao sul, do outro lado da Interestadual 395, o centro comercial Fashion Centre at Pentagon City, com suas fachadas de vidro, butiques de luxo e lojas de decoração, e os restaurantes e escritórios ao redor, junto com o hotel adjacente, um Ritz-Carlton, são completamente obliterados. Vigas de teto, estruturas de madeira, escadas rolantes, lustres, tapetes, móveis, manequins, cães, esquilos, pessoas — tudo é consumido. Estamos no final de março, 15h36 no horário local.

Três segundos se passaram desde a explosão inicial. Há um jogo de beisebol acontecendo a 4 quilômetros a oeste, no estádio Nationals Park. As roupas da maioria dos 35 mil espectadores[10] pegam fogo. Aqueles que não são consumidos pelas chamas instantaneamente sofrem queimaduras de terceiro grau.[11] A camada externa de pele é arrancada do corpo, expondo a derme sangrenta. Queimaduras de terceiro grau exigem cuidados especializados imediatos e muitas vezes amputações para evitar a morte.

Ali, no interior do estádio, alguns milhares de pessoas talvez consigam sobreviver a esse primeiro momento. São aquelas que foram comprar lanches ou que estavam no banheiro — pessoas que agora precisam desesperadamente de um leito em um centro de tratamento de queimados. Mas, em toda a região metropolitana da capital, há apenas dez leitos especializados, todos no Centro de Queimados do hospital MedStar Washington, no centro da cidade. E, como esse prédio fica a cerca de 8 quilômetros a nordeste do Pentágono, ele não está mais em funcionamento, se é que ainda existe. No Centro de Queimados Johns Hopkins, a cerca de 70 quilômetros a nordeste, em Baltimore, há menos de vinte leitos especializados, mas eles logo vão ficar lotados. No total, existem apenas cerca de 2 mil leitos para queimados no país inteiro.[12]

Em questão de segundos, a radiação térmica desse ataque com bomba nuclear de 1 megaton ao Pentágono queimou profundamente a pele de cerca de 1 milhão de indivíduos, 90% dos quais morrerão. Cientistas de Defesa e acadêmicos passaram décadas fazendo esses cálculos.[13] A maioria dessas pessoas não conseguirá dar mais do que alguns passos do local onde estava no momento da detonação. Elas se tornam o que os especialistas em defesa civil nos anos 1950, quando esses cálculos macabros começaram a ser feitos,[14] chamaram de "mortos quando encontrados" (Dead When Found).

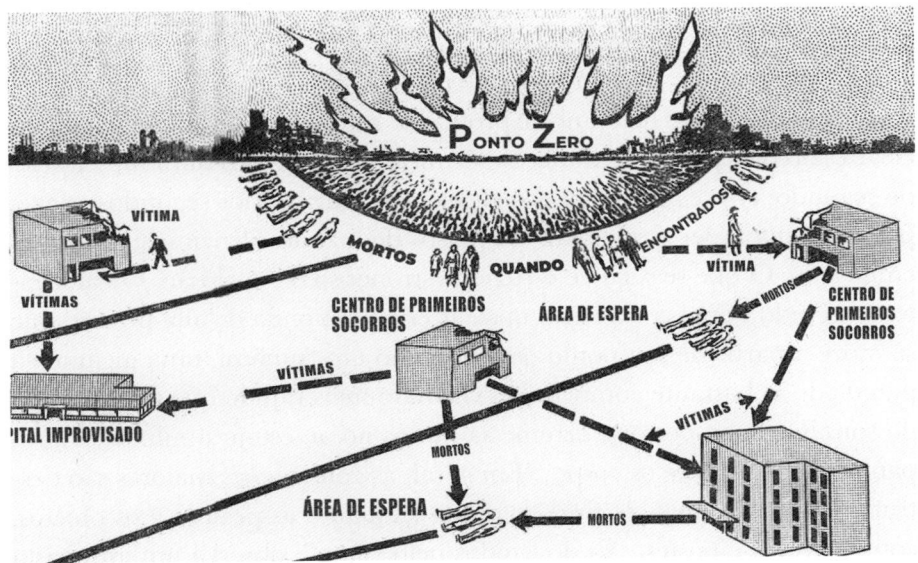

"Mortos quando encontrados". (Administração Federal de Defesa Civil dos Estados Unidos)

Na Base Conjunta Anacostia-Bolling, uma instalação militar de 4 quilômetros quadrados, na margem a sudeste do Potomac, há mais 17 mil vítimas, incluindo quase todos os que trabalhavam na sede da Agência de Inteligência de Defesa, na sede da Agência de Comunicações da Casa Branca, na Estação da Guarda Costeira em Washington, no hangar do helicóptero *Marine One*, e em várias outras instalações federais fortemente protegidas que atendem à segurança nacional.[15] Na Universidade Nacional de Defesa, a maioria dos 4 mil alunos presentes está prestes a morrer ou já morreu. Com uma dose de ironia trágica, a universidade (financiada pelo Pentágono e fundada no bicentenário da independência norte-americana) é onde os oficiais aprendem a usar as táticas militares norte-americanas para alcançar o domínio da segurança nacional dos Estados Unidos ao redor do mundo. E não é a única instituição de ensino superior com tema militar devastada pelo primeiro ataque nuclear. A Escola Eisenhower de Segurança Nacional e Estratégia de Recursos, a Escola Nacional de Guerra (National War College), a Faculdade Interamericana de Defesa e o Centro de Estudos Estratégicos da África deixam de existir instantaneamente. Toda a área ribeirinha, do parque Buzzard Point até a Igreja Episcopal de Santo Agostinho, do Estaleiro da Marinha até a Ponte Memorial Frederick Douglass, é totalmente destruída.

Os seres humanos criaram as armas nucleares no século XX para salvar o mundo do mal, e agora, no século XXI, as armas nucleares estão prestes a destruir o mundo. A incinerá-lo até não sobrar nada.

A ciência por trás da bomba é profunda. Embutidos no clarão termonuclear estão dois pulsos de radiação térmica.[16] O primeiro dura uma fração de segundo; em seguida vem o segundo, que dura vários segundos e faz a pele humana arder e queimar. Os pulsos de luz são silenciosos; a luz não emite som. O que se segue é o rugido estrondoso da explosão. O calor intenso gerado por essa explosão nuclear cria uma onda de alta pressão que se move a partir de seu ponto central como um tsunâmi, uma gigantesca parede de ar bastante comprimido viajando mais rápido que a velocidade do som. Derruba pessoas, arremessa outras no ar, estoura pulmões e tímpanos, suga corpos e os cospe. "Em geral, as construções maiores são destruídas pela mudança de pressão do ar, enquanto as pessoas e os objetos, como árvores e postes, são destruídos pelo vento", observa um arquivista que reúne essas estatísticas estarrecedoras para o Arquivo Atômico.[17]

Enquanto a bola de fogo nuclear cresce, essa frente de choque causa uma destruição catastrófica, empurrando tudo pelo caminho como uma escavadeira[18] e avançando por 5 quilômetros.[19] O ar por trás da onda de choque acelera, criando ventos de centenas de quilômetros por hora, velocidades extraordinárias e difíceis de conceber. Em 2012, o furacão Sandy, que causou 70 bilhões de dólares em danos e matou cerca de 150 pessoas, teve ventos máximos sustentados de aproximadamente 130 km/h.[20] A maior velocidade de vento já registrada na Terra foi de 407 km/h, em uma estação meteorológica remota na Austrália. Essa onda de explosão nuclear em Washington destrói todas as estruturas em seu caminho, mudando em um instante a forma física de edificações, incluindo prédios de escritórios, complexos de apartamentos, monumentos, museus e estacionamentos — todos se desintegram e viram poeira. O que não é esmagado pela explosão é dilacerado pelos ventos violentos. Edifícios desmoronam, pontes caem, guindastes tombam. Objetos — não importa se são pequenos como computadores e blocos de cimento ou grandes como carretas de nove eixos e ônibus de dois andares — são arremessados no ar como bolas de tênis.

A bola de fogo nuclear que consumiu tudo em um raio de 2 quilômetros agora sobe como um balão de ar quente. Deixa a terra e flutua a uma velocidade de 76 a 107 m/s.[21] Trinta e cinco segundos se passam. A formação da icônica nuvem em forma de cogumelo começa, seu chapéu e caule enormes, compostos de pessoas incineradas e detritos da civilização, se transmutam, a cor indo de vermelho para marrom e depois laranja. Em seguida, vem o efeito mortal de sucção reversa,[22] com objetos — carros, pessoas, postes de luz, placas de rua, parquímetros, vigas de aço — sendo sugados de volta para o centro do inferno em chamas e consumidos pelo fogo.

Sessenta segundos se passam.

O chapéu e o caule da nuvem em forma de cogumelo, agora branco-acinzentada, sobem 8, depois 16 quilômetros a partir do marco zero.[23] O chapéu também se expande, estendendo-se até 16, 32, 48 quilômetros de diâmetro, inchando e crescendo ainda mais. Acaba ultrapassando a troposfera, numa altura superior à dos voos comerciais, onde ocorrem a maioria dos fenômenos climáticos da Terra. Partículas radioativas são expelidas como uma chuva de detritos radioativos, cobrindo a Terra e seus habitantes. Uma bomba nuclear produz "uma mistura perigosa de produtos radioativos que também são engolfados na nuvem", alertou o astrofísico Carl Sagan décadas atrás.[24]

Mais de 1 milhão de pessoas estão mortas ou morrendo, e menos de dois minutos se passaram desde a detonação. É agora que o inferno começa. É diferente da bola de fogo inicial; é um incêndio de proporções inimagináveis. Tubulações de gás explodem uma após a outra, funcionando como enormes maçaricos ou lança-chamas, expelindo fluxos constantes de labaredas.[25] Tanques contendo materiais inflamáveis se rompem. Fábricas de produtos químicos explodem. Chamas-piloto em aquecedores de água e caldeiras agem como isqueiros, incendiando qualquer coisa que ainda não tenha pegado fogo. Construções desmoronadas se tornam enormes fornalhas. Por toda parte, pessoas queimam vivas.

Brechas nos pisos e telhados funcionam como chaminés. O dióxido de carbono das tempestades de fogo baixa e se deposita nos túneis do metrô, asfixiando os passageiros em seus assentos. Aqueles que procuram abrigo em porões e outros espaços subterrâneos vomitam, têm convulsões, entram em coma e morrem. Qualquer um acima do solo que olhe diretamente para a explosão — em alguns casos, até de uma distância de 21 quilômetros — fica cego.[26]

A 12 quilômetros do marco zero, em um anel de 24 quilômetros de diâmetro ao redor do Pentágono (a zona de 5 psi, ou 34 mil pascals), carros e ônibus colidem. O asfalto das ruas se liquefaz com o calor intenso, aprisionando os sobreviventes como se estivessem presos em lava derretida ou areia movediça. Ventos de força equivalente a furacões alimentam centenas de focos de incêndio, que se tornam milhares, e depois milhões. A cerca de 16 quilômetros, cinzas ardentes e detritos transportados pelo vento dão início a novos incêndios, e, um após o outro, eles continuam a se fundir. Toda a capital de Washington se torna uma enorme tempestade de fogo. Um megainferno. Em breve, se tornará um mesociclone de fogo. Oito, talvez nove minutos se passam.

Entre 16 e 19 quilômetros de distância do marco zero (na zona de 1 psi, ou 7 mil pascals), os sobreviventes cambaleiam em choque, como mortos-vivos. Sem saber o que acabou de acontecer, desesperados para escapar. Os pulmões de dezenas de milhares de pessoas nessa região foram rompidos. Corvos, pardais e pombos voando sobre a área pegam fogo e caem do céu como se estivesse chovendo pássaros.[27] Não há eletricidade. Nem serviço telefônico. Nem números de emergência.

O pulso eletromagnético localizado da bomba destrói todos os sistemas de rádio, internet e TV. Carros com sistemas de ignição eletrônica em um raio de quilômetros da zona de explosão não conseguem dar partida. Estações de água não conseguem fazer o bombeamento. Saturada com níveis letais de radiação, toda a área torna-se uma zona proibida para socorristas. Os raros sobreviventes levarão dias para perceber que a ajuda nunca viria.

Aqueles que de alguma forma conseguem escapar da morte pela explosão inicial, pela onda de choque e pela tempestade de fogo, de repente percebem uma verdade insidiosa sobre a guerra nuclear: eles foram abandonados. O ex-diretor da Agência Federal de Gestão de Emergências (FEMA, na sigla em inglês), Craig Fugate, nos diz que a única esperança de sobrevivência deles é descobrir como "sobreviver por conta própria".[28] Aqui começa uma "luta por comida, água, soro fisiológico...".

Como, e por que, os cientistas de Defesa sabem coisas tão horríveis com tamanha precisão? Como o governo dos Estados Unidos tem tanto conhecimento sobre os efeitos de uma guerra nuclear, enquanto o público em geral permanece ignorante? A resposta é tão grotesca quanto as perguntas em si: durante todos esses anos, desde o final da Segunda Guerra Mundial, o governo norte-americano tem se preparado e ensaiado planos para uma Guerra Nuclear Geral. Uma Terceira Guerra Mundial nuclear, algo que certamente deixaria, no mínimo, 2 bilhões de mortos.

Para entender melhor essa resposta, devemos voltar mais de sessenta anos no tempo. Até dezembro de 1960. Para o Comando Aéreo Estratégico dos Estados Unidos, e uma reunião secreta que aconteceu por lá.

Parte I

OS ANTECEDENTES
(OU COMO CHEGAMOS ATÉ AQUI)

Sede do Comando Aéreo Estratégico (SAC, na sigla em inglês), posto de comando subterrâneo. O "grande quadro". Imagem do início de 1957. (Agência de Pesquisa Histórica da Força Aérea dos Estados Unidos)

CAPÍTULO UM

O plano supersecreto para a Guerra Nuclear Geral

**Dezembro de 1960, Sede do Comando Aéreo Estratégico,
Base da Força Aérea Offutt, Nebrasca**

Um dia, não muito tempo atrás, um grupo de oficiais militares norte-americanos se reuniu para compartilhar um plano secreto[1] que resultaria na morte de 600 milhões de pessoas,[2] um quinto da população mundial da época (3 bilhões). Entre os presentes estavam:

Secretário de Defesa dos Estados Unidos, Thomas S. Gates Jr.;
Vice-Secretário de Defesa dos Estados Unidos, James H. Douglas Jr.;
Vice-Diretor de Pesquisa e Engenharia de Defesa dos Estados Unidos, John H. Rubel;
O Estado-Maior Conjunto das Forças Armadas;
Comandante do Comando Aéreo Estratégico dos Estados Unidos, general Thomas S. Power;
Chefe do Estado-Maior do Exército, general George H. Decker;
Comandante da Marinha, almirante Arleigh A. Burke;
Comandante da Força Aérea, general Thomas D. White;
Comandante do Corpo de Fuzileiros Navais, general David M. Shoup;
E muitos outros oficiais militares de altas patentes dos Estados Unidos.[3]

A sala ficava no subsolo. Paredes de mais de 45 metros de comprimento, com vários andares de altura e uma sacada envidraçada no segundo andar.

Havia fileiras de mesas, telefones e mapas. Painéis de mapas. Uma parede inteira coberta de mapas. A sede do Comando Aéreo Estratégico, em Omaha, no estado do Nebrasca, era o local de onde generais e almirantes conduziriam uma guerra nuclear quando ela acontecesse. Isso era verdade tanto naquela época quanto em 2024, com o centro de comando subterrâneo modernizado para uma guerra nuclear no século XXI.

Tudo o que você está prestes a descobrir sobre essa reunião vem de uma testemunha ocular[4] — alguém que realmente estava na sala naquele dia —, um ex-empresário e então funcionário da Defesa chamado John H. Rubel. Em 2008, com mais de oitenta anos, pouco antes de morrer, Rubel fez essas revelações em um curto livro de memórias. Ao se preparar para a morte, reuniu coragem para expressar uma verdade reprimida por muito tempo. Sentia remorso por ter participado de um plano tão tenebroso. Por não ter dito nada durante tantas décadas. Em suas próprias palavras,[5] ele tinha feito parte de um plano de "extermínio em massa".

No interior do grande bunker subterrâneo naquele dia, Rubel estava sentado ao lado de seus colegas que planejavam a guerra nuclear, em fileiras organizadas de cadeiras dobráveis, do tipo antiquado, com ripas de madeira. Os generais de quatro estrelas estavam na primeira fila, e os de uma estrela, na última. Rubel, que na época era o vice-diretor de Pesquisa e Engenharia de Defesa dos Estados Unidos, sentou-se na segunda fila.

Ao sinal do comandante do Comando Aéreo Estratégico, general Thomas S. Power, um apresentador subiu no tablado. Em seguida, um assistente apareceu carregando um cavalete, e um segundo assistente, uma vara de apontar. O primeiro homem estava ali para virar os gráficos, o segundo para apontar coisas. O general Power (sim, esse era seu nome de verdade) explicou à plateia que eles estavam prestes a testemunhar como aconteceria um ataque nuclear em grande escala contra a União Soviética. Dois aviadores se adiantaram e ficaram parados um em cada extremidade da parede de 45 metros de comprimento, segurando uma alta escada dobrável. O mapa mostrava a União Soviética e a China (na época, chamado de bloco sino-soviético) e os países vizinhos.

Rubel recordou: "Os dois homens subiram rapidamente a escada, chegando ao topo ao mesmo tempo.[6] Cada um alcançou uma fita vermelha que, agora notávamos, envolvia um grande rolo de plástico transparente.[7] Com um único movimento, desfizeram o laço que prendia a fita na

Os antecedentes (ou como chegamos até aqui)

extremidade do rolo, fazendo o plástico se desenrolar com um *vuosh*, balançar um pouco e ficar pendurado em frente ao mapa." O mapa apresentava centenas de pontinhos pretos, "a maioria sobre Moscou", cada um representando uma explosão nuclear.

O primeiro apresentador do general Power começou a descrever o plano de ataque nuclear dos Estados Unidos contra a União Soviética.[8] A primeira onda de ataques viria de caças norte-americanos que decolariam de porta-aviões, posicionados perto de Okinawa, no Japão. "Onda após onda" de ataques se seguiria. Bombardeios sucessivos por Boeings B-52 de longo alcance estratégico, carregando em seus compartimentos de bombas várias armas termonucleares — cada uma capaz de causar milhares de vezes mais destruição do que as bombas atômicas lançadas sobre Hiroshima e Nagasaki. Toda vez que o apresentador descrevia uma nova onda de ataques, segundo Rubel, os dois homens na escada "desamarravam outro par de fitas vermelhas, mais um rolo de plástico se desenrolava com um *vuosh*, e Moscou era ainda mais obliterada sob as marquinhas daquelas camadas de plástico".

O que mais chocou Rubel, segundo o próprio, foi que, apenas em relação a Moscou, "o plano exigia um total de 40 megatons — *megatons* — sobre Moscou, cerca de quatro mil vezes mais do que a bomba lançada em Hiroshima e talvez vinte a trinta vezes mais do que todas as bombas não nucleares lançadas pelos Aliados em ambos os teatros de operações durante mais de quatro anos da Segunda Guerra Mundial".

Mesmo assim, durante toda essa reunião em 1960, Rubel ficou sentado no lugar e não disse nada.

Nem uma palavra. Silêncio absoluto por 48 anos. Mas a confissão é notável — o primeiro caso conhecido de alguém que participou dessa reunião e ousou revelar tantos detalhes pessoais sobre o que aconteceu.[9] Detalhes que transmitem a simples verdade a qualquer um fora daquela sala: que o plano de guerra nuclear era um genocídio.

Os aviadores desceram, dobraram as escadas, colocaram-nas debaixo dos braços e desapareceram.

Quatro mil vezes mais poder explosivo do que a bomba lançada em Hiroshima.

O que é que isso significa — e será que é algo que a mente consegue de fato compreender?

E, ainda mais urgente, alguém poderia impedir tal plano de extermínio em massa antes que ele acontecesse?

CAPÍTULO DOIS

A garota nos escombros

6 de agosto de 1945, Hiroshima, Japão

A bomba atômica que foi lançada em Hiroshima, em agosto de 1945, matou mais de 80 mil pessoas num único golpe.[10] Ainda há debate sobre qual foi o total de mortos. Nos dias e semanas depois do bombardeio, não foi possível fazer uma contagem precisa das vítimas. A destruição em massa das instalações governamentais de Hiroshima — hospitais, polícia e corpos de bombeiros — criou um estado de caos e confusão total no pós-imediato.[11]

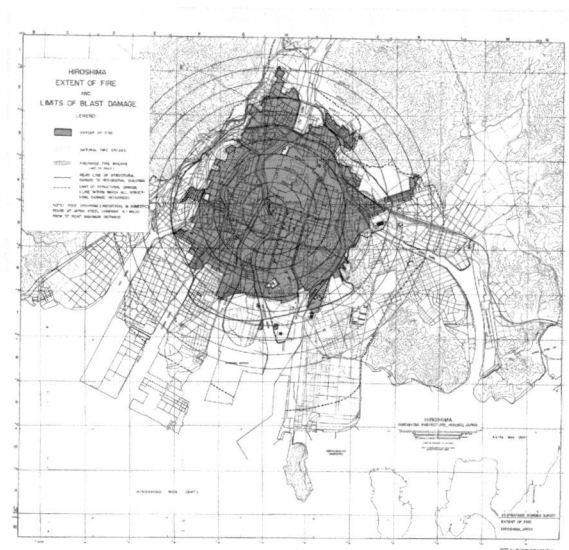

Mapa do relatório de Levantamento Estratégico de Bombardeios acerca dos danos causados pela explosão e pelo fogo em Hiroshima. (Arquivos Nacionais dos Estados Unidos)

Os antecedentes (ou como chegamos até aqui)

Setsuko Thurlow, de 13 anos, estava a 1,7 quilômetro do marco zero[12] quando a bomba atômica, de codinome Little Boy, foi detonada sobre Hiroshima, a 560 metros de altitude[13] — uma explosão aérea, como se diz. Aquela foi a primeira arma nuclear usada em batalha. A altura da explosão foi baseada em um cálculo preciso feito pelo cientista de Defesa norte-americano John von Neumann, cuja tarefa era descobrir uma maneira de matar o maior número possível de pessoas no solo com essa única bomba atômica.[14] Detonar uma bomba nuclear diretamente no chão "desperdiça" muita energia, deslocando grandes volumes de terra, como os planejadores militares descobriram e concordaram. Setsuko Thurlow foi derrubada e ficou inconsciente por causa dessa explosão.

Assim que voltou a si, Setsuko não conseguia ver nada nem se mover. "Então comecei a ouvir vozes sussurrantes das meninas ao meu redor", rememorou ela anos depois.[15] Elas diziam: "Deus, me ajude, mãe, me ajude. Eu estou aqui."

Abrigada por um prédio desmoronado, Setsuko havia sobrevivido de forma um tanto milagrosa ao impacto inicial que acompanha a detonação de uma bomba atômica. Ao seu redor, tudo estava muito escuro, ela se recorda. A primeira sensação foi a de ter se transformado em fumaça. Depois de algum tempo — segundos, ou talvez minutos —, seu cérebro registrou a voz de um homem instruindo-a a fazer algo.

— Não desista — disse o homem. — Estou tentando te libertar.

Esse homem, um desconhecido, sacudia o ombro esquerdo de Setsuko e a empurrava por trás. "Saia... rasteje o mais depressa que conseguir", ela pensou consigo mesma.

Na época do bombardeio atômico de Hiroshima, Setsuko Thurlow era estudante do oitavo ano em uma escola para meninas. Era uma das mais de trinta adolescentes que haviam sido recrutadas e treinadas para realizar um trabalho de gravação ultrassecreto no quartel-general do exército japonês em Hiroshima, que era onde ela estava quando a bomba explodiu.

"Dá para imaginar uma menina de treze anos fazendo um trabalho tão importante?", refletiu Setsuko mais tarde. "Isso demonstra como o Japão estava desesperado."

Nos primeiros momentos após a explosão da bomba atômica, Setsuko percebeu que aquele homem estava tentando libertá-la dos escombros, e era importante que ela agisse ou provavelmente morreria. Ela empurrou, chutou e, de alguma forma, conseguiu rastejar para fora dos escombros até passar por uma porta. "Quando eu saí do prédio, vi que ele estava pegando fogo", recordou-se. "Isso significava que as cerca de trinta outras garotas comigo naquele lugar estavam morrendo queimadas."

A bomba atômica havia sido lançada de um avião das Forças Aéreas do Exército dos Estados Unidos, que na época era o único meio de levar uma arma desse tipo até o seu alvo. Tinha 3 metros de comprimento e pesava 4,4 toneladas, mais ou menos o mesmo peso de um elefante de porte médio. Um segundo avião vinha logo atrás do bombardeiro, transportando três físicos de Los Alamos, além de vários instrumentos científicos para a coleta de dados.

A potência real da bomba (a força necessária para produzir uma explosão equivalente) foi debatida durante anos entre cientistas de Defesa e autoridades militares. Finalmente, em 1985, o governo dos Estados Unidos fixou esse número como equivalente a 15 quilotons de TNT.[16] Um Levantamento Estratégico de Bombardeios conduzido após a guerra estimou que seria necessário lançar 2.100 toneladas de bombas convencionais sobre Hiroshima de uma só vez para alcançar um efeito semelhante.

Setsuko Thurlow conseguiu sair. Ainda era de manhã, mas parecia noite. O ar estava denso com uma fumaça escura. Setsuko viu um objeto preto se arrastando em sua direção, seguido por outros objetos pretos que, a princípio, ela confundiu com fantasmas.

"Estavam faltando partes do corpo", ela percebeu. "A pele e a carne soltavam dos ossos. Alguns carregavam os próprios globos oculares."[17]

Um pouco adiante, o dr. Michihiko Hachiya, diretor do Hospital de Comunicações de Hiroshima, estava deitado no chão de sua sala de estar, recuperando-se de um plantão noturno no trabalho, quando um forte clarão — um que indicava que a bomba atômica havia detonado — o surpreendeu. Depois, um segundo clarão veio. Ele desmaiou — ou não? Através da poeira que girava no ar, o dr. Hachiya começou a perceber o que estava acontecendo. Partes de seu corpo, as coxas e o pescoço, estavam feridas e sangravam. Ele estava nu. Suas roupas haviam sido arrancadas. "Encravado em meu pescoço havia um grande estilhaço de vidro que removi com toda a calma." O dr. Hachiya[18] lembrou também que se perguntou onde estaria a esposa. Ele olhou para o próprio corpo outra vez. "O sangue começou a jorrar. Minha artéria carótida havia sido perfurada? Eu sangraria até morrer?"

Depois de algum tempo, o dr. Hachiya encontrou sua esposa, Yaeko-san. A casinha dos dois desmoronava ao seu redor e eles dispararam para fora, "correndo, tropeçando, caindo", ele se lembrou.[19] "Ao me levantar, descobri que tinha tropeçado na cabeça de um homem."

As experiências de Setsuko Thurlow, do dr. Hachiya e as de inúmeros outros sobreviventes foram suprimidas por décadas pelo exército norte-americano e suas forças de ocupação no Japão. Os efeitos que as armas atômicas usadas em combate tiveram nas pessoas e edificações foram mantidos como sigilosos e exclusivos porque as autoridades de Defesa dos Estados Unidos queriam ser os únicos com acesso a essas informações. Para o caso de outra guerra nuclear. O Pentágono queria garantir que sabia mais sobre os efeitos das explosões nucleares do que qualquer futuro inimigo.

Com clarões de energia e luz, duas bombas atômicas — uma lançada sobre Hiroshima em 6 de agosto de 1945 e a segunda, sobre Nagasáki, três dias depois — encerraram uma guerra mundial que já havia vitimado entre 50 e 75 milhões de pessoas. Então, a partir de 1945, um pequeno grupo de cientistas nucleares e autoridades de Defesa dos Estados Unidos começou a fazer planos novos e mais grandiosos para usar dezenas de armas atômicas na próxima guerra mundial. Uma guerra que mataria no mínimo 600 milhões de pessoas, ou um quinto da população mundial na época.

O que nos leva de volta aos homens sentados no bunker subterrâneo em dezembro de 1960, ouvindo planos para uma Guerra Nuclear Geral.

CAPÍTULO TRÊS

Os antecedentes

1945-1990:
Laboratórios nacionais de Los Alamos, Lawrence Livermore e Sandia

O plano para a guerra nuclear, exibido secretamente na sede do Comando Aéreo Estratégico em 1960, havia sido elaborado ao longo de um ano ou mais.[20] Ele foi encomendado para o presidente dos Estados Unidos, a pedido do secretário de Defesa, quinze anos depois de duas armas atômicas terem sido lançadas no Japão — cada uma matando dezenas de milhares de pessoas na hora, além de mais dezenas de milhares que queimaram até a morte nos incêndios posteriores.

Em agosto de 1945, os Estados Unidos tinham uma terceira bomba[21] pronta para ser despachada, com material nuclear suficiente no arsenal para produzir uma quarta bomba até o final do mês — o plano caso o Japão não se rendesse. "As bombas atômicas originais eram como projetos escolares de ciências", diz o dr. Glen McDuff, engenheiro de armas nucleares com longa carreira em Los Alamos e ex-historiador-curador do museu secreto do laboratório.[22] "De cada vinte peças de equipamento científico que eles tinham", explica McDuff, "dezenove foram projetadas e construídas por eles mesmos com apenas cerca de oitenta válvulas de vácuo comuns."

Com o fim da guerra mundial, o destino do laboratório de Los Alamos se tornou incerto. "Após a guerra, com apenas uma bomba atômica no estoque, o laboratório de Los Alamos e a infraestrutura da cidade entraram em colapso", reflete McDuff. "Até para manter as luzes acesas era uma luta diária. Metade da equipe de Los Alamos foi embora. Era desolador. Até que a Marinha entrou em cena."

Os antecedentes (ou como chegamos até aqui) 35

A Marinha dos Estados Unidos era, de longe, a força marítima mais poderosa do mundo, e estava bastante preocupada com sua iminente obsolescência nesta nova era da guerra atômica. Por isso, foi planejada uma série de três testes em condições reais com bombas atômicas — para todos verem.

O teste atômico Baker explodiu sob a superfície da laguna, levantando aproximadamente 1,5 milhão de metros cúbicos de sedimentos e água do mar contaminados por radioatividade em 1946. (Biblioteca do Congresso dos Estados Unidos)

A Operação Crossroads foi um evento grandioso de celebração.[23] Um teste militar baseado em uma ação de relações públicas em grande escala, projetado para demonstrar como 88 embarcações navais poderiam sobreviver — e até prosperar — em uma futura batalha nuclear no mar. Mais de 42 mil pessoas se reuniram no Atol de Bikini, nas Ilhas Marshall. Líderes mundiais, jornalistas, dignitários e chefes de Estado viajaram para aquele canto distante do Pacífico para testemunhar as explosões nucleares. Foi a primeira vez que os Estados Unidos usaram uma arma atômica desde a guerra, uma demonstração do que estava por vir.

"Em 1946, a Marinha foi a salvadora de um Los Alamos em colapso", diz McDuff.

A Operação Crossroads trouxe nova vida ao programa. Em meados de 1946, o estoque norte-americano de bombas atômicas havia crescido para nove. Depois do teste, o Estado-Maior Conjunto solicitou uma avaliação da "bomba atômica como uma arma militar" para determinar o próximo passo. O relatório — sigiloso até 1975[24] — deu novo gás ao crescente complexo industrial-militar. Os detalhes eram alarmantes.

As bombas atômicas representavam "uma ameaça para a humanidade e para a civilização",[25] alertou o grupo de almirantes, generais e cientistas que redigiu o relatório, "armas de destruição em massa" capazes de "despovoar vastas áreas da superfície da Terra". Mas também poderiam ser muito úteis, o grupo disse ao Estado-Maior Conjunto. "Se usadas em grandes números",[26] escreveram, "as bombas atômicas podem não apenas anular o esforço militar de qualquer nação, mas também demolir suas estruturas sociais e econômicas e impedir sua reconstrução por muito tempo".

A recomendação do comitê foi estocar mais bombas.

O relatório deixava claro que a Rússia em breve teria seu próprio arsenal atômico, e isso tornava os Estados Unidos vulneráveis a um ataque surpresa — mais tarde conhecido como um ataque *"Bolt out of the Blue"*. "Com o advento da bomba atômica", alertava o comitê, "o ataque surpresa adquiriu um valor supremo, de modo que um agressor, atacando repentina e inesperadamente com certo número de bombas atômicas [poderia] garantir a derrota final de um adversário inicialmente mais forte" — referindo-se aos Estados Unidos.

O que o país havia criado era um presságio da própria destruição em potencial.

"Os Estados Unidos não têm alternativa a não ser continuar a fabricar e estocar armas", era o conselho ao Estado-Maior Conjunto, que ouviu e aprovou.

Em 1947, o estoque dos Estados Unidos subiu para 13 bombas atômicas.[27]

Em 1948, havia 50 bombas.

Em 1949, eram 170.

A partir de documentos que tiveram seu sigilo levantado, sabemos que os planejadores militares concordaram entre si que 200 bombas nucleares forneciam poder de fogo suficiente para destruir todo o império soviético. Mas, no verão daquele mesmo ano, o monopólio dos Estados Unidos sobre as armas nucleares chegou ao seu fim inevitável. Em 29 de agosto de 1949, os russos explodiram sua primeira bomba atômica, uma cópia quase exata daquela que tinha sido lançada em Nagasaki quatro anos antes. Os planos da bomba foram roubados do laboratório de Los Alamos por um espião comunista, nascido na Alemanha e educado no Reino Unido, um cientista do Projeto Manhattan chamado Klaus Fuchs.

A corrida para construir ainda mais bombas atômicas se acelerava de maneira dramática. Em 1950, os Estados Unidos adicionaram 129 armas atômicas ao seu arsenal, elevando o total de 170 para 299.[28] Na época, a União Soviética tinha cinco.

No ano seguinte, em 1951, o número subiu de novo — dessa vez para impressionantes 438 armas atômicas norte-americanas. Mais do que o dobro daquilo que o Estado-Maior Conjunto considerava suficiente para "despovoar vastas áreas da superfície terrestre, deixando apenas vestígios remanescentes das obras materiais do homem".[29]

No ano seguinte, o número quase voltou a duplicar mais uma vez.

Em 1952, os Estados Unidos estavam com 841 armas atômicas em estoque. *Oitocentas e quarenta e uma.*

O monopólio dos Estados Unidos já havia terminado, e a corrida pela supremacia nuclear adquirira uma nova urgência. Do outro lado do mundo, os soviéticos começaram a construir armas atômicas em um ritmo frenético.

Em apenas três anos, a URSS ampliou seu arsenal de uma bomba para cinquenta.

Mas a bomba atômica — com seu poder extraordinário e sua capacidade de destruição em massa — logo se tornaria insignificante em comparação ao que estava por vir. Engenheiros militares norte-americanos e russos tinham projetos novos e radicais em suas pranchetas. O que se seguiu foi a invenção da "arma mais destrutiva, desumana e indiscriminada já criada",[30] nas palavras de um grupo de laureados com o Nobel. Uma arma nuclear maior e mais monstruosa, capaz de alterar o clima, causar fome, destruir civilizações e modificar o genoma — algo que os cientistas envolvidos chamavam de "a Super".

De fato, "a Super [...] funciona melhor em tamanhos grandes do que em pequenos", diz seu projetista, Richard Garwin, confirmando para os leitores deste livro que "[sim,] sou o arquiteto da Super [...] desta primeira bomba termonuclear".[31] Edward Teller a concebeu, Richard Garwin a projetou — numa época em que ninguém mais sabia como fazê-lo.

O ano de 1952 viu a invenção da bomba termonuclear, também chamada de bomba de hidrogênio. Uma mega-arma de dois estágios: uma bomba nuclear dentro de outra. Uma arma termonuclear usa uma bomba atômica dentro de si como mecanismo de disparo. Como um fusível explosivo interno. O monstruoso poder explosivo da Super resulta de uma reação em cadeia autossustentável e descontrolada em que isótopos de hidrogênio se fundem sob temperaturas extremamente altas, num processo chamado de fusão nuclear.

Uma bomba atômica mata dezenas de milhares de pessoas, como aquelas que foram lançadas em Hiroshima e Nagasaki. Uma bomba termonuclear, se detonada em uma cidade como Nova York ou Seul, mataria milhões de pessoas em um clarão superaquecido.

O protótipo projetado por Richard Garwin em 1952 tinha um poder explosivo de 10,4 megatons. Quase o equivalente a mil bombas de Hiroshima explodindo de uma só vez. Era uma arma atroz. O próprio mentor de Garwin, Enrico Fermi, do Projeto Manhattan, passou por uma crise de consciência só de pensar na produção de tal arma. Fermi e seu colega I. I. Rabi se desgarraram temporariamente dos colegas construtores de armas e escreveram ao presidente Truman, declarando que a Super era "uma coisa maligna".[32]

De acordo com esse texto: "O fato de que não existem limites para a destrutividade dessa arma faz com que sua mera existência e o conhecimento de sua construção representem um perigo para toda a humanidade. É necessariamente uma coisa maligna, sob qualquer prisma que seja analisado."

Mas o presidente ignorou o pedido para interromper a construção da Super, e Richard Garwin recebeu sinal verde para desenhar os planos. "Se a bomba de hidrogênio era inerentemente maligna, ela continua maligna", diz Garwin.[33]

A Super foi construída. Seu codinome era Mike. A série era Ivy. "Então, foi o teste Ivy Mike."

Em 1º de novembro de 1952, ela foi testada na ilha de Elugelab, nas Ilhas Marshall. A bomba protótipo Ivy Mike pesava cerca de 80 toneladas, um instrumento de destruição tão fisicamente enorme que teve que ser construído dentro de um prédio de alumínio corrugado com 27 metros de comprimento por 14 de largura.

Ivy Mike explodiu com uma potência sem precedentes.[34] A cratera deixada foi descrita em um relatório confidencial como sendo "grande o suficiente para conter 14 prédios do tamanho do Pentágono".[35] E, embora haja muito a ser dito sobre o poder de destruição desumano das armas termonucleares em geral, duas fotos aéreas — tiradas antes e depois do teste da bomba Ivy Mike — contam a história.

Os antecedentes (ou como chegamos até aqui)

Na primeira imagem, a ilha de Elugelab aparece como era desde sua origem geológica.

Na segunda, a ilha inteira desapareceu. Em seu lugar, há uma cratera com mais de 3 quilômetros de diâmetro e 55 metros de profundidade. O ato de incinerar a terra com armas de extermínio havia atingido outro patamar. A invenção da Super deu origem a uma arma com capacidade de fazer a terra sumir.

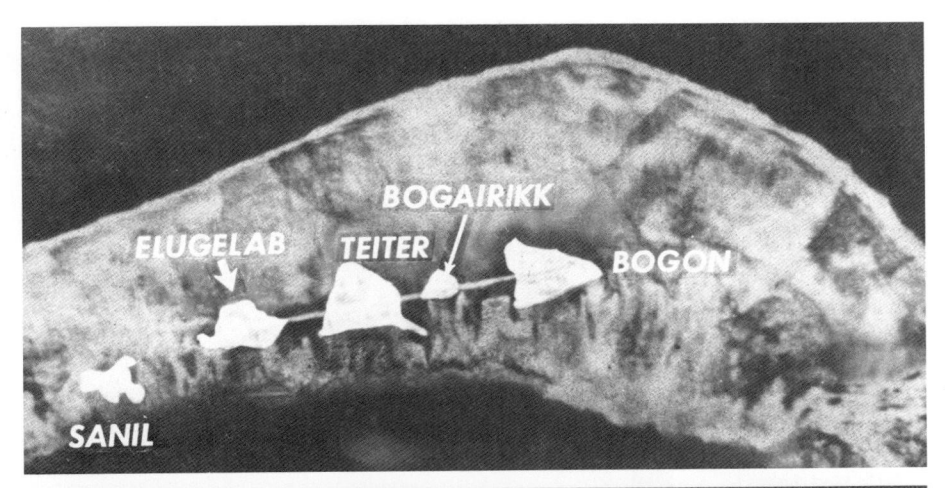

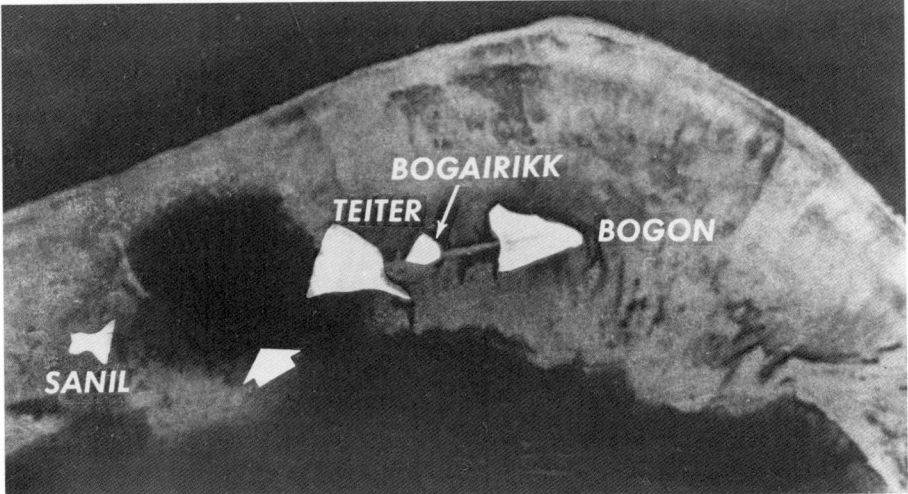

Ilha Elugelab antes e depois do teste com a bomba termonuclear Ivy Mike, em 1952.
(Arquivo Nacional dos Estados Unidos)

O que aconteceu depois que os planejadores militares dos Estados Unidos viram o que 10,4 megatons poderiam destruir em um instante desafia a lógica: foi dado início a uma corrida maluca para estocar armas termonucleares, primeiro às centenas e depois aos milhares.[36]

Em 1952, havia 841 bombas nucleares. No ano seguinte, havia 1.169.

"O processo ganhou escala industrial", explica Glen McDuff, historiador de Los Alamos. "Não eram mais projetos de ciência."

Em 1954, havia 1.703 armas nucleares armazenadas. O complexo militar-industrial norte-americano produzia (em média) uma arma nuclear e meia por dia.

1955: 2.422. Quase duas bombas por dia, com dez novos sistemas introduzidos, incluindo três novos estilos de bombas termonucleares.

1956: 3.692 bombas. Os números continuaram a escalar de forma vertiginosa. Com os níveis de produção subindo, essas armas de destruição em massa saíam literalmente de linhas de montagem a uma média de 3,5 bombas nucleares *por dia*.

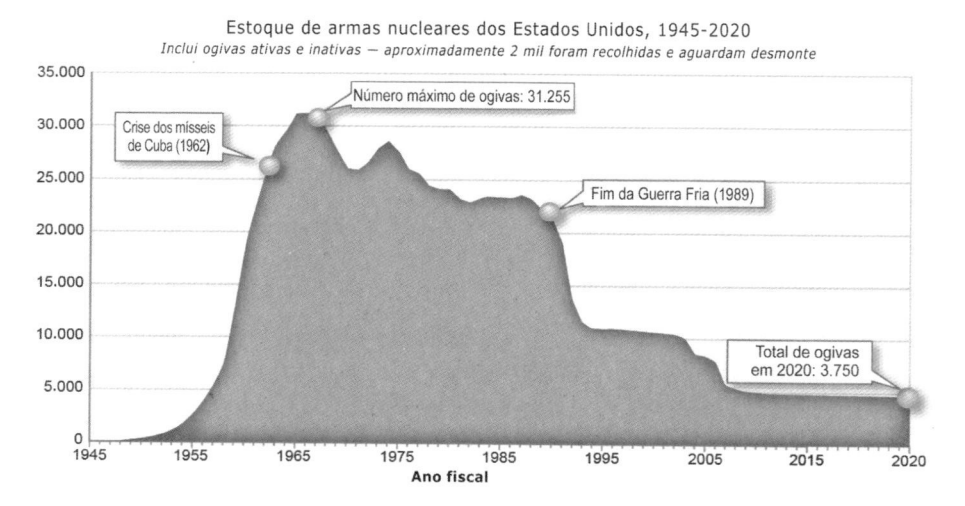

O crescimento desenfreado do estoque nuclear confidencial. (Departamento de Defesa dos Estados Unidos; Departamento de Energia dos Estados Unidos)

Em 1957, havia 5.543 bombas armazenadas nos Estados Unidos. Ou seja, 1.851 novas armas nucleares em um único ano. Mais de cinco por dia. E os números continuaram a crescer.

1958: 7.345.

Os antecedentes (ou como chegamos até aqui)

E subindo.

1959: 12.298.

Em 1960, quando os planejadores bélicos dos Estados Unidos se encontraram no bunker subterrâneo em Nebrasca, o arsenal contava com 18.638 bombas nucleares.

Em 1967, chegou ao máximo: 31.255 bombas nucleares.[37]

Trinta e uma mil, duzentas e cinquenta e cinco bombas nucleares.

Por que armazenar mil ou 18 mil ou 31.255 bombas nucleares se uma única ogiva do tamanho da Ivy Mike lançada em Nova York ou Moscou poderia matar 10 milhões de pessoas? Por que continuar a produzir milhares dessas armas se, quase com certeza, o uso de apenas uma bomba termonuclear desencadearia uma guerra nuclear mais ampla, incontrolável, capaz de acabar com a civilização humana?

Um novo termo surgiu. Uma expressão conhecida como "dissuasão". Evitar que algo aconteça. Mas o que que isso realmente quer dizer?

AULA DE HISTÓRIA Nº 1

Dissuasão

Existem regras que orientam a política de guerra nuclear dos Estados Unidos. Conceitos criados pelos planejadores bélicos a partir dos anos 1950 para supostamente impedir que um conflito assim aconteça, ao mesmo tempo que lhes permitem descobrir como lutar e vencer quando ele ocorrer. A Regra Nº 1 é dissuasão, vendida ao público como a ideia de que manter um enorme arsenal nuclear é imperativo para desencorajar ataques nucleares.

A dissuasão orienta a política nuclear. Funciona assim: toda nação que tenha armas nucleares constrói um arsenal que mantém apontado para seu inimigo, com bombas prontas para serem lançadas em poucos minutos. Todas as nações juram nunca usar armas nucleares a menos que sejam obrigadas. Algumas pessoas veem a dissuasão como um salvador pacífico. Outros veem o conceito como ambíguo e questionam como ter armas nucleares pode manter as pessoas a salvo de uma guerra nuclear.

Por décadas, a dissuasão permitiu que o Departamento de Defesa construísse dezenas de milhares de armas nucleares, seus sistemas de lançamento, e um sistema complexo de contra-ataques para se defender de ofensivas nucleares. Trilhões de dólares foram gastos. Não há como saber o total com certeza, pois os números verdadeiros permanecem em sigilo. A Regra Nº 1 alega ser simples: a dissuasão mantém o mundo a salvo de uma guerra nuclear. Mas o que acontece se a dissuasão falhar?

CAPÍTULO QUATRO

O SIOP*

O Plano Operacional Integrado Único para uma Guerra Nuclear Geral

Menos de duas semanas após o fim da Segunda Guerra Mundial, as Forças Armadas norte-americanas solicitaram 466 bombas nucleares para o estoque, a primeira estimativa sistemática e conhecida sobre o número de artefatos que se acreditava necessário para destruir alvos da União Soviética e da Manchúria. (Arquivos Nacionais dos Estados Unidos)

Enquanto o arsenal nuclear norte-americano se multiplicava descontroladamente, o mesmo acontecia com os planos de guerra nuclear de cada uma das forças militares do país. Por mais louco que isso pareça hoje,

---

* *Single Integrated Operational Plan*, não relacionado ao Sistema Integrado de Planejamento e Orçamento do governo brasileiro. (N. da E.)

até dezembro de 1960, cada chefe do Exército, Marinha e Força Aérea tinha controle do próprio arsenal de armas nucleares, seus sistemas de lançamento, e listas de alvos. Em uma tentativa de frear o caos potencial advindo desses múltiplos planos concorrentes, o secretário de Defesa ordenou que todos fossem integrados em um único plano, o que deu origem ao Plano Operacional Integrado Único — SIOP (*Single Integrated Operational Plan*).

Em 1960, o Comando Aéreo Estratégico (mais tarde chamado Comando Estratégico dos Estados Unidos) tinha 280 mil funcionários.[38] Para trabalhar nesse novo plano, 1.300 deles foram reunidos em uma Equipe de Planejamento de Alvos Estratégicos Conjuntos.[39] Homens e mulheres cuja única tarefa era integrar todos os pacotes de alvos individuais em um único conjunto. Foi a esse plano amalgamado que John Rubel e seus colegas foram apresentados naquele dia de dezembro no bunker sob a Base da Força Aérea de Offutt. O plano secreto que, se ativado, resultaria na morte de pelo menos 600 milhões de pessoas do outro lado do mundo.

Esse plano para a Guerra Nuclear Geral[40] mostrava como toda a força militar dos Estados Unidos seria lançada contra Moscou em um primeiro ataque preventivo. Mostrava o cálculo criterioso de cientistas de Defesa, defendendo que 275 milhões de pessoas seriam mortas na primeira hora, e que, pelo menos, mais 325 milhões morreriam em decorrência da radiação nos seis meses seguintes. Aproximadamente metade dessas mortes ocorreria em países vizinhos à União Soviética[41] — países que não estavam em guerra com os Estados Unidos, mas que sofreriam consequências. Isso incluía até 300 milhões de chineses.

Em 1960, a população mundial era de 3 bilhões. Isso significa que o Pentágono pagou 1.300 pessoas para elaborar um plano de guerra que mataria um quinto dos habitantes da Terra em um primeiro ataque nuclear preventivo. É importante notar que esse número não incluía os cerca de 100 milhões de norte-americanos que quase certamente seriam mortos por um contra-ataque equivalente da Rússia. Nem contabilizava outros 100 milhões ou mais de pessoas na América do Norte e do Sul que morreriam devido à radiação nos seis meses seguintes. Nem o número incalculável de pessoas que morreriam de fome devido aos efeitos climáticos de um mundo em chamas.[42]

Depois da conclusão da apresentação, foi feita a demonstração de um segundo plano de ataque, um que Rubel descreveu em suas memórias

Os antecedentes (ou como chegamos até aqui)

de 2008 como "um ataque à China, exposto por um orador diferente". Também envolvia uma teatralidade similar, com escadas e apontadores e folhas plásticas. "[Este orador] acabou chegando a um gráfico mostrando mortes decorrentes apenas da precipitação radioativa."

O palestrante apontou para um gráfico. "Ele mostrava que as mortes pela radiação ao longo do tempo [seriam de] 300 milhões, metade da população da China",[43] escreveu Rubel.

Algum tempo depois, a reunião foi encerrada.

Na manhã seguinte, John Rubel participou de outra reunião, desta vez menor. Ela incluía o secretário de Defesa, cada um dos representantes do Estado-Maior Conjunto, os secretários do Exército, Marinha e Força Aérea, e o comandante dos Fuzileiros Navais. Rubel lembrou que o presidente do Estado-Maior Conjunto, Lyman Lemnitzer, "disse a todos que haviam feito um trabalho muito bom, um trabalho muito difícil, e que mereciam elogios". Rubel contou que o comandante do Exército, George Decker, fez comentários congratulatórios semelhantes. E se lembrou de como o comandante naval, Arleigh Burke, "tirou seu cachimbo habitual da boca e repetiu a mesma mensagem — trabalho árduo, bem-feito, merece ser elogiado". O último a falar foi o general Thomas White, da Força Aérea, que "emitiu um fluxo comparável das platitudes enunciadas naquela manhã, sempre com um certo ar de autoridade em sua voz rouca".

Ninguém falou nada contra o assassinato indiscriminado de 600 milhões de pessoas em um ataque nuclear preventivo liderado pelo governo norte-americano, escreveu Rubel. Nem os representantes do Estado-Maior Conjunto. Nem o secretário de Defesa. Nem John Rubel. Então, finalmente, um homem o fez.[44] O general David M. Shoup, comandante dos Fuzileiros Navais, laureado com a Medalha de Honra por suas ações na Segunda Guerra Mundial.

"Shoup era um homem baixo, com óculos sem aro, que poderia passar por um professor escolar em uma comunidade rural dos Estados Unidos", relatou Rubel. Ele se recordou da voz calma e equilibrada de Shoup quando ofereceu a única visão contrária ao plano de guerra nuclear. Shoup disse: "Tudo o que posso dizer é que qualquer plano que assassine 300 milhões de chineses, quando talvez eles nem estejam envolvidos nesta guerra, não é um bom plano. Esse não é o jeito norte-americano." A sala ficou em silêncio, escreveu Rubel. "Ninguém mexeu um músculo."

Ninguém apoiou a dissidência de Shoup.⁴⁵

Ninguém mais disse nada.

De acordo com Rubel, todos simplesmente desviaram o olhar.

Décadas depois, Rubel confessou que esse plano de guerra nuclear dos Estados Unidos, do qual ele participou, o fez se lembrar dos planos nazistas para o genocídio. Em suas memórias, ele se refere a uma época durante outra guerra mundial, quando um grupo de oficiais do Terceiro Reich se reuniu em uma mansão à beira de um lago em uma cidade alemã chamada Wannsee. Foi lá, ao longo de uma reunião de noventa minutos,⁴⁶ que esse grupo de homens supostamente racionais decidiu como avançar com o genocídio em uma guerra que estavam vencendo naquele momento — a Segunda Guerra Mundial — para garantir a vitória total. Milhões de pessoas precisavam morrer, concordaram esses oficiais do Reich.

Milhões.

Do alto de seus oitenta e tantos anos, John Rubel enfim articulou as principais semelhanças que percebeu entre a reunião em Wannsee e aquela abaixo da Base da Força Aérea de Offutt, em Nebrasca. "Pensei na Conferência de Wannsee, em janeiro de 1942", escreveu Rubel, "quando uma assembleia de burocratas alemães concordou rapidamente com um programa para exterminar todos os judeus que pudessem encontrar em qualquer parte da Europa, usando métodos de extermínio em massa tecnologicamente mais eficientes do que os caminhões preenchidos com gases de exaustão, os tiroteios em massa ou as incinerações em sinagogas e celeiros usados até então". Aproximando-se do fim de sua vida, Rubel decidiu contar ao mundo o que não podia divulgar em 1960. "Eu me senti como se estivesse testemunhando uma descida comparável às profundezas do coração das trevas,⁴⁷ um submundo crepuscular governado por um raciocínio coletivo disciplinado, meticuloso e vigorosamente insensato, determinado a eliminar metade das pessoas que vivem em quase um terço da superfície da Terra."

A Solução Final exigia o extermínio de todos os milhões de judeus da Europa e de milhões de outras pessoas que os nazistas consideravam sub--humanas. O plano para a Guerra Nuclear Geral, que John Rubel e seus colegas ratificaram — o SIOP — previa o extermínio em massa de cerca de 600 milhões⁴⁸ de russos, chineses, poloneses, tchecos, austríacos, iugoslavos, húngaros, romenos, albaneses, búlgaros, letões, estonianos, lituanos, finlandeses, suecos, indianos, afegãos, japoneses e outros que, segundo os cálculos dos cientistas de Defesa dos Estados Unidos, seriam atingidos pelos ventos radioativos.

A Solução Final foi implementada. O SIOP não — pelo menos até agora. Mas um plano semelhante, ainda confidencial, existe até hoje. Ao longo dos anos, seu nome mudou. O que começou como o Plano Operacional Integrado Único agora é o Plano Operacional, ou OPLAN, em inglês. Para o Projeto de Informação Nuclear, em colaboração com a Federação de Cientistas Americanos, o diretor Hans Kristensen e o pesquisador sênior Matt Korda identificaram o atual Plano Operacional como OPLAN 8010-12. E ele consiste em "uma família de planos"[49] direcionados contra quatro adversários identificados: Rússia, China, Coreia do Norte e Irã.

O número de armas nucleares no arsenal norte-americano é hoje menor do que em 1960, mas ainda existem 1.770 armas nucleares implantadas, a maioria das quais em estado de prontidão para lançamento, com outras milhares em reserva, totalizando mais de 5 mil ogivas.[50] A Rússia possui 1.674 armas nucleares implantadas, a maioria também em estado de prontidão, com outras milhares em reserva, totalizando um inventário aproximadamente do mesmo tamanho que o dos Estados Unidos.[51]

Guerra nuclear: um cenário se baseia justamente nos efeitos desse tipo de plano de extermínio em massa.

"Uma guerra nuclear não pode ser vencida e nunca deve ser travada", advertiram o presidente Ronald Reagan e o secretário-geral soviético Mikhail Gorbatchov ao mundo em uma declaração conjunta em 1985. Décadas depois, em 2022, o presidente Joe Biden alertou os norte-americanos de que "a perspectiva de [um] Armagedom nuclear" ressurgiu de maneira assustadora.[52]

E aqui estamos nós. Oscilando à beira do abismo — talvez mais próximos dele do que jamais estivemos.

Guerra nuclear

ESTEJA PREPARADO PARA UMA EXPLOSÃO NUCLEAR

Explosões nucleares podem causar danos significativos por explosão, calor e radiação, mas você pode manter sua família em segurança se souber o que fazer e se preparar.

FEMA
FEMA P-2149 / Março 2018

Uma arma nuclear é um dispositivo que usa uma reação nuclear para criar uma explosão.

Dispositivos nucleares vão de pequenos dispositivos portáteis por indivíduos até armas carregadas por mísseis.

Uma explosão nuclear pode ocorrer com poucos minutos de aviso ou sem aviso algum.

ALTO BRILHO — Pode causar cegueira temporária por menos de um minuto.

ONDA DE IMPACTO — Pode causar morte, ferimentos e danos estruturais a quilômetros da explosão.

RADIAÇÃO — Pode danificar células do corpo. Alta exposição pode levar à síndrome de radiação.

FOGO E CALOR — Pode causar morte, queimaduras e danos estruturais a quilômetros de distância.

PULSO ELETROMAGNÉTICO (EMP) — Pode danificar eletrônicos a quilômetros de distância da detonação e causar interrupções.

CINZAS NUCLEARES — São as cinzas e os destroços radioativos que caem e podem adoecer quem entra em contato com as substâncias.

Cinzas nucleares são especialmente perigosas nas primeiras horas depois da detonação, quando são mais radioativas. Leva tempo para elas chegarem ao chão — em geral, mais de 15 minutos para áreas fora das zonas de explosão. Há tempo para evitar exposição significativa à radiação seguindo estes passos simples:

PROCURAR ABRIGO

- Procure abrigo na construção mais próxima para evitar radiação. Alvenaria ou concreto são as melhores opções.
- Remova peças de roupa contaminadas e lave a pele exposta se houver contato com as cinzas ao ar livre.
- Siga para um porão ou para o centro da construção. Mantenha-se longe de paredes exteriores e telhados.

FICAR NO ABRIGO

- Mantenha-se abrigado por 24 horas, a não ser que as autoridades locais deem instruções ao contrário.
- Famílias devem permanecer dentro de casa. Reúnam-se depois para evitar exposição perigosa à radiação.
- Mantenha animais de estimação em casa.

SE MANTER INFORMADO

- Mantenha-se informado com quaisquer meios de comunicação disponíveis para saber quando é seguro sair e para onde deve ir.
- Rádios a bateria ou manuais vão funcionar depois de uma explosão nuclear.
- Linhas telefônicas, mensagens de texto, emissoras de TV e serviços de internet podem ser interrompidos ou ficar indisponíveis.

"Esteja preparado para uma explosão nuclear."
(Agência Federal de Gestão de Emergências dos Estados Unidos)

Parte II

OS PRIMEIROS 24 MINUTOS

QUATRO DÉCIMOS DE SEGUNDO APÓS O LANÇAMENTO
Pyongsong, Coreia do Norte

A guerra nuclear começa com um *blip* em uma tela de radar.

São 4h03 na Coreia do Norte, a escuridão antes do amanhecer. Em um campo aparentemente árido, a 32 quilômetros da capital, Pyongyang, uma enorme nuvem de fogo irrompe a poucos metros do chão. O escape quente jorra da extremidade traseira do poderoso míssil balístico intercontinental, um ICBM, enquanto é lançado de um veículo de 22 rodas estacionado na terra batida. O Hwasong-17, chamado de "o Monstro" pelos analistas, começa sua ascensão.[1]

Satélite SBIRS. (Departamento de Defesa dos Estados Unidos, Lockheed Martin)

Pairando 35.900 quilômetros acima do planeta, como se estivesse flutuando no espaço, um sensor do tamanho de um carro, pertencente ao sistema de satélites SBIRS[2] do Departamento de Defesa dos Estados Unidos, detecta o fogo do escape do foguete atrás das nuvens. Isso acontece apenas alguns décimos de segundo após a ignição.

O SBIRS é um grupo de satélites do Sistema Infravermelho Baseado no Espaço dos Estados Unidos, e, devido ao seu movimento, parece permanecer fixo no espaço, aproximadamente a um décimo do caminho até a Lua. Ao circular o mundo à mesma velocidade que a Terra gira, um satélite em órbita geoestacionária se comporta como se estivesse suspenso.

O SBIRS dispara o alarme: **LANÇAMENTO DE MÍSSIL BALÍSTICO, ALERTA!**

1 A 3 SEGUNDOS APÓS O LANÇAMENTO
Instalação de Dados Aeroespaciais, Colorado

Radomes da Base da Força Espacial Buckley. (Força Espacial dos Estados Unidos, Sgt. Tec. JT Armstrong)

Os dados brutos do espaço são transmitidos para a Instalação de Dados Aeroespaciais, uma estação terrestre de missão[3] do Escritório Nacional de Reconhecimento (NRO, National Reconnaissance Office) na Base da Força Espacial Buckley, em Aurora, Colorado. A existência dessa instalação, assim como a de suas estações irmãs em Fort Belvoir, na Virgínia, e White Sands, no Novo México, esteve sob sigilo até 2008. As descobertas de inteligência do NRO estão entre as mais rigorosamente guardadas no aparato de segurança nacional dos Estados Unidos.[4] Seu lema é *Supra et Ultra* — Acima e Além.

Tudo nessa unidade é sigiloso.

Cada *bit* de dados tratado nessa repartição é protegido por um labirinto de protocolos altamente restritos, muitos deles criptografados. As informações aqui com frequência são marcadas como "ECI" — Informações Excepcionalmente Controladas (do inglês, Exceptionally Controlled Information).

Os oficiais do NRO são altamente qualificados; não há espaço para erros. As Instalações de Dados Aeroespaciais são responsáveis pelo comando e controle dos satélites de reconhecimento do Departamento de Defesa.[5] Elas analisam, relatam e disseminam informações sobre ameaças nucleares iminentes.

Os alarmes soam.

LANÇAMENTO DE MÍSSIL BALÍSTICO, ALERTA! chama a atenção de todos.

Nessa instalação se encontram centenas de funcionários da Agência de Segurança Nacional (NSA, na sigla em inglês), que começam a enviar mensagens de emergência criptografadas para três centros de comando nuclear localizados em três bunkers de comando separados, cada um uma fortificação subterrânea em locais diferentes:

- O Centro de Alerta de Mísseis, no Complexo Cheyenne Mountain, Colorado
- O Centro de Comando Militar Nacional, no Pentágono, Washington, capital
- O Centro de Operações Globais, na Base da Força Aérea de Offutt, Nebrasca

A estação terrestre de missão do NRO no Colorado é a principal instalação de recepção de dados domésticos para todos os satélites militares dos Estados Unidos. "Existem outras",[6] diz Doug Beason, que ocupou o posto de cientista-chefe do Comando Espacial da Força Aérea. Isso inclui uma organização conhecida como DEFSMAC, o Centro Especial de Mísseis e Aeronáutica da Defesa, uma instalação secreta localizada dentro da sede da NSA em Fort George G. Meade, Maryland. Tudo o que vai acontecer em uma guerra nuclear, quando ela vier, depende de como os analistas dessas estações terrestres interpretam os eventos assim que eles ocorrem.

Neste cenário proposto, isso quer dizer agora.

4 SEGUNDOS

Espaço

O satélite SBIRS em órbita geoestacionária sobre a Coreia do Norte tem aproximadamente o tamanho de um ônibus, com duas asas com painéis de energia solar com 6 metros de comprimento estendidas em cada lado. Os sensores do SBIRS têm capacidade para tarefas independentes, o que significa que podem escanear vastas áreas de território e, ao mesmo tempo, se concentrar em uma área específica de interesse. São sensores tão poderosos que podem ver um único fósforo aceso a 320 quilômetros de distância.[7]

O Sistema Infravermelho Baseado no Espaço é a versão do século XXI de Paul Revere, mas não para alertar os revolucionários norte-americanos sobre a chegada de britânicos, a pé ou a cavalo. É um míssil balístico intercontinental, armado com ogivas nucleares. O todo-poderoso, imparável, ameaçador ICBM (Intercontinental ballistic missile).

Os sensores dos sistemas de satélites dos Estados Unidos sobre a Coreia do Norte realizam o processamento de sinais a bordo,[8] transmitindo cargas colossais de dados de sensores de alerta precoce para a Terra.

Pense nisso: o primeiro satélite do mundo foi lançado pelos russos em 1957, uma espaçonave do tamanho de uma bola chamada Sputnik, com antenas de rádio e baterias de zinco e prata. Hoje, décadas depois, existem mais de 9 mil satélites de alta potência com capacidade de microprocessamento[9] na órbita da Terra, conectando pessoas por meio de telecomunicações, ajudando com a navegação, prevendo o clima e provendo entretenimento pela TV.

O SBIRS não faz nada disso. Ele vigia. Observa, atento, e espera — 24 horas por dia, sete dias por semana, 365 dias por ano — pela primeira faísca explosiva de uma ameaça nuclear.

Uma faísca que indique uma ação que não pode ser desfeita.

5 SEGUNDOS
Instalação de Dados Aeroespaciais, Colorado

No interior da Instalação de Dados Aeroespaciais, no Colorado, alguns dos sistemas de computadores mais rápidos do mundo processam dados brutos do sensor do SBIRS a uma velocidade meteórica. Ocupam-se medindo as dimensões da pluma de exaustão que o rastro de fogo do ICBM forma em seu lançamento. O escape quente de um míssil balístico de curto alcance difere dramaticamente no brilho e no tamanho da pluma de um míssil balístico intercontinental — cada um sendo mensurável de forma exata a partir do espaço.

Lançamentos de mísseis balísticos não são incomuns. Também estão aumentando a uma velocidade sem precedentes. Em 2021, a Força Espacial dos Estados Unidos rastreou 1.968 lançamentos de mísseis ao redor do mundo,[10] um número que "aumentou mais de três vezes e meia em 2022", diz o coronel Brian Denaro, do Comando de Sistemas Espaciais. Em setembro de 2023, a Rússia continua a notificar os Estados Unidos sobre seus lançamentos de testes de mísseis balísticos.[11]

Ninguém quer iniciar uma guerra nuclear por acidente.

Como regra geral, testes de mísseis tão significativos quanto o lançamento de um ICBM são anunciados, geralmente para países vizinhos, por meio de canais diplomáticos, canais secundários, ou algum outro tipo de canal, mas quase sempre por um canal de comunicação.

A exceção é a Coreia do Norte.

Entre janeiro de 2022 e maio de 2023, a Coreia do Norte testou o lançamento de mais de 100 mísseis, incluindo armas capazes de carregar ogivas nucleares e atingir o território continental dos Estados Unidos.[12]

Nenhum deles foi anunciado.[13]

"Eles querem manter o elemento surpresa", nos conta o analista de inteligência Joseph Bermudez Jr. "Para reforçar a propaganda de que são uma nação poderosa e forte."

É por isso que os satélites do Departamento de Defesa permanecem "estacionados" sobre a Coreia do Norte. Para identificar a pluma do escape quente de um ICBM, logo na primeira fração de segundo após o lançamento.

No Colorado, as medições da pluma confirmam o que os analistas estão vendo: um lançamento de ICBM vindo da Coreia do Norte com uma trajetória alarmante. O míssil não se dirige ao espaço, como deveria ser no caso de um lançamento de satélite, nem segue em direção ao mar do Japão, uma trajetória comum em testes de demonstração de poder.

Todos os componentes críticos do gigantesco sistema de alerta precoce dos Estados Unidos estão agora correlacionando a trajetória do míssil e integrando os fluxos de dados. Estão trabalhando para caracterizar com mais precisão a natureza exata deste evento.

É um teste provocador ou um ataque nuclear? Verdade ou mentira?

De imediato, uma vasta rede mundial de inteligência, vigilância e reconhecimento dos Estados Unidos começa a processar todos os tipos de informações de inteligência disponíveis: SIGINT (inteligência de sinais), IMINT (inteligência de imagens), TECHINT (inteligência técnica), GEOINT (inteligência geoespacial), MASINT (inteligência de medição e assinatura), CYBINT (inteligência cibernética), COMINT (inteligência de comunicações), HUMINT (inteligência humana) e OSINT (inteligência de fontes abertas) — tudo isso fluindo para o sistema de modo a criar uma imagem precisa do evento detectado.

Cada fração de segundo importa. Cada *byte* de informação conta.

6 SEGUNDOS
Centro de Comando Militar Nacional, Pentágono

O Pentágono. (Força Aérea dos Estados Unidos, Sgt. Brittany A. Chase)

O Centro de Comando Militar Nacional, localizado sob o Pentágono, serve como a principal instalação de comando e controle em uma guerra nuclear.

Também pode — ou não — ser um alvo.

Os primeiros 24 minutos

Neste cenário, são 15h03, horário local da capital, Washington, no dia 30 de março, início da primavera. Seis segundos se passaram desde o lançamento do ICBM. Algoritmos de computador no Centro de Comando Militar Nacional já começaram a prever a trajetória intercontinental do míssil, com base nos dados disponíveis, mas uma área-alvo localizada ainda não pode ser determinada com precisão.

O míssil está se dirigindo para as Américas? Para o Havaí?

Ou o alvo é o território continental dos Estados Unidos?

Em qualquer dia, a qualquer hora, há centenas de pessoas[14] trabalhando nesse bunker nuclear altamente fortificado sob o Pentágono.[15] Cada uma delas desempenha funções relacionadas a três missões principais atribuídas ao Centro de Comando Militar Nacional em sua missão de garantir a segurança nacional dos Estados Unidos:[16]

- Monitorar eventos e atividades militares ao redor do mundo.
- Vigiar o mundo para detectar atividades relacionadas a armas nucleares.
- Ter a capacidade de responder a crises específicas, conforme necessário — incluindo a execução do OPLAN (anteriormente conhecido como SIOP).

Agora, poucos segundos após a confirmação do lançamento de um ICBM na Coreia do Norte, todos os olhos permanecem fixos em uma tela gigante, montada na parede do centro de comando. Um ponto se move de maneira ameaçadora pelo visor: o avatar de um míssil balístico nuclear Hwasong-17.[17]

Os oficiais da Diretoria de Operações J-3 entram no Centro de Comando Militar Nacional e o vice-diretor de inteligência da J-2 se esforça para conseguir contato com um oficial norte-coreano. Entre os oficiais do Estado-Maior Conjunto na sala, estão:

- O vice-diretor J-32 de operações de inteligência, vigilância e reconhecimento (ISR) (oficial-general de duas estrelas/alta patente).
- O vice-diretor J-36 de operações de defesa nuclear e segurança interna (oficial-general de uma estrela/alta patente).
- O vice-diretor J-39 de operações globais (oficial-general de uma estrela/alta patente).

Desde o 11 de Setembro não se via uma situação de alerta máximo tão grave.

"É difícil capturar e explicar a névoa e a fricção da guerra",[18] diz o coronel John Brunderman sobre suas experiências no bunker sob o Pentágono no 11 de Setembro. O local "funciona como o topo da pirâmide para todos os postos de comando dos Estados Unidos ao redor do mundo". Uma instalação de acesso restrito que garante "conectividade para a execução do Plano Operacional Integrado Único, monitoramento da situação mundial e gerenciamento de crises". E, no entanto, na névoa da guerra, a incerteza permanece. "Quando se está procurando por coisas anormais", alerta o coronel Brunderman, "muitas coisas parecem anormais".

15 SEGUNDOS
Base da Força Espacial Buckley, Colorado

Base da Força Espacial Buckley. (Força Espacial dos Estados Unidos)

No Colorado, pilotos de combate correm em direção aos jatos de caça que aguardam na pista, prontos para decolar. Quinze segundos se passaram desde o lançamento, e o ICBM já percorreu uma distância suficiente para que os sensores dos satélites possam determinar sua trajetória com mais precisão.

As perspectivas parecem catastróficas.

O pior cenário possível, além da compreensão.

O Hwasong-17 viaja em direção ao território continental dos Estados Unidos.

A Base da Força Espacial Buckley abriga a Space Delta 4,[19] unidade de alerta de mísseis que opera satélites de defesa no espaço, bem como radares de alerta precoce terrestres ao redor do mundo. A Space Delta 4 é responsável por reportar informações estratégicas de alerta para três comandos,[20] por meio de links de comunicação criptografada:

- NORAD — Comando de Defesa Aeroespacial da América do Norte
- NORTHCOM — Comando Norte dos Estados Unidos
- STRATCOM — Comando Estratégico dos Estados Unidos

Cada um desses três comandos possui um centro de alerta precoce localizado a cerca de 130 quilômetros da base da força espacial, dentro do Complexo Cheyenne Mountain — o lendário bunker nuclear, construído dentro de uma montanha de granito durante a Guerra Fria.

Todos na Space Delta 4 estão concentradíssimos no que parece ser um míssil balístico intercontinental em rota para os Estados Unidos. O temido ICBM com capacidade nuclear é impossível de ser detido.

Uma vez lançado, um ICBM não pode ser abortado.

Nos comandos NORAD, NORTHCOM e STRATCOM, todos aguardam que um sistema de radar terrestre de visada Além do Horizonte (em inglês, "over the horizon", OTH) confirme que um míssil com armamento nuclear está realmente atacando os Estados Unidos.

Essa confirmação secundária é indispensável.

Dada a trajetória do míssil, a primeira estação de radar a avistá-lo quando cruzar o horizonte será a Estação da Força Espacial Clear, no Alasca. Seus avançados sensores são voltados para ameaças vindas do Pacífico.

Levará cerca de oito minutos para que os radares no Alasca avistem o míssil. Para os analistas daqui, é um período angustiante, observando os segundos do relógio avançarem com a possível ameaça de um míssil nuclear a caminho.

20 SEGUNDOS
Estação da Força Espacial Clear, Alasca

Estação da Força Espacial Clear, Radar de Discriminação de Longo Alcance.
(Agência de Defesa contra Mísseis dos Estados Unidos)

A Estação da Força Espacial Clear, no Alasca, é uma instalação militar remota, estrategicamente localizada nos arredores de Fairbanks. No final de março, as temperaturas ficam perto de -10°C. A maior parte da neve já derreteu a essa altura.

No centro da base encontra-se um radar de busca, rastreamento e discriminação com cinco andares, chamado Long Range Discrimination Radar (Radar de Discriminação de Longo Alcance). Esta colossal sentinela terrestre é o mais novo componente de um sistema de radar de alerta precoce que já existe há décadas. Sua função[21] é vigiar ataques de mísseis aos Estados Unidos vindos do teatro do Pacífico e retransmitir alertas para NORAD, NORTHCOM e STRATCOM.

Dentro da estrutura, duas enormes antenas de 18 metros de diâmetro varrem os céus 24 horas por dia, sete dias por semana, 365 dias por ano, em busca de qualquer indício de um ataque de míssil. O sistema de radar fornece "um conjunto extra de olhos atentos que vão mostrar a imagem de qualquer ameaça que venha em nossa direção",[22] explica o tenente-general A. C. Roper, do NORAD.

Vinte segundos após o lançamento, os Aviadores e Guardiões do Ártico, designados aos Esquadrões de Alerta Espacial, aqui nos arredores de Fairbanks, foram informados pela Space Delta 4 que um ICBM está em rota de ataque. Mas eles não veem nada. Ainda não. Nenhuma tecnologia avançada pode ajudar os radares terrestres a ver além do horizonte. Isso não é fisicamente possível.

Por isso os operadores humanos dos sistemas precisam esperar.

O gigantesco sistema de radar permanecerá "cego" à ofensiva de um ICBM até que o míssil entre em sua Fase Intermediária —, quando a carga nuclear na coifa, o bico do foguete, já estará perigosamente próxima de atingir os Estados Unidos.

Fluxos de dados dos radares terrestres alimentam os postos de comando localizados a milhares de quilômetros, atravessando o país. Estes dados são enviados ao Centro de Alerta de Mísseis subterrâneo e confidencial, localizado dentro de Cheyenne Mountain, no Colorado.

Por enquanto, o Radar de Discriminação de Longo Alcance permanece enganosamente calmo.

30 SEGUNDOS
Complexo Cheyenne Mountain, Colorado

Aqui, no coração do Colorado, a aproximadamente 600 metros de profundidade sob uma montanha de rocha ígnea, alarmes estridentes ecoam, luzes piscam e cada computador gera uma mensagem confidencial para sinalizar o temido ALERTA DE LANÇAMENTO NUCLEAR.

Trinta segundos se passaram desde o lançamento.

*O Centro de Operação Conjunta no Complexo Cheyenne Mountain em 2023.
(Comando de Defesa Aeroespacial da América do Norte, Thomas Paul)*

Os satélites SBIRS dispõem agora de dados suficientes[23] sobre a trajetória do ICBM para determinar que ele está a caminho de um alvo em algum lugar da costa leste dos Estados Unidos.

Todos no Complexo Cheyenne Mountain[24] são informados sobre a ameaça. Todos estão atordoados com o que está acontecendo.

Dados dos sensores espaciais e das estações de radar terrestres ao redor do mundo inundam o Centro de Alerta de Mísseis, impulsionando a equipe a agir. Todos trabalham para identificar os detalhes da ameaça que se aproxima. Todos veem a mesma coisa.

Um único ICBM está a caminho.

Todos estão pensando a mesma coisa.

Um único míssil nuclear não faz sentido.

Se a Coreia do Norte realmente está atacando os Estados Unidos com um ICBM, isso será considerado um ataque nuclear inicial antecipado. Se ordenada pelo presidente, a resposta das Forças Armadas dos Estados Unidos será o uso esmagador e incondicional de força nuclear.

A Coreia do Norte será destruída.

"Esse tipo de ataque *Bolt out of the Blue* é [caracterizado] como um ataque inesperado, furtivo", explica o ex-secretário de Defesa William Perry. Uma tática militar tão antiga quanto a própria guerra. Mas, na era das armas nucleares, é suicídio nacional para qualquer país ser tão imprudente a ponto de fazer um ataque inicial antecipado contra os Estados Unidos. Todo o conceito de dissuasão é baseado na ideia de que um ataque surpresa contra uma superpotência nuclear garantiria a destruição total do ofensor.

Ataques surpresa mudam a história.[25]

Mas um ataque surpresa é projetado para decapitar, para cortar a cabeça da serpente. Para isso, envia-se uma carga massiva de armas, e não um único ICBM. Não contra um país como os Estados Unidos, que tem 1.770 armas nucleares à disposição, a maioria delas pronta para ser lançada.

"O ataque com um único míssil não faz sentido", acrescenta o ex-secretário de Defesa Perry. E algo tão estranho "exigiria informações adicionais [antes que] a informação fosse levada ao presidente".

Com o piscar de luzes vermelhas no Complexo Cheyenne Mountain e o som das sirenes de alerta, cada um age conforme o treinamento recebido. Pés, dedos, olhos, intuição — todas as faculdades humanas trabalhando em conjunto, como num balé com parceiros mecânicos, transformando os dados dos sensores em inteligência utilizável. O Centro de Alerta de Mísseis no Complexo Cheyenne Mountain é o ponto de coleta para os dados de lançamento de mísseis em todo o mundo. Aqui se decide se as informações recebidas representam um risco para a América do Norte e para os Estados Unidos.

"Nós somos o tronco cerebral que integra tudo",[26] diz Steven Rose, vice-diretor do Complexo Cheyenne Mountain, "correlacionando os dados, interpretando-os e transmitindo-os ao cérebro — seja [para] o comandante do NORAD, do NORTHCOM ou do STRATCOM". O Complexo Cheyenne Mountain é o tronco cerebral que interpreta os dados para que os generais e almirantes decidam quando, e se, devem entrar em contato com o presidente. O ato de preparar uma avaliação de ataque nuclear para o comandante em chefe faz do Complexo "a parte mais crítica do sistema nervoso, e a mais vulnerável", alerta Rose.

Fisicamente, a instalação pode suportar o impacto direto de uma bomba termonuclear de um megaton.[27] Mas a vulnerabilidade aqui é teórica. Neste momento, não há espaço para erros de julgamento.

Não há espaço para nenhum tipo de erro.

O destino do país, e do planeta, e de seus habitantes, está em jogo.

60 SEGUNDOS
Sede do Comando Estratégico dos Estados Unidos (STRATCOM), Nebrasca

Sessenta segundos se passaram. Sob a Base da Força Aérea de Offutt, em Nebrasca, encontra-se a Sede do Comando Estratégico dos Estados — conhecido como STRATCOM —, um complexo subterrâneo de 85 mil metros quadrados, composto por bunkers, centros de comando, instalações médicas, refeitórios, dormitórios, centrais de energia, túneis e muito mais.

O centro de comando nuclear de 1,3 bilhão de dólares, enterrado muito abaixo da superfície, também foi projetado para suportar um impacto direto de uma bomba termonuclear de um megaton. Das mais de 3.500 pessoas que trabalham aqui, todas estão concentradas na ameaça nuclear iminente.[28]

Piiiiiiiiiii! Piiiiiiiiii! Piiiiiiiiii!

Todos os sistemas de alerta de acesso restrito soam.

"Existem cerca de dez maneiras diferentes[29] de garantir que o comandante saiba que está na hora de agir", diz o general John E. Hyten, ex-comandante do STRATCOM.

LANÇAMENTO DE MISSIL BALÍSTICO, ALERTA!

Sistemas eletrônicos de alerta soam, guincham, piscam e vibram ao mesmo tempo. É impossível trabalhar na sede do STRATCOM e não estar ciente de que há a presunção de que um ICBM atacante esteja, neste exato momento, a caminho dos Estados Unidos.

A pessoa mais importante neste momento é o titular do Comando Estratégico — o comandante do STRATCOM, como é conhecido —, o comandante militar mais sênior do país, responsável pelas operações nucleares.[30] Mais de 150 mil soldados, marinheiros, aviadores, fuzileiros navais, guardiões e civis seguem as ordens do comandante do STRATCOM. No Sistema de Comando e Controle Nuclear, o comandante do STRATCOM aconselha o presidente e, em seguida, segue suas ordens diretas.

Não há intermediários entre esses dois indivíduos. Nem o secretário de Defesa, nem o presidente do Estado-Maior Conjunto, nem o vice-presidente.

A responsabilidade do cargo de comando do STRATCOM não se compara a nenhuma outra do mundo.[31]

O general aposentado George Lee Butler, que comandou as forças nucleares dos Estados Unidos de 1991 a 1994, resumiu sua responsabilidade da seguinte maneira:[32]

"Se nossos sistemas de alerta detectassem um ataque aos Estados Unidos [...] meu papel seria aconselhar o presidente de que estávamos sob ataque; caracterizar o ataque em termos de tipo, número de armas e seus alvos; aconselhá-lo sobre suas opções, conforme descrito no plano de guerra nuclear; solicitar uma ordem de execução e prontamente transmiti-la às forças operacionais para garantir o lançamento, a sobrevivência e o envio de suas armas a tempo."

Sessenta segundos após o início desta crise nuclear, o comandante do STRATCOM, nesse cenário, sai de seu escritório e entra correndo em um elevador privativo, que é exclusivo dele. A descida para o bunker nuclear do centro de comando, chamado Centro de Operações Globais, leva apenas alguns segundos.

"Nossas forças estratégicas estão sempre prontas para dar resposta e todos devem saber disso", afirmou o general Hyten, comandante do STRATCOM, para a CNN em 2018. "Estão prontas neste exato minuto, sob a terra, sob o mar, no ar. Estamos prontos para reagir a qualquer ameaça, e os adversários do mundo, inclusive Kim Jong-un, precisam saber."

As portas do elevador se abrem.

"Se alguém lançar uma arma nuclear contra nós, responderemos com outra",[33] diz o general Hyten. "Eles lançam mais uma, nós lançamos outra. Eles lançam duas, nós lançamos duas."

É uma "escada da escalada", explica Hyten.

Nesse cenário, o comandante do STRATCOM se apressa para o Deque de Batalha[34] subterrâneo, uma sala de concreto de aproximadamente 93 metros quadrados.

Seus olhos se concentram em uma enorme tela que cobre quase toda a parede, do tamanho de uma tela de cinema.

Três relógios eletrônicos exibem três diferentes sequências de tempo, incluindo os segundos, enquanto o míssil nuclear se aproxima dos Estados Unidos. Essas sequências de tempo são conhecidas como:

- IMPACTO VERMELHO: tempo restante até que o míssil inimigo atinja o alvo

- **IMPACTO AZUL**: tempo restante até que o contra-ataque nuclear dos Estados Unidos atinja o inimigo
- **ESCAPE SEGURO**: tempo restante para que o comandante saia do bunker e escape

Dentro do bunker, a equipe do Deque de Batalha transmite informações ao comandante de forma organizada e bem ensaiada, para que não haja perda de tempo. Com os relógios de Impacto Vermelho e Escape Seguro em contagem regressiva, fazer o relógio do Impacto Azul começar a funcionar é a prioridade máxima: o contra-ataque.

Na parte de trás da sala, uma divisória à prova de som desce do teto.

Ela se fecha e trava.

Os homens e mulheres no Deque de Batalha possuem algumas das mais altas autorizações de segurança no Sistema de Comando e Controle Nuclear dos Estados Unidos. Eles praticam protocolos de lançamento dia após dia. No entanto, as informações prestes a serem discutidas são sensíveis demais para alguém ouvir, a não ser que pertença a um pequeno grupo de oficiais do STRATCOM.

O grupo central reunido começa então a discutir os planos de lançamento.

1 MINUTO E 30 SEGUNDOS
Sede do NORAD, Base da Força Espacial de Peterson, Colorado

A pouco mais de 14,5 quilômetros ao nordeste de Cheyenne Mountain, na sede do NORAD, no Colorado, oficiais e assistentes militares disparam pelos corredores da Base da Força Espacial de Peterson e entram no centro de comando NORAD-NORTHCOM. O centro de comando de Peterson é parecido com o de Cheyenne Mountain, mas é maior, projetado para acomodar uma equipe que não para de crescer, encarregada de lidar com novas ameaças.[35]

Esse é um centro de coleta e coordenação de dados de sensores de alerta precoce, recebidos e disseminados para parceiros de missão nos Estados Unidos e ao redor do mundo. O Comando e Controle Nuclear é baseado no conceito de redundância, com várias organizações desempenhando tarefas semelhantes para o caso de haver uma falha em algum componente.

De dentro dessa instalação confidencial, à sombra das Montanhas Rochosas do Colorado, o comandante do NORAD se prepara para transmitir sua avaliação de ataque nuclear ao secretário de Defesa e ao presidente do Estado-Maior Conjunto, localizados no interior do Pentágono, em Washington.

Usando um sistema de comunicação via satélite, criptografado e resistente a pulsos eletromagnéticos e interferências,[36] conhecido como Sistema Avançado de Frequência Extremamente Alta (Advanced Extremely High Frequency System), o centro de comando do NORAD se conecta à sua instalação parceira.

No entanto, o secretário de Defesa e o presidente do Estado-Maior Conjunto ainda não estão dentro do bunker sob o Pentágono. Ainda não.

2 MINUTOS
Centro de Comando Militar Nacional, Pentágono

Funcionários do Pentágono costumam observar que o centro do complexo parece um alvo. (Biblioteca do Congresso, Theodor Horydczak)

Dois minutos se passaram. Dois homens se movem às pressas pelo Pentágono, correndo, não apenas trotando, pelos enceradíssimos pisos de linóleo do perímetro mais externo da construção, conhecido como E-ring.³⁷ Um deles, o secretário de Defesa, veste terno, camisa branca e gravata. O outro, o presidente do Estado-Maior Conjunto, está com uniforme militar, adornado com estrelas, barretas e medalhas.

Eles descem depressa vários lances de escada, atravessam portas corta-fogo, descem mais escada, passam por mais portas e entram em um túnel de alta segurança que leva ao Centro de Comando Militar Nacional. Aqui, os comandantes do STRATCOM e do NORAD aguardam, diante de comunicadores via satélite e telas de vídeo, os dois assessores mais graduados do presidente. Se o STRATCOM e o NORAD são o cérebro e o tronco cerebral da guerra nuclear, o Centro de Comando Militar Nacional sob o Pentágono é o coração pulsante da Terceira Guerra Mundial nuclear.

Originalmente chamado de Sala de Guerra,³⁸ esse posto de comando foi concebido pela primeira vez para o Pentágono, em 1948, como um lugar para gerenciar a próxima guerra mundial. Está em uso 24 horas por dia, sete dias por semana, 365 dias por ano — todos os dias de todos os anos, desde então.

Dois minutos já se passaram desde a detecção do lançamento. O secretário de Defesa e o presidente do Estado-Maior Conjunto chegam com poucos segundos de diferença. Via comunicação por satélite segura vinda do Colorado, o comandante do NORAD fala.

Sua avaliação é breve e direta ao ponto.

Os dados de rastreamento confirmaram o pior cenário possível.

Um míssil balístico intercontinental está a caminho da costa leste dos Estados Unidos.

AULA DE HISTÓRIA Nº 2

O ICBM

26 minutos e 40 segundos para o Armagedom

Impulso   Ascensão   Intermediária   Terminal

*Trajetória do míssil balístico em três fases de voo: Impulso, Intermediária e Terminal.
(Agência de Defesa contra Mísseis dos Estados Unidos)*

Um míssil balístico intercontinental é um míssil de longo alcance que envia armas nucleares em direção a alvos em diferentes continentes. Os ICBMs existem para matar milhões de pessoas do outro lado do mundo. Em 1960, quando havia acabado de ser inventado, o cientista-chefe do Pentágono, um homem chamado Herb York, queria saber exatamente quantos minutos levaria para que um desses foguetes de extermínio em massa saísse de uma plataforma de lançamento na Rússia soviética até uma cidade nos Estados Unidos. York contratou um grupo de cientistas de Defesa, chamado Jason, a fim de chegar ao número mais preciso possível.[39]

O resultado, como Herb York descobriu, era 26 minutos e 40 segundos, do lançamento à aniquilação.

Apenas 1.600 segundos. Só isso.

Uma cópia dessa avaliação secreta está escondida entre os documentos pessoais de Herb York na Biblioteca Geisel, em San Diego.[40] Talvez ele a tenha deixado lá por descuido, ou talvez quisesse que o mundo tivesse ciência daquilo que os planejadores de guerra e os construtores de armas sabiam há décadas, mas nunca haviam revelado de forma tão crua e dura: não há como vencer uma guerra nuclear.

Ela simplesmente acontece rápido demais.

A velocidade com que a guerra nuclear se desenrola garante que o fim será um holocausto nuclear.

"O ICBM carregado com armas nucleares nos ameaça com a aniquilação", escreveu York.[41] "A perspectiva é evidentemente sombria." Os cientistas do Jason calcularam que os 26 minutos e 40 segundos de tempo de voo de um ICBM dividem-se em três fases:

- Fase de Impulso, com duração de 5 minutos
- Fase Intermediária, com duração de 20 minutos
- Fase Terminal, com duração de 1,6 minuto (100 segundos)

Os 5 minutos da fase de Impulso incluem o tempo necessário para que o míssil acione os motores do foguete na plataforma de lançamento, suba até o espaço e conclua o voo com propulsão. A ogiva é então liberada, geralmente a uma altitude entre 800 e 1.100 quilômetros.

A Fase Intermediária dura 20 minutos e inclui o tempo que a ogiva liberada leva para flutuar pelo espaço em uma trajetória curva ao redor da Terra.

A Fase Terminal, ou estágio final, é incrivelmente curta. Apenas 1,6 minuto. Cem segundos. A Fase Terminal começa quando a ogiva faz a reentrada na atmosfera terrestre e termina quando a arma nuclear é detonada no alvo.[42]

O Hwasong-17 ofensivo, neste cenário, é um míssil balístico intercontinental de dois estágios, propelido a combustível líquido e transportável por veículo móvel. Em 2024, não se sabe muito sobre as capacidades de sua ogiva, se ele carrega uma ou mais ogivas nucleares, se sua carga é termonuclear e qual a capacidade de sua potência.[43] O que se sabe é que ele pode atingir qualquer alvo no território continental dos Estados Unidos.

O cálculo de 26 minutos e 40 segundos dos cientistas do Jason, desde o lançamento até o alvo, foi feito em 1960, quando a União Soviética era a única outra superpotência nuclear.

Hoje, nove países possuem armas nucleares:[44] Estados Unidos, Rússia, França, China, Reino Unido, Paquistão, Índia, Israel e Coreia do Norte. Dada a localização geográfica da Coreia do Norte, o tempo de voo de um míssil saído da península coreana com destino à costa leste dos Estados Unidos é um pouco maior. O professor emérito do MIT, Theodore "Ted" Postol, fez as contas para nós.

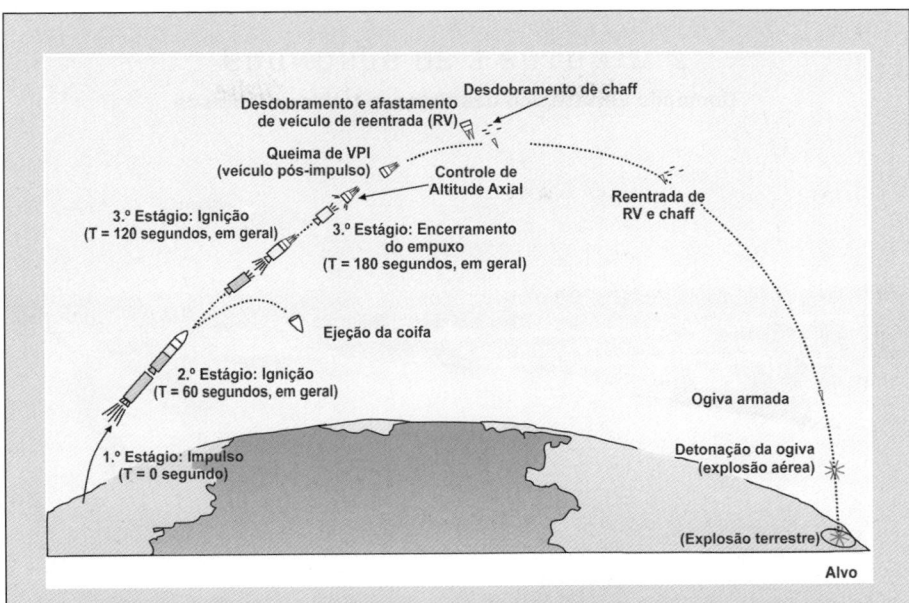

Sequência de voo do lançamento até o alvo de um ICBM. (Força Aérea dos Estados Unidos)

São 33 minutos.

O relógio está correndo.

Neste cenário, 2 minutos se passaram.

Uma vez lançado, um ICBM não pode ser abortado.

Os documentos confidenciais guardados nos arquivos empoeirados de Herb York alertavam o mundo sobre o Armagedom, e aqui estamos nós.

O ICBM nos ameaça com a aniquilação, escreveu York.

Verdade tanto em 1960 quanto hoje.

2 MINUTOS E 30 SEGUNDOS
Comando Estratégico dos Estados Unidos, Nebrasca

Pista alagada, sede do STRATCOM, Base Aérea de Offutt, Nebrasca, em 2019.
(Comando Estratégico dos Estados Unidos)

A sede do Comando Estratégico, em Nebrasca, está localizada aproximadamente 15 quilômetros ao sul de Omaha, 3 quilômetros a oeste do rio Missouri. Seu nome original era Fort Crook. As terríveis condições climáticas da região incluem tornados, ciclones e enchentes. Tornados mortais ameaçam o QG mais importante da estratégia nuclear nos Estados Unidos com uma frequência cada vez maior. Em 2017, dez aeronaves foram danificadas quando um tornado atingiu a Base da Força Aérea de Offutt.[45]

As enchentes são catastróficas. Durante a temporada de 2019, 700 aviadores de Offutt encheram 235 mil sacos de areia, no que foi descrito pelo *Air Force Times* como "um esforço valoroso, mas malsucedido, de conter as águas".[46] Cerca de 2,7 bilhões de litros de água contaminada por esgoto inundaram a base, destruindo 137 edifícios e estragando cerca de 93 mil metros quadrados de área de trabalho, incluindo 11 mil metros quadrados da Instalação de Informações Compartimentadas Confidenciais (Sensitive Compartmented Information Facility, a SCIF, que faz tratamento de material sigiloso). Quase 1 quilômetro de pista de decolagem ficou submerso.

A pista da Base da Força Aérea de Offutt é uma peça crítica da infraestrutura de contra-ataque nuclear, especialmente no cenário em que há um ICBM portando uma arma nuclear a caminho dos Estados Unidos. A pista aqui serve à pequena frota de postos de comando nuclear aerotransportados, conhecidos pelo sinistro nome de Aviões do Juízo Final. Esses Boeings modificados estão sempre prontos, preparados para comandar uma guerra nuclear a partir do ar.

"Nossas Forças Armadas são muito poderosas, muito letais", diz o capitão Ryan La Rance, oficial que gerencia os aviadores em um Avião do Juízo Final, "mas nada disso funciona se não tiver comunicação".[47]

É no interior dessa aeronave que o comandante do STRATCOM pode receber ordens de lançamento durante uma crise nuclear e, em seguida, executá-las,[48] mesmo após a destruição das instalações do Comando e Controle Nuclear em solo.

Por isso, o comandante do STRATCOM está concentradíssimo em ativar o relógio do Impacto Azul, ou de contra-ataque e, em seguida, deixar o bunker subterrâneo do STRATCOM e embarcar em um Avião do Juízo Final parado na pista de decolagem, com motores ligados, esperando sua chegada para levantar voo.

O Centro de Operações Globais do STRATCOM na Base da Força Aérea de Offutt é considerado um dos dez principais alvos nucleares em todas as listas dos inimigos. Mas o comandante não deixará o bunker antes de falar com o presidente.

Os dados de rastreamento a respeito do ICBM que se aproxima determinaram que o ponto de impacto do míssil será em algum lugar na costa leste, presumivelmente Nova York ou Washington.

Mas ainda faltam dois ou três minutos para que o alvo designado possa ser definido com maior precisão.[49]

2 MINUTOS E 45 SEGUNDOS
Centro de Comando Militar Nacional, Pentágono

Dentro do bunker do comando nuclear sob o Pentágono, o secretário de Defesa e o presidente do Estado-Maior Conjunto discutem rapidamente o que o comandante do NORAD acabou de informar por videochamada. Um ICBM atacante parece se dirigir à costa leste dos Estados Unidos.

O secretário de Defesa assume a liderança. Juntamente com os chefes de outras instalações de comando, ele formula o que poderia ser dito ao presidente quando solicitado. Os indivíduos nessa videoconferência são pessoas que dedicam suas vidas profissionais ao Comando e Controle Nuclear, que vivem e respiram guerras nucleares hipotéticas.

Assim que o radar terrestre confirma que um ICBM está a caminho da costa leste, uma perigosíssima etapa da estratégia de combate nuclear dos Estados Unidos tem início.

Esse recurso gira em torno de uma política com décadas de existência chamada Lançamento sob Alerta (Launch on Warning).[50]

"Assim que somos avisados de um ataque nuclear, nos preparamos para o lançamento", relata o ex-secretário de Defesa William Perry. "Essa é a orientação. Não esperamos."[51]

A política de Lançamento sob Alerta é o motivo pelo qual — e como — os Estados Unidos mantêm a maior parte de seu arsenal nuclear em um estado pronto para ser lançado, também conhecido como Alerta de Gatilho Leve (Hair-Trigger Alert).

AULA DE HISTÓRIA Nº 3

Lançamento sob Alerta

A política de Lançamento sob Alerta significa que os Estados Unidos lançarão suas armas nucleares assim que seus sistemas de sensores de alerta precoce *alertarem* sobre um ataque nuclear iminente. Em outras palavras, ao serem notificados de um ataque iminente, o país *não vai aguardar* sofrer o impacto físico de um golpe nuclear antes de lançar as próprias armas contra quem quer que tenha sido irracional o suficiente para atacá-lo.

O Lançamento sob Alerta é "um aspecto fundamental do planejamento de guerra nuclear sobre o qual o público raramente ouve falar", diz William Burr, analista sênior do Arquivo de Segurança Nacional da Universidade George Washington, na capital, Washington.[52]

Diretriz em vigor desde o auge da Guerra Fria, trata-se de algo incrivelmente arriscado.

"É de uma periculosidade injustificável", alertou o conselheiro presidencial Paul Nitze décadas atrás.[53] Um Lançamento sob Alerta durante um "período de crise intensa" é uma receita para o desastre, disse Nitze.

Durante a campanha presidencial de George W. Bush em 2000, o futuro presidente prometeu abordar essa política perigosa, caso fosse eleito. "Manter tantas armas em alerta máximo pode criar riscos inaceitáveis de lançamentos acidentais ou não autorizados", disse Bush.[54] "A categoria de alerta máximo, gatilho leve, é outro vestígio desnecessário da Guerra Fria."

Nenhuma mudança foi feita.

Barack Obama repetiu a mesma preocupação fundamental durante sua campanha.

"Manter armas nucleares prontas para serem lançadas a qualquer momento é uma perigosa relíquia da Guerra Fria", declarou. "Tais políticas aumentam o risco de acidentes catastróficos ou de erros de cálculo."

Assim como o antecessor, Obama não fez nenhuma mudança.

Quando o presidente Biden assumiu o cargo, o físico Frank von Hippel clamou pela eliminação da perigosa política.[55] "O presidente Biden [...] deve acabar com a opção do lançamento sob alerta e o risco de um Armagedom nuclear não intencional que ela acarreta", escreveu Hippel no *Bulletin of the Atomic Scientists*.[56]

Mas, assim como seus antecessores, o presidente Biden não fez mudanças.

E assim, décadas depois, continuamos no mesmo lugar. Com o Lançamento sob Alerta em vigor.

3 MINUTOS
Centro de Comando Militar Nacional, Pentágono

No interior do bunker sob o Pentágono, o secretário de Defesa e o presidente do Estado-Maior Conjunto consultam a vice-presidente do Estado-Maior, uma mulher que, neste cenário, já comandou (assim como a general Ellen Pawlikowski) o Comando Espacial do NRO no Colorado e o Centro de Sistemas Espaciais e de Mísseis na Califórnia.

Sua experiência a torna especialmente qualificada para avaliar o que está acontecendo neste momento, apenas três minutos após o lançamento de um ICBM a partir de um campo ao norte de Pyongyang.

A vice-presidente do Estado-Maior Conjunto estudou suficientes dados de rastreamento de ICBMs norte-coreanos lançados e projetados para voar em trajetórias predefinidas para cair em mar aberto e sabe reconhecer que o que está vendo não é um desses casos.

A trajetória desse míssil aponta para os Estados Unidos.

Brilhante, aguerrida e famosa por não medir palavras, a militar aponta para o pequeno avatar preto do ICBM movendo-se ameaçadoramente pela tela.

Ela respira fundo.

Fala diretamente ao secretário de Defesa.

O senhor deve contatar o presidente, diz a oficial.

3 MINUTOS E 15 SEGUNDOS
Casa Branca, Washington

São 15h06 na costa leste, e o presidente está na sala de jantar da Casa Branca, lendo seu *briefing* da tarde, fazendo um lanche. Ele não terminará o café.

O conselheiro de segurança nacional entra correndo na sala. Com o telefone em mãos, informa ao presidente que o secretário de Defesa está ligando do Centro de Comando Militar Nacional sob o Pentágono — a 3,3 quilômetros de distância.

O presidente coloca o telefone no ouvido.

Casa Branca. (Foto de Jett Jacobsen)

O secretário de Defesa diz ao presidente: *A Coreia do Norte lançou um míssil ofensivo contra os Estados Unidos.*

É uma afirmação que parece implausível à primeira vista.

O secretário de Defesa diz ao presidente: *Os comandantes do NORAD e do STRATCOM validaram a avaliação. Estamos aguardando confirmação secundária do radar terrestre no Alasca.*

O presidente vira-se para o conselheiro de segurança nacional. Pergunta se isso é algum tipo de teste.

O conselheiro de segurança nacional responde: *Isso não é um teste.*

3 MINUTOS E 30 SEGUNDOS
Centro de Comando Militar Nacional, Pentágono

Sob o Pentágono, o secretário de Defesa observa a trajetória do míssil à medida que ele se move pela enorme tela à sua frente. Apenas três minutos e trinta segundos se passaram (210 segundos), o que significa que o míssil ainda está na Fase de Impulso. O avatar do míssil logo cruzará a fronteira norte da Coreia do Norte, entrando no espaço aéreo chinês.

A função do secretário de Defesa é garantir o comando civil das Forças Armadas, uma posição que só fica abaixo da do presidente, que atua como comandante em chefe. O secretário de Defesa e o presidente são os únicos dois cargos civis na cadeia de comando militar.[57]

Os primeiros 24 minutos

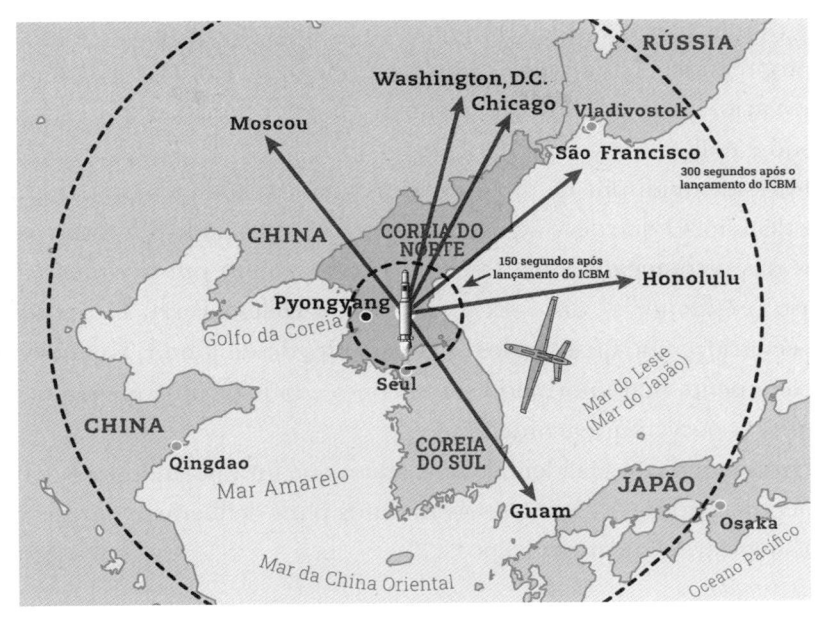

Alcance de engajamento de drones contra um ICBM Hwasong em Fase de Impulso, conforme concebido por Richard Garwin e Theodore Postol. (Imagem redesenhada por Michael Rohani)

Ao lado do secretário de Defesa está o presidente do Estado-Maior Conjunto, o oficial militar mais experiente e de mais alta patente do país. Seu trabalho é aconselhar o presidente, o secretário de Defesa, os membros do Conselho de Segurança Nacional e outros sobre questões militares. A vice-presidente vem logo abaixo dele.

Embora o presidente do Estado-Maior Conjunto esteja hierarquicamente acima de todos os outros oficiais militares, não comanda — nem pode comandar — as Forças Armadas.[58] Seu trabalho é aconselhar o presidente e o secretário de Defesa sobre o que é melhor, quais são as ações corretas a seguir — incluindo em uma guerra nuclear.

Todos no Centro de Comando Militar Nacional subterrâneo estão intensamente concentrados na tarefa em mãos. Também estão em estado de choque, apesar de serem treinados para agir como se não estivessem.

Uma crise nuclear não é *um* dos piores cenários possíveis. É *o* pior cenário possível.

É o que se costuma chamar de impensável, mas nem por isso deixou de ser ensaiado.

As ramificações do que está prestes a acontecer são quase impossíveis de compreender. Uma guerra nuclear é inédita. Ao longo das décadas, houve vários alarmes falsos significativos. Neste cenário, o que está acontecendo é real.

O presidente dispõe de uma pequeníssima janela de tempo para tomada de decisão. O que deve acontecer a seguir foi ensaiado por todos os presentes nas comunicações via satélite, "exceto, muito provavelmente, pelo próprio presidente",[59] diz o ex-secretário de Defesa Perry. O presidente, neste cenário, como quase todos os presidentes desde John F. Kennedy, está completamente mal-informado sobre como conduzir uma guerra nuclear quando ela porventura acontece.

O presidente não faz ideia de que, assim que for informado sobre o que está acontecendo, terá apenas seis minutos para deliberar e decidir quais armas nucleares lançar em resposta.[60]

Seis minutos.

Como que isso é possível? Seis minutos é aproximadamente o tempo necessário para preparar dez xícaras de café. Como o ex-presidente Ronald Reagan lamentou em suas memórias: "Seis minutos para decidir como responder a um ponto em uma tela de radar e decidir se deve ou não acarretar o Armagedom! Como alguém poderia aplicar a razão em um momento como esse?"[61]

A guerra nuclear, como estamos prestes a descobrir, rouba a razão do homem.

4 MINUTOS
Casa Branca, Washington

O presidente está de pé na sala de jantar da Casa Branca, o guardanapo de pano caído no chão. Há cerca de 8 bilhões de pessoas no planeta. Nos próximos seis minutos, o presidente será solicitado a tomar uma decisão que pode matar dezenas de milhões de seres humanos do outro lado do mundo — apenas minutos (e não horas) após sua autorização.

Com a política de Lançamento sob Alerta em vigor e uma guerra nuclear no horizonte, muita coisa está em jogo.

"A civilização como a conhecemos está prestes a acabar", diz o ex-secretário de Defesa Perry sobre um momento como este.[62] "Isso não é um exagero."

Na Casa Branca, o conselheiro de segurança nacional está a poucos metros do presidente. Tentando ligar para uma autoridade norte-coreana, é empurrado por um agente especial encarregado da segurança presidencial. De todas as pessoas na sala preparadas para a resposta a crises, os agentes do Serviço Secreto são os mais bem treinados.

Todo dia o Serviço Secreto dos Estados Unidos treina para isso.

Para o bunker de emergência neste instante, grita o agente especial para o presidente. Os membros da equipe de segurança estão por perto, todos se comunicando em sincronia por meio de fones de ouvido e aparelhos de comunicação de mão.[63]

Há um frenesi de atividades. Dois agentes do Serviço Secreto puxam o presidente pelas axilas, enquanto ele ainda segura o celular. Os generais e almirantes que assistem a tudo isso via satélite em seus respectivos bunkers aguardam cada palavra do presidente.

O livro dos planos de emergência, diz o conselheiro de segurança nacional.

Mantenha-o com a pasta, diz o agente especial encarregado. *Vamos levá-lo para a Sala de Crise.*

O presidente não compreende totalmente tudo o que está acontecendo ou a velocidade com que um contra-ataque nuclear deve se desenvolver. Ele ainda não absorveu os fatos por completo.

"Ninguém — nem mesmo o presidente — tem conhecimento completo do que está acontecendo em uma zona de crise ou em um conflito", muito menos em uma guerra nuclear, diz Jon Wolfsthal, ex-assessor de segurança nacional do presidente Obama.[64]

"Muitos presidentes assumem o cargo desinformados sobre seu papel em uma guerra nuclear",[65] explica o ex-secretário de Defesa Perry. "Alguns parecem nem querer saber."

Certa vez, em uma entrevista coletiva em 1982, o presidente Reagan chegou ao ponto de dizer incorretamente ao público que "mísseis balísticos submarinos podem ser abortados".[66]

Depois que o Muro de Berlim caiu e a União Soviética foi dissolvida, William Perry descobriu em sua experiência como secretário de Defesa que "muitos se apegavam à ideia de que a guerra nuclear não era mais uma ameaça".⁶⁷ Na verdade, segundo ele, "nada poderia estar mais longe da verdade".

Em uma guerra nuclear, a confusão relativa ao protocolo e à velocidade de ação terá consequências imprevisíveis, além da compreensão de qualquer um. Essa confusão enviará os Estados Unidos da América para o coração das trevas, como o funcionário de Defesa John Rubel havia alertado em 1960.

Para aquilo que ele chamou de "um submundo crepuscular governado por um raciocínio coletivo disciplinado, meticuloso e vigorosamente insensato, determinado a eliminar metade das pessoas que vivem em quase um terço da superfície da Terra".⁶⁸

AULA DE HISTÓRIA Nº 4

Os sistemas de lançamento de ICBM

Desde o lançamento deste míssil balístico em 2012, os ICBMs da Coreia do Norte tornaram-se cada vez mais poderosos e ameaçadores.
(Canal do Pentágono via Agência Central de Notícias da Coreia)

Neste cenário, o míssil Hwasong-17 rumo a Washington era transportável por estrada, o que significa que foi levado para o local de lançamento por um veículo de onze eixos chamado "transportador eretor lançador" (TEL). O próprio míssil tem cerca de 26 metros de altura. No bico do foguete, ele carrega um "ônibus de ogivas", que pode ou não incluir ogivas falsas projetadas para confundir os sistemas de defesa antimísseis dos Estados Unidos, que tentariam derrubá-lo.

Em 2021, analistas de defesa previram que 50% dos ICBMs da Coreia do Norte atingiriam com sucesso seus alvos nos Estados Unidos.[69] Em 2022, o ministro da Defesa do Japão confirmou publicamente a existência e o poder do Hwasong-17, afirmando que o míssil poderia viajar cerca de 15 mil quilômetros, o suficiente para alcançar o território continental dos Estados Unidos.[70]

O Hwasong-17 é pesado demais para ser transportado nas estradas mal pavimentadas da Coreia do Norte, então é levado por estradas de terra, em terreno firme, quando não houve chuvas nem neve recentemente. Os Estados Unidos, por outro lado, não possuem lançadores móveis. Todos os 400 ICBMs norte-americanos estão abrigados em silos subterrâneos espalhados pelo país. A maioria dos cidadãos norte-americanos não consideraria razoável ver um míssil móvel portando ogivas nucleares passando por suas cidades ou perto de escolas.

Esses lançadores móveis (inventados por cientistas de foguetes nazistas por volta de 1944) dão à Coreia do Norte uma vantagem estratégica. Enquanto a localização exata dos silos de ICBMs nos Estados Unidos é facilmente encontrada na internet (e, antes disso, em mapas), os ICBMs móveis da Coreia do Norte estão constantemente em movimento. Isso dificulta que o Departamento de Defesa dos Estados Unidos possa localizá-los e destruí-los antes ou durante uma guerra nuclear.

Na Base da Força Espacial Buckley, no Colorado, analistas da Instalação de Dados Aeroespaciais do NRO examinam imagens de satélite dos minutos e horas antes do míssil[71] ser lançado da caçamba de um caminhão estacionado em um campo de terra batida. Eles confirmam sua identidade como um Hwasong-17. Ao observar imagens de satélite anteriores, os analistas percebem que ele estava sendo transportado por uma estrada de terra para o local de lançamento, cerca de 32 quilômetros ao norte de Pyongyang.

Embora se saiba pouquíssimo sobre as capacidades da ogiva do Hwasong-17, muito se conhece sobre seu motor de foguete, o RD-250, incluindo que é de fabricação russa.[72] Em novembro de 2017, a Coreia do Norte voou pela primeira vez com um ICBM impulsionado por esse motor, o que levou quatro especialistas em mísseis — o cientista norte-americano Richard Garwin, o professor emérito do MIT Ted Postol e os engenheiros de foguetes alemães Markus Schiller e Robert Schmucker — a emitirem um alerta.

"O motor russo provavelmente foi roubado de uma unidade de armazenamento após o colapso da União Soviética", conta Postol, "e mais tarde vendido para a Coreia do Norte".[73]

O roubo de armas nucleares e seus sistemas de lançamento é frequentemente o método que muitas nações utilizam para acelerar programas nucleares incipientes. Esse tipo de roubo não apenas economiza tempo, mas também recursos valiosos, ao contornar a necessidade de programas complexos de pesquisa e desenvolvimento. Na década de 1940, depois de roubar os planos da bomba atômica lançada sobre Nagasaki, Klaus Fuchs os entregou a seu contato em Moscou. A partir daquele momento, foi apenas uma questão de tempo para que Stalin tivesse a própria bomba atômica. Antes de o motor de foguete russo RD-250 ser utilizado no Hwasong-17, a Coreia do Norte não conseguiria lançar um míssil que chegasse perto da costa leste dos Estados Unidos. Esse provável roubo pela Coreia do Norte, afirma Postol, "reduziu para apenas quatro meses um desenvolvimento técnico" que o reino eremita teria levado décadas para alcançar.

Ted Postol e Richard Garwin alertaram seus colegas sobre a crescente capacidade da Coreia do Norte em um artigo de 2017. Postol é especialista em tecnologia de mísseis, ex-assessor do chefe de operações navais e professor emérito do MIT. Richard Garwin, que desenhou os planos da primeira bomba termonuclear do mundo, sabe tanto (ou mais) sobre armas nucleares quanto qualquer outra pessoa viva.[74] Desde então, Garwin tem se mantido na vanguarda do desenvolvimento de armas nucleares e da segurança nacional. Ele também trabalhou no desenvolvimento dos primeiros satélites espiões do mundo e é considerado um dos dez fundadores do Escritório Nacional de Reconhecimento.

No artigo de 2017, Garwin e Postol argumentam que, devido à localização geográfica específica da Coreia do Norte, a defesa tradicional contra seus ICBMs é praticamente impossível. Eles destacam a existência de pontos cegos em torno do Polo Norte e propõem que a melhor defesa contra o Hwasong-17 seria utilizar drones armados MQ-9 Reaper (a variante de asas largas construída durante a Guerra ao Terror) sobre o mar do Leste, perto da costa da Coreia do Norte, 24 horas por dia, sete dias por semana, 365 dias por ano. "Prontos para interceptar um míssil atacante de 240 a 290 segundos após o lançamento", esclarece Postol.[75]

Esse intervalo de tempo é crucial,[76] porque, segundos depois, o ICBM completará sua fase de voo motorizado e "desaparecerá" no escuro.

Ou seja, não poderá mais ser visto e rastreado pelos satélites de alerta precoce.

"Os satélites só conseguem ver o escape quente dos foguetes", diz Postol. "Eles não o enxergam depois que o motor para."

Esta é uma imensa falha na defesa nacional contra os ICBMs, alertam Postol e Garwin.

4 MINUTOS E 30 SEGUNDOS
Sede do STRATCOM, Nebrasca

Todos no STRATCOM estão com os olhos grudados às telas de rastreamento. Quatro minutos e trinta segundos se passaram desde o lançamento do Hwasong-17.

O ICBM está agora nos seus últimos segundos da Fase de Impulso. Uma vez que o míssil entra na Fase Intermediária, torna-se quase impossível detê-lo. Essa é a última oportunidade para derrubar o ICBM ofensivo, mas isso não vai acontecer porque o Departamento de Defesa dos Estados Unidos não possui um sistema em vigor para tanto.

"Avisamos isso a todo tipo de pessoa em Washington, e todos ignoraram a ideia", diz Postol.

"Nós propusemos uma iniciativa conjunta com a Rússia", revela Garwin.[77] "Eles também têm interesse em impedir que a Coreia do Norte lance uma arma nuclear. Assim como nós." Mas as sugestões de Postol e Garwin caíram em ouvidos moucos. No momento, não há drones Reaper patrulhando o mar do Leste para tentar abater o ICBM ofensivo.

275 segundos se passam. 285... 295...

O motor do foguete se apaga.

A Fase de Impulso termina.

O Hwasong-17 libera sua ogiva, que continua a ascensão.

A Fase Intermediária começa.

A constelação multibilionária de satélites de alerta precoce SBIRS já não consegue mais ver o que resta do ICBM norte-coreano. Não consegue mais ver a ogiva nuclear a caminho dos Estados Unidos. A ogiva se tornou balística e agora está praticamente invisível aos sensores dos satélites, viajando em uma trajetória de alta velocidade até um apogeu, ou ponto alto, em algum lugar sobre o planeta Terra.

5 MINUTOS
Sede da Agência de Defesa contra Mísseis dos Estados Unidos, Fort Belvoir, Virgínia

Sede da Agência de Defesa contra Mísseis dos Estados Unidos, Fort Belvoir, Virgínia.
(Exército dos Estados Unidos)

Cerca de 19 quilômetros ao sul do Pentágono, em Fort Belvoir, na Virgínia, a equipe no centro de comando da Agência de Defesa contra Mísseis está em pânico. Há um mito entre os norte-americanos de que os Estados Unidos poderiam facilmente derrubar um ICBM ofensivo. Presidentes, congressistas, autoridades de defesa e inúmeros outros no complexo militar-industrial já disseram isso. Mas simplesmente não é verdade.

A Agência de Defesa contra Mísseis é a organização responsável por derrubar mísseis inimigos em pleno voo. Seu sistema principal, o sistema de Defesa Terrestre de Meio Curso (Ground-Based Midcourse Defense), foi construído na esteira do acelerado programa de ICBMs da Coreia do Norte, que começou no início dos anos 2000.

O sistema dos Estados Unidos gira em torno de 44 mísseis interceptadores, cada um com 16,5 metros de altura e projetados para atingir uma ogiva nuclear em alta velocidade com um projétil de 63,5 quilos chamado veículo de destruição exoatmosférica. A ogiva norte-coreana entrante vai estar viajando a velocidades em torno de 22.530 km/h, enquanto o veículo de destruição do interceptor vai estar a velocidades de cerca de 32.186 km/h, tornando essa ação, se bem-sucedida, "semelhante a atingir uma bala com outra bala", segundo o porta-voz da Agência de Defesa contra Mísseis.[78]

De 2010 a 2013, nenhum dos testes iniciais dos interceptadores foi bem-sucedido.

Nenhum.

No ano seguinte, a Controladoria do Governo dos Estados Unidos (Government Accountability Office) relatou que o sistema não era realmente operacional porque "seu desenvolvimento foi falho". Que cada míssil interceptor era capaz apenas "de interceptar uma ameaça simples de maneira limitada". Depois de cinco anos e de consumir muitos bilhões de dólares dos contribuintes, nove de vinte testes de interceptação falharam, o que significa que há apenas uma chance de aproximadamente 55% de que um Hwasong-17 seja abatido antes de atingir seu alvo.

Esses 44 veículos de destruição interceptores estão sempre em alerta, armazenados em dois locais separados nos Estados Unidos continentais. Quarenta desses mísseis estão localizados no Alasca, em Fort Greely, e quatro estão localizados na Califórnia, na Base da Força Espacial de Vandenberg, perto de Santa Bárbara.

Quarenta e quatro mísseis no total. Nada mais.

A sequência de interceptação é um processo de dez etapas,[79] três das quais já ocorreram:

1. O inimigo lançou um míssil ofensivo.
2. Satélites infravermelhos espaciais detectaram o lançamento.
3. Radares de alerta terrestre rastrearam o míssil ofensivo durante a Fase de Impulso até o início da Fase Intermediária.

O míssil norte-coreano libera sua ogiva e iscas (*decoys*) para confundir o sistema de sensores[80] do veículo de destruição exoatmosférico, que está tentando rastreá-lo (por sensores e um computador de bordo) e interceptá-lo. Distinguir entre uma única ogiva e outras ogivas possíveis e iscas no compartimento apresenta um novo conjunto de desafios para a Agência de Defesa contra Mísseis dos Estados Unidos.

São desafios que devem ser resolvidos em segundos, não minutos. Para isso, a atenção se volta para o mar, para a estação confidencial do radar marítimo de banda X (Sea-Based X-Band Radar), com custo de 10 bilhões de dólares, também conhecido como SBX.

6 MINUTOS
Norte da ilha Kure, oceano Pacífico Norte

Localizada 32 quilômetros ao norte do anel de coral da ilha Kure, flutuando no vasto oceano Pacífico Norte a mais de 2.400 quilômetros de Honolulu, a estação do radar SBX é uma visão impressionante. Essa singular estação de radar marítima, autopropulsada, é do tamanho de um estádio esportivo, pesa 45.360 toneladas, requer 7,2 milhões de litros de combustível para operar e pode enfrentar ondas de 9 metros de altura. É maior que um campo de futebol, eleva-se a 80 metros acima do oceano, precisa de 86 tripulantes para cumprir sua missão e declara que é o mais sofisticado sistema de radar de banda X do mundo com arranjo em fase e direcionamento eletromecânico.

Radar marítimo de banda X (SBX) ao mar. (Agência de Defesa contra Mísseis dos Estados Unidos)

A plataforma original do SBX foi construída por uma empresa norueguesa especializada em embarcações de alto-mar para perfuração de petróleo. Ela foi comprada pelo Departamento de Defesa dos Estados Unidos e modificada. Agora, abriga o radar de defesa antimísseis mais caro do mundo, sua ponte, áreas de trabalho, salas de controle, alojamentos, áreas de geração de energia e um heliporto.[81]

O SBX foi vendido ao Congresso pelos líderes da Agência de Defesa contra Mísseis como o sistema mais avançado do seu tipo, capaz de detectar, rastrear e discriminar ameaças de mísseis.[82] Para explicar toda sua potência, seus defensores lançaram mão de comparações, dizendo, por exemplo, que, se fosse instalado na Baía de Chesapeake, seus radares seriam capazes de ver um objeto do tamanho de uma bola de beisebol em São Francisco, a partir de um posto de observação na capital, Washington, a cerca de 4.670 quilômetros de distância.[83] Isso é em parte verdade. Para ser vista, a bola de beisebol precisaria estar flutuando 1.400 quilômetros acima de São Francisco, em uma linha de visão direta com o radar em Washington.[84]

O objetivo do SBX é fornecer aos mísseis interceptores dos Estados Unidos dados precisos sobre a localização de uma ogiva nuclear inimiga na atmosfera, durante a Fase Intermediária do voo.

Tudo isso dentro de uma janela de tempo muito pequena, de segundos.

A maioria dos norte-americanos nunca ouviu falar do SBX e não tem ideia de suas qualidades e seus defeitos. Mike Corbett, um coronel aposentado da Força Aérea que supervisionou o programa por três anos, já havia previsto em 2017 que ele falharia. "Você pode gastar uma quantidade enorme de dinheiro e acabar sem nada", disse Corbett ao *Los Angeles Times* em 2015. "[Foram gastos] bilhões e bilhões nesses programas [do SBX] que não levaram a lugar nenhum."

Críticos chamam o sistema SBX de "o radar de 10 bilhões de dólares do Pentágono que deu errado".[85]

Quando a maioria das pessoas descobrir as múltiplas falhas do SBX, já será tarde demais.

7 MINUTOS
Comando de Defesa Espacial e de Mísseis do Exército dos Estados Unidos, Fort Greely, Alasca

Distinguir uma ogiva nuclear de uma isca é a tarefa do radar SBX, o único de sua categoria, posicionado no mar. É por isso que os contribuintes pagaram bilhões de dólares para seu desenvolvimento, e pagam centenas de milhões a mais, anualmente, para sua manutenção. (Um relatório recente do Escritório de Orçamento do Congresso dos Estados Unidos indica que os custos de defesa antimísseis do Pentágono de 2020 a 2029 podem chegar a 176 bilhões de dólares.)[86] Neste momento crítico, sete minutos após o lançamento de um míssil da Ásia em direção aos Estados Unidos, a defesa nacional depende inteiramente da comunicação do veículo de destruição exoatmosférico (dentro do míssil interceptador) com o sistema de radar SBX para determinar o que ele deve acertar e destruir.

Aqui, na vastidão do Alasca, 160 quilômetros a sudeste de Fairbanks, um conjunto de portas de silos em forma de concha se abre com um estrondo.[87] Um míssil interceptador de 22,6 toneladas, com 16,5 metros de altura, é lançado a partir do Comando de Defesa Espacial e de Mísseis do Exército dos Estados Unidos, em Fort Greely, com um rugido explosivo.

Na história da guerra, o objetivo em batalha é se proteger da espada inimiga com um escudo defensivo. A intenção

Míssil interceptor norte-americano na Fase de Impulso. (Agência de Defesa contra Mísseis dos Estados Unidos)

do sistema de mísseis interceptores é proteger o território continental dos Estados Unidos de um ataque nuclear limitado. "Limitado" é a palavra-chave, pois o número total de mísseis interceptadores é de 44. No início de 2024, a Rússia tinha 1.674 armas nucleares implantadas, a maioria delas pronta para o lançamento.[88] (A China possui mais de 500; o Paquistão e a Índia, cerca de 165; e a Coreia do Norte tem cerca de 50.)

Com apenas 44 mísseis no seu inventário, o programa de interceptadores dos Estados Unidos é, em grande parte, apenas para manter as aparências.[89]

Em fotografias destinadas à imprensa, divulgadas pela Agência de Defesa contra Mísseis, um míssil interceptador em ação é apresentado de forma glamorosa e poderosa, com uma pluma de fogo e fumaça saindo de trás do corpo ascendente do foguete, com um céu púrpura ao fundo. Na realidade, ele está longe de ser uma solução salvadora.

Conforme o míssil interceptador sobe para o espaço, seus sensores se comunicam com sistemas de radar no solo e no mar em um processo conhecido como telemetria — a coleta, medição e retransmissão de dados de maneira remota. Quando o míssil interceptador completa sua Fase de Impulso, o veículo de destruição exoatmosférico se separa do corpo do foguete e continua a ascensão.

Esse é (supostamente) o escudo. É o que promete impedir que um míssil inimigo atinja um alvo nos Estados Unidos.

Não há outro escudo. Isso é tudo.

"Acertar para destruir" significa que o veículo de intercepção precisa colidir com a ogiva para destruí-la em pleno voo", explica Richard Garwin.

Tom Karako, especialista em mísseis, antropomorfiza o processo explicando que agora é o momento em que o "veículo de destruição abriria os olhos, soltaria o cinto de segurança e começaria a trabalhar".[90] Mas as capacidades de uma ogiva no Hwasong-17 no mundo real sugerem que seria possível haver até cinco iscas no compartimento.

O interceptor terá sucesso ou fracassará?

9 MINUTOS
Estação da Força Espacial Clear, Alasca

Cerca de 160 quilômetros a oeste dos campos de mísseis interceptores em Fort Greely, o poderoso Radar de Discriminação de Longo

Alcance da Estação da Força Espacial Clear detecta pela primeira vez o míssil ofensivo à medida que ele surge no horizonte. O Departamento de Defesa considera o Alasca "o lugar mais estratégico do mundo"[91] quando se trata da defesa contra mísseis balísticos, afirmando que seu radar de longo alcance tem o "campo de visão" necessário para detectar ameaças iminentes.

Nove minutos se passaram.

Dentro do confidencial Centro de Direção de Fogo, uma aviadora sentada à mesa atende ao telefone vermelho à sua frente.

Aqui é Clear, diz ela. *O relatório do local é válido. O número de objetos é um.*[92]

A temida confirmação secundária de um ICBM ofensivo, dirigido à Costa Leste dos Estados Unidos, acabou de ser feita.

A instalação no Alasca é uma das várias bases de radar de alerta precoce que vigiam um ataque nuclear desde os primeiros dias da Guerra Fria. Outras instalações semelhantes estão localizadas em:

- Califórnia, na Base da Força Aérea de Beale
- Massachusetts, na Estação da Força Espacial de Cape Cod
- Dakota do Norte, na Estação da Força Espacial de Cavalier
- Groenlândia, na Base Espacial Pituffik (anteriormente Base Aérea Thule)
- Reino Unido, em Fylingdales, da Força Aérea Real (Royal Air Force Fylingdales)

Há décadas, confia-se nesses sistemas de radar terrestres, do tamanho de pequenas pirâmides, para monitorar o céu em busca de ataques de mísseis balísticos.

Errar é humano, mas as máquinas também cometem erros. Esses mesmos sistemas foram responsáveis por vários alarmes falsos quase catastróficos. Uma vez, na década de 1950, radares de alerta precoce interpretaram um bando de cisnes como uma frota de caças MiG russos a caminho dos Estados Unidos via Polo Norte. Em outubro de 1960, computadores na estação de radar terrestre em Thule, na Groenlândia, confundiram a Lua nascendo acima da Noruega como sendo o retorno do radar de mil ICBMs inimigos. Em 1979, uma fita de teste de simulação inserida erroneamente em um computador do NORAD enganou os analistas, fazendo-os acreditar que os Estados Unidos estavam sob ataque de ICBMs com ogivas nucleares e submarinos balísticos russos.[93]

O ex-secretário de Defesa William Perry nos conta sobre a loucura que acontece quando o cérebro de um indivíduo tenta processar a terrível suposição de que os Estados Unidos estão realmente sob ataque nuclear.[94] O fiasco da fita de teste do NORAD aconteceu sob sua supervisão (ele era subsecretário de Defesa, no departamento de pesquisa e engenharia, na época), e por alguns minutos se preparou para notificar o então presidente Jimmy Carter que o temido momento havia chegado. O presidente precisava lançar um contra-ataque nuclear.

Aquele alerta precoce não passava do anúncio de um ataque fantasma.

"O que apareceu no computador foi uma simulação de um ataque real", lembra Perry. "Parecia muito, muito real." Tanto que ele realmente acreditou que fosse.

Mas, em 1979, em vez de acordar o presidente Carter no meio da madrugada, como era seu dever, o oficial chefe de vigilância nuclear em serviço no NORAD naquela noite "investigou mais a fundo e concluiu que era um erro", explica Perry. Por vários minutos aterrorizantes, William Perry acreditou que a guerra nuclear estava prestes a começar. "Nunca vou me esquecer daquela noite", ele nos diz, agora na faixa dos noventa anos, e acrescenta que "neste momento, estamos mais próximos de uma guerra nuclear do que durante a Guerra Fria, mesmo que por acidente".[95] O cenário aqui apresentado não é "alarmismo", confirma Perry. Ao contrário, ele deve ser entendido como "totalmente possível".

No século XXI, os sistemas de satélites dos Estados Unidos substituíram os sistemas terrestres como o primeiro sinalizador de um ataque nuclear furtivo. As estações de radar terrestres ao redor do mundo existem para fornecer uma confirmação secundária sobre algo que o Sistema de Comando e Controle Nuclear supostamente já sabe.

O que o Centro de Direção de Fogo acabou de relatar neste cenário não é uma fita de simulação, um bando de cisnes ou a lua nascente.

É real.

9 MINUTOS E 10 SEGUNDOS
Comando de Defesa Espacial e de Mísseis do Exército, Fort Greely, Alasca

O Comando de Defesa Espacial e de Mísseis do Exército em Fort Greely e a Estação da Força Espacial Clear em Anderson são separados por aproximadamente 160 quilômetros em linha reta. Neste momento intenso de defesa antimísseis, todos em ambas as bases se concentram exatamente na mesma ação: derrubar o ICBM com um míssil interceptor.

Centenas de quilômetros acima, no espaço, o interceptor conclui seu voo motorizado.[96]

Seus propulsores se esgotam e caem.

O veículo de destruição exoatmosférico no bico é liberado e começa a buscar a ogiva nuclear do Hwasong-17 usando sensores, um computador e um motor de foguete projetado para guiá-lo até o alvo.

A etapa final no processo de intercepção começou.

O veículo de destruição corta o espaço a uma velocidade de cerca de 24 mil km/h. Ele abre seus "olhos" infravermelhos e tenta localizar o alvo. Tenta encontrar um sinal da superfície quente da ogiva no fundo escuro do espaço. Uma vez que o veículo localiza o que acredita ser a ogiva, tentar destruí-la é um desafio ainda mais radical. Para destruir a ogiva enquanto ela atravessa o espaço, o veículo depende de sua própria energia propulsiva e de uma colisão física extremamente precisa. Não há explosivos envolvidos nessa interceptação. É aqui que se aplica a analogia de "atingir uma bala com outra bala". Existem problemas significativos. Sabemos, a partir da história do programa de interceptadores, que seus testes altamente roteirizados foram repletos de falhas.[97] Em termos de defesa antimísseis, isso significa uma taxa de sucesso desastrosa. Em 2017, os testes despencaram para uma taxa de sucesso inferior a 40%. Talvez envergonhada pelo que chamou de "falhas de design", a Agência de Defesa contra Mísseis anunciou que estava dando ao programa de veículos de destruição uma "pausa estratégica".[98] A agência passaria a se concentrar em um novo sistema que ela chama de "próxima geração". Mas, em 2024, todos os 44 interceptadores permanecem prontos para lançamento, apesar das falhas inaceitáveis.

O tempo está correndo.

Há uma tentativa de interceptação pelo veículo de destruição exoatmosférico.[99]

O sistema falha.

Em sucessão imediata, um segundo veículo de destruição com outro míssil interceptor busca o alvo e falha. Os interceptadores baseados em terra não são empregados em um perfil conhecido como "atirar, observar, atirar". Não há tempo suficiente.

A sequência é imediatamente seguida por uma terceira, depois uma quarta tentativa.

Todos os quatro mísseis interceptadores falham e não conseguem deter o ICBM da Coreia do Norte. Nas palavras de um crítico, o ex-secretário adjunto de Defesa e avaliador-chefe de armas dos Estados Unidos, Philip Coyle: "Se você errar por 2,5 centímetros, erra por quilômetros."[100]

A sorte está lançada.

Chegou o momento. O presidente precisa agir.

10 MINUTOS
Casa Branca, Washington

O presidente tinha deixado uma sala de jantar da Casa Branca rumo a um centro de comando sob a Ala Oeste quando foi redirecionado para o Centro Presidencial de Operações de Emergência (Presidential Emergency Operations Center, PEOC), uma instalação mais fortificada sob a Ala Leste. Esse bunker foi projetado durante a Segunda Guerra Mundial como um esconderijo para o presidente Roosevelt, caso forças inimigas atravessassem os sistemas de defesa aérea dos Estados Unidos e bombardeassem Washington com suas aeronaves.

O PEOC se tornou famoso nas semanas após o 11 de Setembro, pois foi para onde os agentes do Serviço Secreto levaram o vice-presidente Dick Cheney no calor do momento, depois que o aparato de segurança nacional percebeu que os Estados Unidos estavam sob ataque terrorista. Foi do interior desse centro de operações fortificado que o vice-presidente conseguiu passar por cima da estrutura oficial de comando nacional e assumir o controle dos ativos militares dos Estados Unidos, incluindo jatos de combate.[101]

Para orientar as decisões norte-americanas sobre a guerra nuclear, existe uma série de procedimentos e protocolos delineados em documentos "altamente, altamente, altamente" confidenciais, como nos conta o ex-comandante do STRATCOM, general Robert Kehler.[102] Mas a democracia norte-americana também divulga informações ao público — incluindo a estrutura de comando e o inventário nuclear. Muito pode ser discernido a partir do manual de referência Nuclear Matters Handbook 2020 [Manual de Assuntos Nucleares 2020], do Departamento de Defesa, que teve o sigilo levantado.

Uma hierarquia de comando militar segue regras rígidas. Cada um executa suas ordens com base nas que foram recebidas de outra pessoa na cadeia de comando. Essas ordens são transmitidas de cima para baixo. Desenhada como um diagrama, a cadeia de comando militar se assemelha a uma pirâmide de poder. Há muitas pessoas na base. O presidente, como comandante em chefe, está no topo.

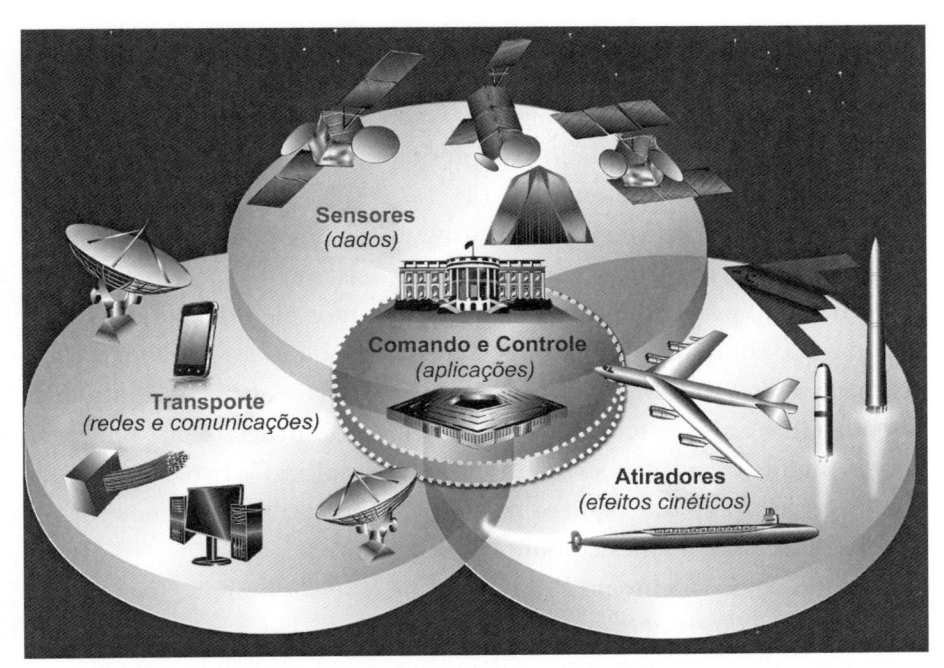

Departamentos militares, comandantes de força nuclear e as agências de defesa fornecem os meios para que o presidente autorize o uso de armas nucleares durante uma crise. (Departamento de Defesa dos Estados Unidos)

O presidente — por mais estranho que isso possa parecer — tem autoridade exclusiva para lançar as armas nucleares dos Estados Unidos.

Ele não pede permissão a ninguém.

Nem ao secretário de defesa, nem ao presidente do Estado-Maior Conjunto, nem ao Congresso. Em 2021, o Serviço de Pesquisa do Congresso publicou um estudo para confirmar que a decisão de lançar armas nucleares é do presidente e somente do presidente. "A autoridade é inerente ao seu papel como comandante em chefe", concluiu a pesquisa.[103] O presidente "não precisa da concordância de seus assessores militares ou do Congresso para ordenar o lançamento de armas nucleares".

Com o relógio do Impacto Vermelho contando os segundos até que o míssil nuclear inimigo atinja seu alvo dentro dos Estados Unidos, chegou o momento de o presidente lançar um contra-ataque nuclear. Isso iniciará o relógio do Impacto Azul.

De vez em quando, surge um debate sobre se os Estados Unidos realmente têm uma política de Lançamento sob Alerta. Se o comandante em chefe precisa mesmo lançar armas nucleares enquanto o país ainda está sob a *ameaça* de um ataque nuclear, embora ainda não tenha sido fisicamente atingido. O ex-secretário de Defesa Perry esclarece.

"Temos uma política de Lançamento sob Alerta", diz ele. Ponto-final.

Neste cenário, os conselheiros do presidente se apressam em informá-lo sobre as opções de contra-ataque.

De modo que o relógio do Impacto Azul seja acionado.

Com o *briefing* em andamento, o prazo de seis minutos para deliberação começou.[104] O presidente tem apenas seis minutos para deliberar e tomar uma decisão sobre quais armas nucleares usar e quais alvos inimigos deve instruir o STRATCOM a atacar. Nas palavras do ex-oficial de controle de lançamento e especialista em armas nucleares, dr. Bruce Blair, "um prazo de seis minutos para deliberação e decisão é ridículo". Isso significa que não é possível preparar alguém para isso. O tempo é insuficiente. E, no entanto, é exatamente neste ponto em que estamos.

Ao lado do presidente no PEOC está um assessor militar, chamado coloquialmente como *mil aide* (do inglês *military aide*), carregando a pasta de emergência do presidente, uma maleta com alça de alumínio e couro também conhecida como *Football* [bola de futebol]. Essa pasta fica com o presidente em todas as ocasiões. Certa vez, quando o presidente Clinton visitava a Síria, os seguranças do presidente Hafez al-Assad tentaram impedir que seu assistente militar entrasse no elevador com ele. "Não podíamos permitir que isso acontecesse e não permitimos", conta o ex-diretor do Serviço Secreto, Lewis Merletti.[105] Merletti era o agente especial encarregado da equipe de segurança de Clinton naquela época; mais tarde, se tornou diretor do Serviço Secreto norte-americano. "A *Football* deve estar sempre com o presidente", esclarece Merletti. "Sem exceções."

Dentro da *Football* estão documentos que são, sem dúvida, os mais sigilosos do governo dos Estados Unidos. Chamados de Documentos de Ação Emergencial Presidencial (Presidential Emergency Action Documents, PEADs), são ordens executivas e mensagens que podem ser colocadas em prática assim que ocorrer um cenário de emergência, como um ataque nuclear. "Eles são projetados para 'implementar uma autoridade presidencial extraordinária em resposta a situações extraordinárias'",[106] informa o Centro Brennan para Justiça (Brennan Center for Justice). "Os PEADs são classificados como 'secretos', e nenhum PEAD jamais foi vazado ou teve o sigilo levantado."

De onde veio essa extraordinária autoridade presidencial? A história inicial da *Football* permaneceu envolta em mistério por muito tempo. O Laboratório Nacional de Los Alamos liberou o acesso à história de sua origem para este livro.

AULA DE HISTÓRIA Nº 5

A *Football* do presidente

Certo dia, em dezembro de 1959, um pequeno grupo de funcionários do Comitê Conjunto de Energia Atômica visitou uma base da OTAN na Europa para examinar os protocolos de guarda compartilhada de bombas nucleares. Os pilotos da OTAN naquela base pilotavam jatos Republic F84F. A Operação Ação de Reflexo (Reflex Action) estava em vigor, o que significava que as equipes de voo estavam de prontidão para atacar alvos predeterminados na União Soviética em menos de 15 minutos após o chamado para a guerra nuclear.

Um dos homens na visita era Harold Agnew, um cientista com uma história ímpar. Agnew foi um dos três físicos designados para voar na missão de bombardeio de Hiroshima como observador científico. Ele carregava uma câmera de filmar e fez as únicas imagens vistas do ar do bombardeio atômico de Hiroshima. Em 1959, Agnew estava em Los Alamos supervisionando testes de bombas termonucleares. Mais tarde, ele se tornou diretor do laboratório.

Durante a viagem à base da OTAN, Agnew notou algo que o preocupou. "Observei quatro aeronaves F84F [...] estacionadas na extremidade de uma pista, cada uma carregando duas bombas de gravidade* MK 7 [nucleares]", ele escreveu em um documento que teve seu sigilo levantado em 2023.[107] Isso significava que "a guarda das MK 7s estava sob o olhar vigilante de um jovem soldado do Exército norte-americano, armado com um rifle M1 e 8 cartuchos de munição". Agnew disse a seus colegas: "A única salvaguarda contra o uso não autorizado de uma bomba atômica era esse único soldado cercado por um grande número de soldados estrangeiros em território estrangeiro, com milhares de soldados soviéticos a poucos quilômetros de distância."

De volta aos Estados Unidos, Agnew contatou um engenheiro de projetos nos Laboratórios Sandia, chamado Don Cotter, e perguntou "se poderíamos inserir um 'bloqueio' eletrônico no circuito de disparo da [bomba] que pudesse impedir que uma pessoa qualquer a ativasse". Cotter começou a trabalhar e desenvolveu um dispositivo de bloqueio e um interruptor codificado que funcionava

---

* Bomba de gravidade, ou bomba de queda livre, é um tipo de armamento que não contém sistema de orientação, não é guiada e cai, portanto, por ação da gravidade (N. da E.).

da seguinte forma: "um código de três dígitos seria inserido, um interruptor seria acionado, a luz verde se apagaria e a luz vermelha acenderia, indicando que o circuito de disparo estava ativado."[108]

Agnew e Cotter foram à capital para demonstrar esse dispositivo de bloqueio — primeiro ao Comitê Conjunto de Energia Atômica, depois ao principal conselheiro científico do presidente, e, finalmente, ao próprio presidente. "Apresentamos isso ao presidente Kennedy, que ordenou que fosse feito", lembrou Agnew.

Os militares se opuseram. O encarregado das armas nucleares na época, o general Alfred D. Starbird, foi contra a ideia. Glen McDuff, que coescreveu (com Agnew) o agora não mais confidencial artigo sobre o assunto, resumiu as preocupações documentadas do general:[109] "Como um piloto, norte-americano ou estrangeiro, em qualquer lugar do mundo, obteria um código do presidente dos Estados Unidos para armar uma arma nuclear antes de ser atropelado por um número largamente superior de soldados soviéticos?" Para os militares norte-americanos, a questão do dispositivo de bloqueio abriu a caixa de Pandora. "Se as bombas de gravidade fossem codificadas", explica McDuff, "por que não todas as armas nucleares, incluindo ogivas de mísseis, munições de demolição atômicas, torpedos, todas elas?".[110] O presidente decidiu que todas deveriam ser codificadas.

A resposta veio com a criação da *Football*, a maleta nuclear, a pasta de emergência do presidente. Durante a reunião de Agnew e Cotter com o presidente Kennedy, o SIOP original estava em suas fases finais — o plano que dava ao presidente, e não aos militares, o controle do arsenal nuclear dos Estados Unidos. Esse novo dispositivo, chamado de Link de Ação Permissiva (Permissive Action Link, PAL), passaria a fazer parte do sistema de controle. Com a invenção da maleta, a ordem para lançar armas nucleares — e a capacidade de armá-las fisicamente — viria *apenas* do presidente, o comandante em chefe. "Foi assim que o presidente ganhou a *Football*", disse Agnew.[111]

10 MINUTOS E 30 SEGUNDOS
Casa Branca, Washington

O presidente olha fixamente para a *Football*. Dentro da pasta de emergência há um conjunto de documentos conhecido como o Livro Preto (Black Book), uma lista de opções de ataque que o presidente dos Estados Unidos deve escolher para dar início a uma guerra nuclear. A partir de um documento liberado ao público (mas fortemente editado), intitulado "*Briefing* do SIOP para a Administração Nixon" (SIOP Briefing for [the] Nixon Administration),[112] sabemos que esse conjunto tem sido chamado, há décadas, de *Manual de Decisões*. Detalhes sobre alguns dos outros itens contidos na maleta foram vazados. Esses detalhes incluem:[113]

- Que armas nucleares utilizar
- Que alvos atacar
- Estimativas de vítimas que resultariam dos ataques

As armas nucleares à disposição neste cenário surpreendem o próprio presidente. Ainda mais aterrorizante é a política arriscadíssima conhecida como Alerta de Gatilho Leve.

O Alerta de Gatilho Leve funciona em conjunto com o Lançamento sob Alerta.[114] Para garantir a aniquilação de um inimigo que desafia a dissuasão e lança um ataque estratégico contra uma liderança de outra nação com munição nuclear, as forças nucleares dos Estados Unidos mantêm um arsenal de armas em estado de prontidão para lançamento.

Isso significa que o presidente tem a capacidade de ordenar o lançamento[115] de uma, dez, cem ou de todas as armas nucleares dos Estados Unidos, de acordo com sua escolha, 24 horas por dia, sete dias por semana, 365 dias por ano. Tudo o que ele precisa fazer é seguir as instruções dentro da *Football*.

Isso nos leva à tríade nuclear norte-americana: o tríptico de armas nucleares que o presidente tem autoridade para lançar mão — por terra, pelo ar e pelo mar. A tríade inclui:[116]

- Por terra: 400 ICBMs, cada um transportando uma ogiva

- Pelo ar: 66 bombardeiros com capacidade nuclear (bombardeiros B-52 e bombardeiros *stealth* B-2), cada um transportando várias ogivas nucleares
- Pelo mar: 14 submarinos nucleares, cada um transportando múltiplos mísseis balísticos lançados por submarinos (SLBMs) equipados com várias ogivas nucleares
- (As 100 bombas nucleares táticas em bases da OTAN na Europa não são oficialmente consideradas parte da tríade.)

Chegou o momento de o presidente tomar uma decisão. Nesse cenário, as armas nucleares estão prestes a ser lançadas pelos Estados Unidos pela primeira vez desde a Segunda Guerra Mundial. O assistente militar abre a *Football* diante dele. O presidente encara o Livro Preto.

Comandante do STRATCOM: *Senhor.*

Ninguém, exceto os oficiais de mais alto escalão do Comando e Controle Nuclear dos Estados Unidos, vê o conteúdo do Livro Preto. O número daqueles que escreveram sobre o que viram é extremamente limitado: os alvos envolvidos, os tipos de armas que seriam usadas (quilotons *versus* megatons), o número de vítimas que morreriam em massa. John Rubel é um deles; Daniel Ellsberg, famoso pelos chamados Papéis do Pentágono, é outro. Ted Postol e Jon Wolfsthal estão entre os indivíduos que viram o conteúdo do Livro Preto, mas nunca compartilharam o que descobriram. O que está detalhado no Livro Preto é um segredo que a maioria dos homens leva para o túmulo, talvez por motivos como aqueles que Rubel nos deu antes de morrer.

O assessor militar do presidente Clinton, um coronel chamado Robert "Buzz" Patterson, certa vez comparou o Livro Preto a um "menu de café da manhã" de uma rede de fast-food.[117] Ele fez a analogia de que escolher alvos retaliatórios de uma lista de ataque nuclear predeterminada era tão simples quanto decidir sobre uma combinação de itens em um restaurante, "como escolher um da Coluna A e dois da Coluna B".

O historiador e engenheiro de armas nucleares de Los Alamos, dr. Glen McDuff, nunca viu o Livro Preto, mas conhece muitos que o viram. "É chamado de Livro Preto porque envolve muita morte", diz McDuff.[118]

Uma enxurrada de vozes grita para o presidente. Todos disputam sua atenção.

O presidente diz em voz alta, sem se dirigir a alguém em particular: *Silêncio*.

11 MINUTOS
Centro de Comando Militar Nacional, Pentágono

Sob o Pentágono, no Centro de Comando Militar Nacional, o secretário de Defesa e o presidente do Estado-Maior Conjunto encaram o presidente por meio de uma videoconferência via satélite. São 15h14. Funcionários federais ainda estão trabalhando. Isso representa uma situação delicada para o secretário de Defesa e o presidente do Estado-Maior Conjunto.

Por um lado, os dois mais importantes assessores do presidente em uma crise nuclear estão prontamente disponíveis para oferecer aconselhamento. Por outro, esses dois indivíduos se encontram sob um dos alvos mais prováveis. Se permanecerem onde estão e a arma nuclear atingir Washington, eles serão mortos.

O presidente concentra sua atenção no presidente do Estado-Maior Conjunto.

Me diga o que devo fazer.

É uma reação natural. Ninguém, a não ser um lunático, desejaria lançar armas nucleares por vontade própria.

O presidente do Estado-Maior diz ao presidente que ele, como representante do Estado-Maior, faz parte da "cadeia de comunicação", não da "cadeia de comando", para autorizar um lançamento nuclear. Ele oferece conselhos, não ordens.

Me dê um conselho, ordena o presidente. Segundos se passam.

O chefe explica ao presidente o que sabe sobre a situação. Fala das opções de contra-ataque. O que precisa acontecer em seguida. "Existe um roteiro que será apresentado ao presidente", conta Jon Wolfsthal, ex-assistente especial do presidente. "É algo que está literalmente escrito, e o oficial responsável do Centro de Comando Militar Nacional vai guiá-lo por cada passo." Restam apenas alguns minutos para que ele ordene o contra-ataque, informa o representante do Estado-Maior. Mas, antes que o presidente possa lançar armas nucleares, ele deve mudar o status das forças militares para Condição de Prontidão de Defesa (DEFCON) 1: prontidão máxima, resposta imediata, preparação para uma guerra nuclear. As forças militares nunca se elevaram ao status de DEFCON 1, pelo menos, não de acordo com informações públicas. Durante a Crise dos Mísseis de Cuba, em 1962, as forças dos Estados Unidos foram colocadas em DEFCON 2, o que significava que a guerra envolvendo armas nucleares era considerada iminente.[119]

Ok, tudo bem, entrar em DEFCON 1, diz o presidente. Então, com os olhos arregalados e quase frenético, dirige-se ao secretário de Defesa, dizendo em voz alta o que já estava pensando com seus botões, algo que ninguém mais ousava dizer: *Isso é mesmo real?*

Presidente do Estado-Maior Conjunto: *É.*

Presidente: *Meu Deus.*

Secretário de Defesa, cauteloso: *Estamos esperando a chegada de mais informações.*

O que fazemos?, indaga o presidente.

E aqui é onde os conselhos e opções podem divergir perigosamente.

Aguardamos, diz o secretário de Defesa neste cenário, e aconselha o presidente a consultar os presidentes da Rússia e da China primeiro.

Secretário de Defesa: *Precisamos coletar informações, Sr. Presidente.*

A coleta de informações diminui a probabilidade de um erro catastrófico.

O conselheiro de segurança nacional do presidente continua preocupado. Sem conseguir contato com a Coreia do Norte, agora se esforça para conseguir falar com Moscou.

Do bunker em Nebrasca, por meio de comunicação por satélite, o comandante do STRATCOM discorda do secretário de Defesa.

Um inimigo está atacando o território nacional com uma arma nuclear, senhor, diz ele, com ênfase na palavra "nuclear".

O presidente pede informações para o oficial responsável pelas informações sobre fatalidades.

A previsão é de centenas de milhares de baixas apenas em Washington, diz o oficial.

O presidente do Estado-Maior Conjunto corrige: *Passaremos de 1 milhão, Sr. Presidente.*

Comandante do STRATCOM: *O Lançamento sob Alerta nos permite alterar o cálculo de decisão deles, senhor.*

Nós retaliamos para decapitar, diz o presidente do Estado-Maior, agindo de uma maneira conhecida coloquialmente como "obstruir o presidente",[120] em que generais e almirantes pressionam o presidente a lançar rapidamente armas nucleares enquanto o ataque aos Estados Unidos ainda é uma suspeita.

Mas o secretário de Defesa é firme: *Não, Sr. Presidente. Precisamos esperar.*

É então que o secretário de Defesa esclarece seus comentários com aquilo que todos temem, mas ninguém ousa mencionar: *Lançar agora praticamente garante uma guerra maior.*

12 MINUTOS
Sede do STRATCOM, Nebrasca

No bunker sob a Base da Força Aérea de Offutt,[121] o comandante do STRATCOM está em uma videochamada com o presidente e seu assistente militar.

Chegou o momento de discutir e finalizar as opções nucleares.

Enquanto o assistente militar do presidente abria a *Football* no bunker sob a Casa Branca, uma ação semelhante acontecia no bunker do STRATCOM, o Deque de Batalha. Um cofre preto nesse centro de operações nucleares contém uma cópia idêntica ao *Manual de Decisões* do presidente, o Livro Preto.

"[O Livro Preto dentro da] *Football* do presidente e o nosso são duplicatas",[122] disse a coronel Carolyn Bird, ex-comandante de vigia de batalha do STRATCOM à CNN.[123] E os dois livros "contêm as mesmas informações da mesma maneira, de modo que possamos falar a partir dos mesmos documentos quando discutirmos opções nucleares".

Opções nucleares.

Chegou o momento de agir.

Ao lado do comandante do STRATCOM encontra-se o conselheiro de ataque nuclear,[124] cuja função é estudar o conteúdo do Livro Preto "diariamente". O tenente-coronel Kristopher Geelan, que já ocupou essa posição, explicou a complexidade macabra de seu trabalho em uma linguagem que mal chega ao cerne da questão.

"Minha responsabilidade como conselheiro de ataque nuclear do STRATCOM", disse Geelan ao programa *60 Minutes*, "é ser o especialista no *Manual de Decisões Nucleares* e no status de alerta de todas as forças nucleares dos Estados Unidos".

"Todas as forças nucleares dos Estados Unidos" é uma referência ao tríptico de armas nucleares: lançadas por terra, ar e mar. Os 400 ICBMs, os 66 bombardeiros de capacidade nuclear e os 14 submarinos com armas nucleares.

Ao lado do assessor de ataque nuclear no bunker do STRATCOM está o oficial meteorológico,[125] cuja função é informar ao presidente quantas pessoas provavelmente morrerão em decorrência da precipitação nuclear após um contra-ataque dos Estados Unidos. É um trabalho sinistro, que exige habilidades matemáticas e contábeis para calcular e relatar números precisos e assombrosamente altos de mortes. Durante o plano de ataque nuclear de 1960 contra Moscou, conforme relatado por John Rubel, os números de mortes por precipitação nuclear somente na China incluíam "metade da população chinesa".[126] Hoje em dia, isso significaria mais de 700 milhões de cidadãos chineses mortos por envenenamento por radiação após um ataque nuclear à Rússia.

O comandante do STRATCOM informa o presidente sobre suas opções de Lançamento sob Alerta, apresentadas no Livro Preto como opções Alfa, Beta e/ou Charlie.[127] Elas se baseiam na promessa do STRATCOM de "entregar uma resposta decisiva"[128] se a dissuasão falhar. De acordo com o oficial de lançamento de mísseis Bruce Blair (falecido em 2020),[129] há aproximadamente 80 alvos na Coreia do Norte, em categorias que incluem "indústrias que sustentam a guerra nuclear" e seus líderes.

O presidente fita o Livro Preto.

O comandante do STRATCOM observa o relógio do Impacto Vermelho, o fusível nuclear ficando mais curto a cada segundo.

Comandante do STRATCOM: *Sr. Presidente, estamos aguardando suas ordens.*

Presidente do Estado-Maior: *Aconselho a opção de ataque Charlie.*

Conselheiro de segurança nacional: *Por que alguém seria tão estúpido a ponto de começar uma guerra nuclear?*

O comandante do STRATCOM está determinado a fazer o relógio do Impacto Azul começar a contar: *Ênfase nos alvos militares, senhor.*

O secretário de Defesa tenta desesperadamente falar com seu colega em Moscou por telefone.

É uma loucura lançarmos sem informar Moscou, alerta o secretário de Defesa.

Comandante do STRATCOM: *Sr. Presidente, senhor!*

Secretário de Defesa: *Não faça nada. Ainda não.* E aí: *Quem está contatando a China?*

Presidente do Estado-Maior Conjunto: *Estamos prontos para receber suas ordens, senhor.*

Conselheiro de segurança nacional: *A Coreia do Norte tem instalações nucleares num perímetro em torno de Pyongyang onde residem quase 3 milhões de civis.*

Lendo o Livro Preto, o presidente considera suas opções. Ele se concentra na opção Charlie, como sugere o presidente do Estado-Maior Conjunto.

O presidente do Estado-Maior Conjunto explica os vários alvos militares na Coreia do Norte.[130] em Pyongyang, Yongbyon, Yongjo-ri, Sangam-ni, Tongchang-ri, Sino-ri, Musudan-ri, Pyongsan, Sinp'o, Pakchon, Sunchon e Punggye-ri.

O vice-conselheiro de segurança nacional consegue contato com a China.

Alguém comenta: *O complexo de lançamento de mísseis de Tongchang-ri, na Coreia do Norte, está a menos de 65 quilômetros da cidade de Dandong, com 2,2 milhões de chineses.*

O comandante do STRATCOM diz ao presidente: *Desloque seis bombardeiros sobre a península. Mobilize submarinos para suas posições ao redor do globo.*

Oficial de meteorologia nuclear ao secretário de Defesa: *A estimativa de precipitação radioativa na opção Charlie é que atinja de 400 mil a 4 milhões de cidadãos chineses.*

Secretário de Defesa: *Ainda não conseguimos contato com Moscou.*

Conselheiro de segurança nacional: *Punggye-ri fica a cerca de 320 quilômetros de Vladivostok, na Rússia, com uma população de 600 mil habitantes.*

Vladivostok é sede da Frota do Pacífico russa, com dezenas de navios de guerra de superfície estacionados lá.[131]

O relógio do Impacto Vermelho indica que faltam 21 minutos para que uma bomba nuclear destrua Washington.

Não conseguimos contato com o Kremlin, diz o secretário de Defesa — ainda em espera. O que não é implausível. Em novembro de 2022, após o relato incorreto sobre um míssil russo que teria atingido um território da OTAN na Polônia, o presidente do Estado-Maior Conjunto, o general Mark Milley, não conseguiu contatar seu colega russo por mais de 24 horas. "Minha equipe não conseguiu me conectar com o general Gerasimov",[132] admitiu Milley durante uma coletiva de imprensa um dia e meio após o incidente.

Assistentes por toda a sala do Centro de Comando Militar Nacional discam freneticamente para a linha direta de interrupção de conflito Estados Unidos-Rússia,[133] uma conexão criada para evitar mal-entendidos militares entre as duas superpotências nucleares.

Conselheiro de segurança nacional, com o telefone na mão: *A China diz que matar cidadãos chineses com envenenamento por radiação é um ato de guerra.*

Todos na videoconferência falam ao mesmo tempo.

Alguém diz: *Shhhhhh.*

O comandante do Comando Indo-Pacífico fala pela primeira vez: *Há 28.500 soldados norte-americanos na Coreia do Sul, senhor.* Soldados e marinheiros dos Estados Unidos que estão em risco, não só por causa da radiação letal de qualquer contra-ataque nuclear norte-americano a Pyongyang, mas também de um contra-ataque da Coreia do Norte.

Todos os olhos estão no presidente.

O comandante do STRATCOM aguarda ordens, com 150 mil indivíduos sob seu comando também aguardando a decisão do presidente. Ninguém pode ou vai agir até que o presidente escolha uma opção de ataque nuclear do Livro Preto.

Estamos esperando, senhor, repete o comandante do STRATCOM.

O presidente hesita.

Ele vira uma página no Livro Preto, seus olhos correm por números, letras, palavras. *Coloquem os bombardeiros no ar,* diz ele enquanto lê. Bombardeiros norte-americanos portando armas nucleares são a única perna da tríade que pode ser cancelada.

Presidente e secretário de Defesa simultaneamente: *Enviem os bombardeiros, agora.*

O alerta de mobilização é acionado. Mas todos estão cientes do tempo necessário para tanto. Os bombardeiros norte-americanos não ficam com suas armas nucleares a bordo. Carregá-los leva tempo.

Presidente: *Como podemos ter certeza de que isso não é algum tipo de simulação eletrônica?*

Comandante do STRATCOM: *Múltiplos sistemas de alerta precoce confirmam o lançamento.*

Presidente: *Uma farsa criada para me levar a disparar armas nucleares erroneamente.*

Uma versão do século XXI para a simulação em fita VHS assistida por William Perry em 1979.

Presidente do Estado-Maior Conjunto: *Temos certeza de que é bem real, senhor.*

Comandante do STRATCOM: *Precisamos iniciar o relógio do Impacto Azul.*

Presidente do Estado-Maior Conjunto: *Agora.*

Todos observam o avatar de um ICBM atravessando o Polo Norte.

E sabemos que há uma ogiva nuclear dentro?, pergunta o presidente.

Uma boa pergunta. A resposta do secretário de Defesa: *Não.*

Presidente: *O quê?*

Comandante do STRATCOM: *Não há como se certificar do que há dentro de uma ogiva de um ICBM até que ela exploda.*

Presidente: *E se não houver uma bomba nuclear?*

Imagine começar uma guerra nuclear por engano.

Presidente do Estado-Maior Conjunto: *Não se lança um ICBM contra os Estados Unidos sem esperar um contra-ataque.*

Presidente: *Mas e se...?*

Comandante do STRATCOM: *A ogiva pode ser uma arma química ou biológica.*

Presidente: *Então não sabemos?*

Secretário de Defesa: *Não sabemos.*

Comandante do STRATCOM: *Senhor, os códigos de ouro.*

Presidente do Estado-Maior Conjunto: *Senhor. Agora.*

O presidente pega sua carteira e retira o cartão de códigos nucleares que deve carregar consigo o tempo todo. O "Biscoito" (*Biscuit*), no jargão da segurança nacional. Com a carteira na mão, ele começa a puxar o cartão. Quando faz isso, as portas da sala-cofre do PEOC se abrem.

Dez homens armados com carabinas SR-16 operadas a gás e resfriadas a ar e rifles AR-15 invadem a sala.

Eles avançam rapidamente em direção ao presidente e o agarram pelas axilas. Seus pés já não tocam o chão.

12 MINUTOS E 30 SEGUNDOS
Base Aérea de Andersen, Guam

Bombardeiro nuclear B-2. (Força Aérea dos Estados Unidos, sargento Russ Scalf)

A 13 mil quilômetros de Washington, na Base da Força Aérea de Andersen, localizada na ilha de Guam (território dos Estados Unidos na Micronésia), dois bombardeiros *stealth* B-2 se preparam para sair de um hangar e se posicionar na pista de decolagem. Não se trata de um teste.

O B-2 é uma asa voadora de 2 bilhões de dólares, com 52 metros de comprimento, capaz de transportar até 16 bombas nucleares em seu compartimento de armas. Viajando a 1.010 km/h, o B-2 percorre quase 10 mil quilômetros sem reabastecer. Existem vinte unidades na frota, sediadas na Base da Força Aérea de Whiteman, no Missouri, com aeronaves individuais sendo enviadas para bases ao redor do mundo, inclusive na Islândia, Açores e Diego Garcia (no oceano Índico).[134] Decolando de Guam, um bombardeiro B-2 levará três horas para chegar à distância de ataque de Pyongyang.

Muita coisa pode acontecer em três horas de guerra nuclear.

O B-2 usa tecnologia *stealth* para penetrar de maneira furtiva nas defesas aéreas inimigas, pois não é visto pelo radar. É a única aeronave dos Estados Unidos de longo alcance, com capacidade nuclear, capaz de realizar esse feito. Cada B-2 tem uma tripulação de duas pessoas. Um piloto no assento esquerdo, um comandante no direito. O B-2 carrega a bomba de gravidade termonuclear B61 Mod 12, também conhecida como "destruidora de bunker nuclear" por causa de seu componente de penetração na terra, o que a torna mais eficaz na destruição de alvos enterrados em profundidade.[135]

Alvos como os bunkers onde se suspeita que o líder supremo da Coreia do Norte esteja se escondendo no momento.

"A principal vantagem da B61-12 é que ela reúne todas as capacidades da bomba de gravidade contra todos os cenários de alvos em uma única bomba", nos conta o especialista em armas nucleares Hans Kristensen.[136] "Isso abrange desde o uso tático 'limpo' de baixíssimo rendimento e baixa precipitação radioativa, até ataques mais sujos contra alvos subterrâneos."

O bombardeiro *stealth* B-2 é a aeronave mais cara da história. Também é a mais eficaz. Mas o que os generais no Pentágono sabem, e ninguém realmente quer dizer, é que carregar a aeronave com armas nucleares leva tempo. Somado ao tempo de voo necessário, quando os B-2 chegarem perto de Pyongyang em um cenário como esse, uma Guerra Nuclear Geral já estará avançada.

O que também significa que, quando a aeronave *stealth* de 2 bilhões de dólares precisar de combustível, levando-se em conta para onde o bombardeiro B-2 está indo, não haverá nenhum lugar para reabastecer e nenhum lugar para pousar.

13 MINUTOS
Mount Weather, Virgínia

O administrador da Agência Federal de Gestão de Emergências (Federal Emergency Management Agency, FEMA) está sendo transportado pela rodovia 267, em direção ao aeroporto de Dulles para pegar um voo, quando seu motorista recebe uma notificação do Departamento de Segurança Interna para parar e esperar por uma equipe de busca e resgate da FEMA. A equipe está a poucos minutos da localização do chefe da FEMA e vai buscá-lo no acostamento.

A Casa Branca invocou "o Programa".[137]

Como chefe da FEMA, ele será levado de helicóptero para o Centro de Operações de Emergência de Mount Weather, conforme o protocolo. A abordagem na rodovia é apenas um elemento dos protocolos de crise nuclear que foram instituídos ainda nos primeiros dias da Guerra Fria. Nos anos 1950, o presidente Eisenhower criou o sistema rodoviário dos Estados Unidos com esse duplo uso em mente. Ele tomou como base para o Sistema Nacional de Rodovias Interestaduais e de Defesa o "excelente sistema de *autobahn* alemão",[138] como escreveu em suas memórias presidenciais. As rodovias do país não apenas facilitariam a evacuação em grande escala das cidades durante uma guerra nuclear, mas as pistas largas e planas poderiam ser usadas para decolagem e aterrissagem em missões de bombardeio, ou para pousar helicópteros no canteiro central ou ao lado da estrada, na grama. Foi com essa finalidade que boa parte do sistema de transportes dos Estados Unidos foi projetado por volta da metade do século passado.

A FEMA é a entidade governamental responsável pela preparação para uma guerra nuclear. Seus programas de acesso especial são sigilosíssimos. Eles também ocultam ou obscurecem uma percepção equivocada. A verdade é que não existe uma agência federal para ajudar os cidadãos a sobreviverem a uma guerra nuclear em si. O que a FEMA faz é se empenhar em salvar autoridades governamentais específicas no caso de um ataque nuclear. Isso faz parte de um programa secreto da FEMA, baseado em informações confidenciais, chamado Plano de Continuidade das Operações (Continuity of Operations Plan, COOP).[139]

No jargão governamental, "o Programa".

Ele não deve ser confundido com o programa de Continuidade de Governo, esclarece o ex-diretor da FEMA, Craig Fugate. "Há a Continuidade de Governo e há o Plano de Continuidade das Operações", explica Fugate.[140] "A Continuidade de Governo é a sucessão constitucional do presidente em exercício e dos chefes de agência. O programa de Continuidade das Operações é a lista de 'funções essenciais' que as agências são obrigadas a identificar e a ter a capacidade de reconstituir [ou reconstruir] essas 'funções essenciais' em um dia muito ruim." Quanto ao que constitui um dia muito ruim, Fugate diz: "Esse é o eufemismo para guerra nuclear."

O trabalho da FEMA após a invocação do "Programa" se resume a um conceito básico e aterrorizante.

"Você consegue manter o suficiente do governo intacto?", pergunta Fugate retoricamente.[141] "O Programa de Continuidade é construído em torno de eventos de baixa probabilidade, mas de alto impacto", ele nos diz.

"E gira em torno do conceito de que, por pior que algo seja, [inclusive] uma guerra nuclear total, o governo seria capaz de continuar a funcionar dentro da legalidade? Isso é o que nós [da FEMA] estamos tentando garantir."

Separado do Programa de Continuidade há outro programa chamado Planejamento de Proteção da População. Isso envolve a organização, pela FEMA, dos primeiros socorristas para ajudar os cidadãos após uma crise emergencial, como um furacão, uma enchente ou um terremoto. Mas uma guerra nuclear é o que a FEMA chama de um ataque *Bolt out of the Blue*. "Se for um ataque surpresa, um *Bolt out of the Blue*", diz Fugate, "o planejamento de proteção da população se torna uma situação completamente diferente. Simplesmente deixa de existir, porque todos estarão mortos".

No cenário em questão, o motorista do chefe da FEMA encosta o veículo na lateral da estrada, conforme instruído.

O helicóptero com a equipe de busca e resgate da FEMA pousa na grama.

O chefe da FEMA embarca na aeronave e decola, enquanto o veículo em que ele estava é deixado à beira da estrada. As pessoas olham brevemente, acostumadas como estão a ver veículos governamentais em Washington. Alguns tiram fotos, postam nas redes sociais e seguem com a vida. Após um leve congestionamento causado por curiosos, o tráfego volta a fluir.

Durante o voo para Mount Weather, o chefe da FEMA entra na comunicação via satélite. Desafios extraordinários o aguardam, ele compreende. Num ataque nuclear, "a partir do momento que detectamos que algo [nuclear] está acontecendo, tudo se transforma numa contagem regressiva", explica Fugate. "Ao considerar o prazo [...] num ataque nuclear [...], estou contemplando quinze minutos", diz Fugate. A pergunta se torna então: "Com que rapidez você consegue se mover? Com que rapidez você consegue acompanhar o ritmo? Porque, quando as coisas chegam nessa velocidade, erros de cálculo e equívocos acontecem."

Num cenário como esse, um chefe da FEMA bem-informado como Fugate desconfia que o mundo está prestes a acabar.

A partir deste momento, a tarefa do chefe da FEMA é se manter concentrado no Programa. Tudo mais deve ser ignorado. "É preciso lidar com o fato de que, depois de um ataque nuclear, não seria possível fazer nada em prol da maioria das pessoas", alerta Fugate. Ele diz que se alguém de sua posição se concentrasse na realidade do que está prestes a ocorrer, numa situação de *Bolt out of the Blue*, a pessoa "ficaria paralisada". "É quase como se fosse preciso se dissociar dos horrores. Nossa linha de trabalho trata de eventos de baixas probabilidades e grandes consequências. Quer dizer, nós fazemos planos para casos de asteroides."

O chefe da FEMA sabe se preparar para o pior. E, fora a colisão de um asteroide com o planeta, não há nada mais catastrófico do que um ataque nuclear.

Fugate argumenta: "Depois do ataque, a primeira pergunta que se faz é: o que sobrou e quem sobrou?" Daí você se concentra em "como mantê-los vivos?".

A partir daí, tudo fica muito pior. Nas horas e nos dias após o ataque nuclear, "tudo se torna uma questão de sobrevivência", prevê Fugate.[142] "Não se trata de voltar ao normal. Não é uma resposta tradicional. É uma questão do que nós [FEMA] podemos fazer para manter viva a maioria dos sobreviventes ao ataque inicial." E a verdade é, segundo ele, "que o melhor que o governo federal poderia fazer é dizer às pessoas [...] àquelas que ainda têm rádio [...] o que podem fazer para sobreviver *por conta própria*".

Coisas do tipo: "Armazene água. Beba soros de reidratação. Fique dentro de casa. Mantenha seus preceitos morais."

Sobreviver por conta própria.

14 MINUTOS
Casa Branca, Washington

Os homens fortemente armados que acabaram de entrar no Centro de Operações de Emergência Presidencial são membros da Equipe de Contra-Assalto (Counter Assault Team, CAT), a unidade paramilitar do Serviço Secreto. Eles foram chamados pelo agente especial encarregado da escolta do presidente, também conhecido como o SAC (Special Agent in Charge), que também ordenou a chegada do Elemento, uma equipe de emergência de três homens da CAT. Eles estão lá para levar o presidente para um local seguro fora de Washington.

O Elemento da CAT demorou mais do que o habitual para chegar. Isso porque o agente especial encarregado ordenou que eles passassem pelo escritório central da Casa Branca para pegar quaisquer paraquedas que estivessem lá e os levassem para o PEOC. O *Nighthawk One*, código do

Serviço Secreto para o *Marine One*, o helicóptero oficial do presidente, não está equipado com paraquedas, e o trabalho do SAC é sempre estar um passo à frente.

Quando o Elemento da CAT chega, o SAC está ao telefone, pedindo uma atualização sobre o status do KNEECAP, código do Serviço Secreto para um Avião do Juízo Final quando está transportando o presidente dos Estados Unidos, o POTUS (President of the United States).

O Elemento avança em direção ao presidente. Vestidos de preto, usando capacetes e óculos de visão noturna, portando munição e métodos de comunicação seguros, os operadores da CAT agarram o presidente pelos braços e o puxam até ficar de pé. Eles estão lá para mover o POTUS, não para discutir ou debater.

Em dezenove minutos, uma arma nuclear atingirá Washington. O presidente deve embarcar no *Marine One* e evacuar o complexo da Casa Branca em quatro minutos ou o *Nighthawk One* corre o risco de estar perto demais do ponto de impacto quando a bomba explodir. Uma série de ameaças mortais se aproxima, incluindo a possibilidade de serem derrubados pelo impacto da onda de choque e pelos ventos subsequentes, que podem alcançar centenas de quilômetros por hora. No entanto, o que mais preocupa o SAC são os efeitos potencialmente catastróficos de um pulso eletromagnético nuclear, uma rápida explosão de corrente em três fases que pode destruir os sistemas eletrônicos do *Marine One* e causar a queda do helicóptero.

O Elemento da Equipe de Contra-Assalto trouxe paraquedas para realizar um salto em dupla com o POTUS para fora da aeronave, caso o piloto não consiga sair da zona de perigo antes que o Relógio Vermelho zere.

SAC: *Para o gramado sul. Estamos movendo o senhor agora, senhor!*

Em videoconferência, o comandante do STRATCOM contesta o movimento.

Comandante do STRATCOM: *Precisamos das ordens de lançamento primeiro, Sr. Presidente.*

O presidente do Estado-Maior Conjunto concorda: *Eu recomendo a opção Charlie, senhor. O STRATCOM precisa dos códigos de ouro.*

SAC: *Vamos mover o POTUS agora.*

Comandante do STRATCOM: *Precisamos primeiro das ordens de lançamento do POTUS.*

Presidente do Estado-Maior Conjunto: *Ordens para os EAMs, senhor.*

EAMs são as Mensagens de Ação de Emergência (Emergency Action Messages), ordens codificadas de lançamento nuclear que são transmitidas aos comandantes de campo de batalha ao redor do mundo.

Conselheiro de segurança nacional: *A única maneira de não começarmos a Terceira Guerra Mundial é esperar para ver se seremos fisicamente atingidos.*

Presidente do Estado-Maior Conjunto discorda: *O senhor tem o dever de lançar em caso de ataque.*

Secretário de Defesa para o SAC: *Retire o POTUS. Leve-o para o Sítio R.*

Estamos movendo o POTUS, diz o agente especial encarregado.

O assistente militar fecha a *Football*. Ele tranca a pasta e começa a se mover, sempre mantendo um braço de distância do presidente, conforme treinado.

15 MINUTOS
Centro de Comando Militar Nacional, Pentágono

No interior do Centro de Comando Militar Nacional, sob o Pentágono, o secretário de Defesa está concentradíssimo em uma questão secundária ao lançamento, a chamada Continuidade de Governo. Ocupando uma das duas únicas posições civis na cadeia de comando militar, o secretário de Defesa está seriamente preocupado em manter o governo federal funcionando após um ataque nuclear.[143]

Quando uma bomba nuclear atingir Washington, o caos tomará conta da nação. Sem um governo funcional, não haverá estado de direito. A democracia será substituída pela anarquia. Os construtos morais vão desaparecer, dando lugar a assassinatos, tumultos e insanidade. Nas palavras de Nikita Khrushchov, "os sobreviventes invejarão os mortos".[144]

A Continuidade de Governo, se implementada corretamente, permite ao presidente e seus conselheiros dirigir as Forças Armadas norte-americanas para lutar uma guerra nuclear em larga escala de dentro de um posto de comando de reserva, como o Centro de Comando Militar Nacional Alternativo do Pentágono, fora da capital, um lugar conhecido coloquialmente como o Complexo de Raven Rock Mountain, ou Sítio R.[145] Esse centro de comando subterrâneo está localizado a 110 quilômetros ao noroeste da Casa Branca, perto de Blue Ridge Summit, na Pensilvânia. É considerado o bunker subterrâneo mais seguro nas proximidades da Casa Branca.[146]

Agora, com apenas minutos restando no relógio de Fuga Segura, o secretário de Defesa pondera se também deve partir para o Sítio R.

Ele se vira para o vice-chefe do seu gabinete. *Há um Osprey na plataforma de pouso?*, ele pergunta.

16 MINUTOS
Deque de Batalha, Sede do STRATCOM, Nebrasca

O comandante do STRATCOM está furioso. Ele encara o Centro de Operações de Emergência Presidencial da Casa Branca por meio de comunicações via satélite. Ele vê os conselheiros e os assessores, os oficiais e os adjuntos. Mas não vê o POTUS. Como o presidente dos Estados Unidos não está disponível para o comandante do STRATCOM nesta situação de DEFCON 1? Como o Serviço Secreto ousou fazer o que fez?

EU PRECISO DO POTUS!, berra o comandante do STRATCOM para a tela.

Sem os códigos de lançamento do presidente, o comandante do STRATCOM permanece com as mãos amarradas. Ele espera.

E, quando se pensa que a situação não poderia piorar, novos dados chegam das Instalações de Dados Aeroespaciais do NRO no Colorado.

Sensores do SBIRS detectaram o escape quente do foguete de um míssil balístico lançado por um submarino. Esse segundo míssil inimigo ultrapassou a superfície do oceano,[147] a aproximadamente 560 quilômetros da costa da Califórnia. O único míssil nuclear capaz de chegar mais perto do alvo, e, portanto, atingir e destruir um alvo — neste caso, dentro dos Estados Unidos — mais rápido do que um ICBM lançado do outro lado do mundo é um míssil balístico lançado de submarino. O temido SLBM.

Meu Deus!, alguém exclama no bunker.

17 MINUTOS
Base da Força Aérea de Beale, Califórnia

Dezessete minutos se passaram desde que um ICBM com capacidade nuclear foi lançado de um campo de terra batida em Pyongsong, Coreia do Norte, com destino à costa leste dos Estados Unidos. Agora, um satélite de alerta precoce em órbita terrestre alta segue esse segundo míssil balístico à medida que ele se move durante a Fase de Impulso em direção à Califórnia.

Há poucos dados para discernir a quem pertence esse míssil ou o submarino de onde foi lançado — não agora, não em tempo real. Mas a suposição de todos é que seja da Coreia do Norte. Satélites não têm olhos sob o mar. Submarinos se escondem sob a cobertura do oceano, sobem perto da superfície, disparam seus mísseis e desaparecem.

Analistas na Base da Força Aérea de Beale, perto de Yuba City, Califórnia, reconhecem, rastreiam e confirmam esse segundo evento como um míssil balístico em movimento a velocidade hipersônica.

Generais e almirantes nos centros de controle subterrâneos em Colorado, Nebrasca e na capital já não mantêm expressões faciais neutras. Muitos deles pensam, chegam a dizer em voz alta, as mesmas verdades chocantes.

Um míssil poderia ser um erro de leitura. Mas dois não pode ser um erro.

A dissuasão fracassou.

A guerra nuclear está acontecendo. Agora.

Muitos deles sabem: *Este é o começo do fim do mundo.*

Um míssil ofensivo poderia ser um terrível acidente. Um evento anômalo. Mas dois mísseis ofensivos, de dois locais de lançamento separados, elevam a ameaça para o grau de ataque nuclear coordenado.

Só pode haver uma resposta dos Estados Unidos: um contra-ataque visando decapitar o inimigo que acaba de lançar um ataque nuclear. Chegou a hora de transformar a Coreia do Norte na antiga Cartago. Em terra destruída.

Comandante do STRATCOM, novamente nas comunicações: *Cadê o POTUS?!*

Presidente do Estado-Maior Conjunto: *Precisamos dos códigos!*

Mas o presidente ainda está na escadaria fora do PEOC, em deslocamento.

No espaço, a constelação de satélites de Frequência Extremamente Alta Avançada funciona conforme projetado, mas o Livro Preto do presidente continua dentro do *Football*, tremendo na mão do assistente militar.

17 MINUTOS E 30 SEGUNDOS
Casa Branca, Washington

O presidente corre escada acima. Atrás dele, as portas do cofre do Centro de Operações de Emergência Presidencial se fecham e se trancam.[148] Alguns dos conselheiros presidenciais ficaram para trás. Já haviam lido relatórios sobre esse tipo de cenário e aceitaram o que está acontecendo.[149] Assim como o presidente Carter e o presidente Reagan supostamente decidiram fazer, eles afundarão com o navio.

Os membros do Elemento da Equipe de Contra-Assalto escoltam o presidente por outro corredor e passam por duas portas blindadas.

Sobem mais um lance de escada, depois outro.

Atravessam um corredor. Passam por mais uma porta.

Chegam ao lado de fora da Casa Branca. Ar fresco. Brotos verdes nas magnólias plantadas por Andrew Jackson. O ronco baixo das hélices do helicóptero. O *Marine One* está pronto para decolar. Os operadores da CAT correm com o presidente pelo gramado da Casa Branca. Ainda não há grama verde, apenas terra fria e úmida.

18 MINUTOS
Centro de Comando Militar Nacional, Pentágono

Dentro do Centro de Comando Militar Nacional, sob o Pentágono, o secretário de Defesa decide o que deve fazer. Um ICBM está se dirigindo para os Estados Unidos e está prestes a destruir tudo em Washington.

Um segundo míssil balístico, a caminho da costa oeste, vai atingir algum lugar na Califórnia ou em Nevada em questão de minutos. O secretário de Defesa sabe que, se ele permanecer onde está, será morto. Mesmo que as paredes e o teto reforçados o protejam da explosão inicial, ele queimará até a morte quando o Centro de Comando Militar Nacional sob o Pentágono se transformar em uma fornalha.

O ex-secretário de Defesa William Perry nos conta o que alguém nesse cargo poderia estar considerando em um momento como este, quando ainda há tempo para tentar salvar a si mesmo e sair.

"Nesse caso, se fosse uma [bomba nuclear] em Washington, o gabinete seria provavelmente decapitado e um governo de emergência [teria que] ser instaurado", diz Perry.[150] "Uma consequência imediata de um ataque nuclear [seria] a completa extinção da democracia, e um regime militar tomaria seu lugar." Perry acredita que, se o regime militar fosse imposto nos Estados Unidos nos dias de hoje, "seria quase impossível destitui-lo".

O gabinete é o principal órgão consultivo do presidente. Inclui o vice-presidente e os chefes de quinze departamentos executivos, além do chefe de gabinete da Casa Branca, o embaixador dos Estados Unidos nas Nações Unidas, o diretor de inteligência nacional e alguns outros burocratas, quase todos com escritórios em Washington. São 15h21. Funcionários federais ainda estão trabalhando, o que significa que, em questão de minutos, todos os principais conselheiros do presidente provavelmente estarão mortos.

Visto que muitos dos membros do gabinete também estão na linha de sucessão presidencial (como ocorre a transferência de poder caso o presidente morra), a melhor reação do secretário de Defesa é sair imediatamente do Pentágono. De acordo com William Perry, o movimento correto seria ir para Raven Rock — e depressa.

"Eu teria uma discussão com o presidente do Estado-Maior Conjunto", diz ele.

Ele diria: *Um de nós precisa ficar, um de nós precisa ir.*

"De modo objetivo, a atitude mais inteligente para mim seria tentar me salvar", explica Perry, "porque posso acabar me tornando o líder do país".[151] Na linha de sucessão presidencial, o secretário de Defesa está na sexta posição. As doze primeiras são:

1. vice-presidente
2. presidente da Câmara dos Representantes
3. presidente *pro tempore* do Senado
4. secretário de Estado
5. secretário do Tesouro
6. secretário de Defesa
7. procurador-Geral
8. secretário do Interior
9. secretário da Agricultura
10. secretário do Comércio
11. secretário do Trabalho
12. secretário de Saúde e Serviços Humanos

"Sair seria o mais inteligente para mim e para o vice-presidente do Estado-Maior Conjunto", esclarece Perry. "Arranjar um helicóptero. Dar o fora dali."

Se a bomba atingir Washington, é quase certo que os cinco primeiros indivíduos na linha de sucessão presidencial — todos presentes na capital neste cenário — serão mortos. O presidente do Estado-Maior Conjunto certamente escolheria permanecer no Pentágono. "Minha posição, enquanto secretário de Defesa", prossegue Perry, "seria estar junto com o vice-presidente do Estado-Maior [...] num posto de comando seguro", e não no interior do Pentágono.[152]

Algum lugar seguro. Como o Sítio R.

O vice-chefe de gabinete do secretário de Defesa fala pelo sistema de comunicações com o Heliporto do Exército do Pentágono, no lado norte do edifício. Para chegar lá, o secretário de Defesa terá que correr como um adolescente.

Encontre-nos no estacionamento, o vice-chefe de gabinete instrui o comando do Heliporto do Exército, uma manobra que economizará tempo precioso para o secretário de Defesa.

Vá, diz o presidente do Estado-Maior Conjunto ao secretário de Defesa. *Você também*, ele instrui a vice-presidente do Estado-Maior.

Um ataque de decapitação nuclear contra o Pentágono derrubaria a autoridade de comando nacional[153] — ou seja, a maneira como a autoridade presidencial é exercida e o comando e controle operacional são conduzidos. O presidente do Estado-Maior sabe disso e age como Dick Cheney: ignora o protocolo e assume o controle das decisões estratégicas até que a *Football* seja reaberta e o presidente esteja novamente em comunicação.[154]

O presidente do Estado-Maior Conjunto diz ao comandante do STRATCOM que o presidente provavelmente desejará usar as forças submarinas em um contra-ataque nuclear.

Os submarinos são o elemento mais resiliente da tríade nuclear porque, em breve, quando os sistemas de comunicação eletrônica falharem, ainda poderão receber ordens de lançamento do STRATCOM usando a tecnologia de ondas de rádio de frequência muito baixa/baixa (VLF/LF), desenvolvida, treinada e dominada durante a Guerra Fria. Esses sistemas de rádio sob a superfície funcionam de forma diferente de outros que operam na atmosfera, que podem ser facilmente destruídos por pulsos eletromagnéticos. A segunda razão é que os submarinos não podem ser localizados com facilidade por forças inimigas.

"É mais fácil encontrar um objeto do tamanho de uma laranja no espaço do que um submarino no mar", diz o vice-almirante da reserva Michael J. Connor, comandante das forças submarinas (nucleares) dos Estados Unidos.[155] E, inversamente, "qualquer coisa fixa é passível de ser destruída".

A política de Lançamento sob Alerta dita que esse é o momento de tentar decapitar a liderança da Coreia do Norte antes que possam lançar mais mísseis nucleares contra os Estados Unidos. A força submarina é a maneira mais rápida de atacar esses alvos. Em preparação para o que presumem que seja o desejo do presidente, o USS *Nebraska*, um submarino nuclear armado e movido a energia nuclear da classe Ohio, se posiciona no mar, longe das costas norte-americanas, no vasto oceano Pacífico, ao norte da ilha de Tinian. O secretário de Defesa e a vice-presidente do Estado-Maior correm para deixar o Pentágono.

A guerra nuclear está prestes a começar.

Um Osprey deixa o Pentágono. (Corpo de Fuzileiros Navais dos Estados Unidos, cabo Brian R. Domzalski)

AULA DE HISTÓRIA Nº 6

Submarinos com armas nucleares

Um submarino movido e armado por energia nuclear é um pesadelo. Um objeto tão perigoso para a existência humana quanto um asteroide que se aproxima. Esses submarinos são chamados de muitas coisas: *boomers*, embarcações da morte, máquinas de pesadelo, servas do apocalipse. São indetectáveis e estão armados até os dentes. Cada um dos catorze submarinos da classe Ohio no arsenal dos Estados Unidos pode disparar até oitenta ogivas nucleares em um minuto e meio e desaparecer.[156]

A Rússia mantém uma frota com aproximadamente a mesma capacidade.

Temidos e reverenciados, são obras-primas da engenharia. Ecossistemas autossustentáveis que geram sua própria energia, produzem seu próprio oxigênio e água potável e podem permanecer no mar, submersos, quase indefinidamente ou até que a tripulação fique sem comida. Escondidos dos satélites de reconhecimento, os submarinos se movimentam pelos oceanos com impunidade. Como são indetectáveis, estão imunes a ataques iniciais, ou a praticamente qualquer ataque, até que sejam forçados a emergir ao retornar ao porto.

Com o comprimento de dois campos de futebol, cada embarcação da classe Ohio é capaz de lançar vinte mísseis balísticos — os temidos SLBMs (do inglês Submarine-Launched Ballistic Missiles).[157] Com 13 metros de comprimento, 2 metros de diâmetro e pesando 59 toneladas no lançamento, cada SLBM é armado com múltiplas ogivas nucleares.[158]

O poder de fogo que um desses submarinos carrega pode praticamente destruir uma nação.

As capacidades de ataque de submarinos nucleares diferem das dos ICBMs baseados em terra de maneiras significativas. Como são indetectáveis sob o mar, podem se aproximar muito da costa de uma nação e lançar um ataque inicial, reduzindo o tempo do lançamento ao impacto de aproximadamente trinta minutos para uma fração disso. Os submarinos lançam mísseis nucleares de maneiras peculiares. Podem lançar tanto de longas distâncias, atravessando continentes, quanto de distâncias mais curtas, usando uma trajetória deprimida (mais baixa). Por exemplo, um submarino russo à espreita ao largo da costa oeste dos Estados Unidos pode lançar seus mísseis de maneira quase simultânea,[159] atingindo alvos nos cinquenta estados de uma só vez. Isso ocorre porque as múltiplas ogivas no cone de cada míssil podem ser direcionadas a alvos individuais a centenas de quilômetros de distância.[160] Esse é um dos principais fatores que impulsionam a política de Lançamento sob Aviso e o motivo pelo qual a tríade nuclear dos Estados Unidos — assim como a da Rússia — permanece em Alerta de Gatilho Leve.

E é por isso também que o presidente tem uma janela de apenas seis minutos para deliberar e decidir sobre um contra-ataque nuclear.

"Se Washington fosse atacada por um submarino russo a mil quilômetros da nossa costa, o tempo de voo seria de menos de sete minutos desde o lançamento até o impacto", alerta Ted Postol.[161] "O presidente não teria tempo para escapar, e um 'sucessor designado' precisaria assumir o comando."

Em 1982, em sua função como conselheiro do chefe das operações navais dos Estados Unidos, Postol foi convidado a fazer uma apresentação sigilosa no Pentágono sobre o poder e a velocidade de um submarino russo em ataque. Seus slides da apresentação foram desenhados à mão. "Naquela época, os computadores pessoais não tinham nenhuma capacidade gráfica", diz Postol.

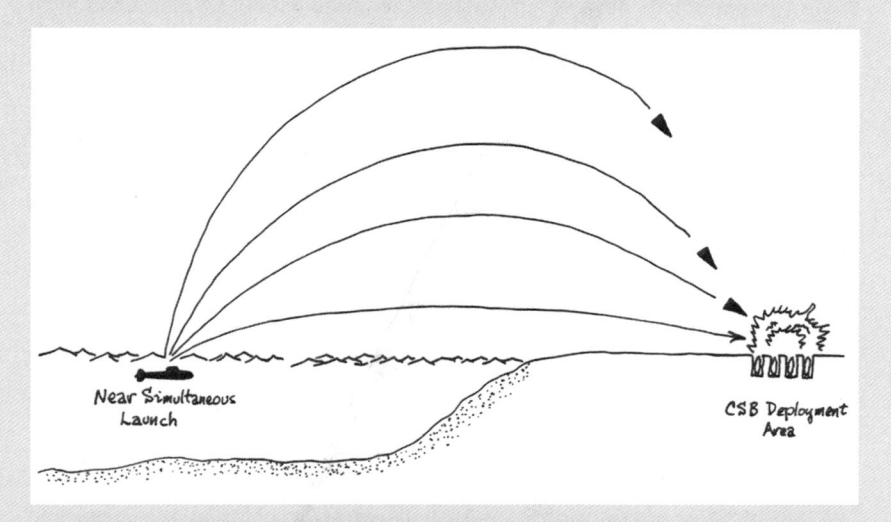

Slide da apresentação de Theodore Postol ao Pentágono, de 1982. (Cortesia de Theodore Postol)

O método normal para apresentações a oficiais do Pentágono naquela época era que um especialista autorizado pela segurança submetesse os slides ao Escritório de Projetos (para formalizar a apresentação). Ted Postol era uma exceção à regra. Suas opiniões eram altamente respeitadas, e, quando necessárias, era porque precisavam delas depressa.[162] Décadas depois, um desses slides, anteriormente sob sigilo e identificados como "Lançamento quase Simultâneo", parece estranhamente infantil, dadas as consequências apocalípticas envolvidas.

Mesmo décadas depois, o slide é significativo, diz Postol, porque "ele mostrava que um submarino soviético [pode] lançar mísseis em intervalos de aproximadamente cinco segundos, disparando toda a sua carga em cerca de oitenta segundos".[163] E cada míssil tem múltiplas ogivas em seu cone de nariz. "O tempo, do lançamento ao impacto, é tão curto que, se os Estados Unidos tivessem um submarino de ataque perseguindo o submarino de mísseis balísticos soviético, ele não conseguiria lançar um torpedo a tempo de afundar o submarino antes que este estivesse vazio de mísseis."

Tanto naquela época quanto agora, o desenho de Postol ressalta a realidade de que não há defesa contra um submarino com armas nucleares. Mesmo em 1982, esse slide em particular conseguiu surpreender os próprios indivíduos encarregados de conduzir a guerra submarina na época. "Esse fato chocou o chefe das operações navais, Jim Watkins", lembra Postol. "Ele não tinha ideia de que isso era possível." O que é ainda mais impressionante, observa Postol, "dado que [o próprio] Watkins era submarinista e certamente esteve envolvido em operações onde um submarino sob seu comando perseguia um submarino de mísseis balísticos soviético".

É a rapidez com que essas embarcações podem lançar armas nucleares que as torna verdadeiras servas do apocalipse. Nas palavras do analista de defesa Sebastien Roblin, "os submarinos de mísseis balísticos prometem a mão irrefreável da retaliação nuclear — e deveriam dissuadir qualquer adversário sensato de tentar um primeiro ataque ou de recorrer a armas nucleares".[164]

Mas nem todos os adversários são sensatos, como a história claramente demonstra.

"Existem aqueles que são como Napoleão", alerta o projetista de armas termonucleares Richard Garwin.[165] Líderes cujo estado mental ecoa a expressão *"Après moi, le déluge"*.

Depois de mim, o dilúvio.

Ao discutir as regras da guerra nuclear, Garwin, assim como o ex-secretário de Defesa Perry, reconhece que tudo o que é necessário para começar um conflito que ninguém pode vencer é um niilista insano com acesso a um arsenal nuclear. Um governante como o deste cenário, da Coreia do Norte, cuja família conseguiu governar o país por décadas, impôs uma lei marcial totalitária e monitora seus cidadãos em busca do menor indício de dissidência.

Na Coreia do Norte, qualquer infração — falar mal do líder, deixar uma partícula de poeira em seu retrato, usar calças justas — pode resultar em prisão, tortura, encarceramento ou morte.[166] Televisores e rádios transmitem propaganda estatal de maneira ininterrupta. As fronteiras são fechadas. Pessoas comuns mal têm ideia de como é a vida fora do Reino Eremita. "Eu nunca [tinha] visto um mapa do mundo", disse a desertora Yeonmi Park a Joe Rogan em seu podcast.[167] "Como asiática, eu nem sabia que era asiática. O regime me disse que eu era da raça Kim Il-sung. [Que] o calendário começa com o nascimento de Kim Il-sung."

Grande parte da paisagem da Coreia do Norte é de terreno acidentado e montanhoso. Apenas cerca de 17% de sua terra pode sustentar agricultura básica. Dizem que as lavouras são fertilizadas com excrementos humanos. Desnutrição é algo normal.[168] Fora da capital, as pessoas coletam gafanhotos e outros insetos para comer. O gado é considerado propriedade do Estado. É praticamente ilegal possuir uma vaca. Após a dramática fuga de um desnutrido guarda de fronteira em 2017, capturada em vídeo, os médicos encontraram vermes parasitários de 25 centímetros em seus intestinos.[169] É como se os cidadãos empobrecidos da Coreia do Norte fossem privados até mesmo do menor vestígio de poder, figurativa e literalmente. Quando a NASA divulgou uma imagem de satélite da península coreana à noite (tirada por um membro da tripulação da Expedição 38 na Estação Espacial Internacional), as luzes brilhantes da cidade iluminavam a metade sul da península, enquanto a metade norte estava escurecida. Na legenda que acompanhava a imagem, a NASA escreveu: "A Coreia do Norte está quase completamente às escuras em comparação com a vizinha Coreia do Sul e a China. A terra escura parece uma superfície aquática unindo o mar Amarelo ao mar do Japão."[170] Enquanto os cidadãos da Coreia do Norte sofrem e passam fome, uma sucessão de líderes construiu para si um labirinto de bunkers subterrâneos de comando e controle, projetados para mantê-los no poder antes, durante e após uma guerra nuclear. E para evitar a decapitação por um ataque dos Estados Unidos.

Assim como outras nações, a Coreia do Norte buscou a fissão atômica durante a Guerra Fria. Na década de 1990, começou a desenvolver armas nucleares. Em 1994, a CIA informou ao presidente Clinton que a Coreia do Norte poderia já ter produzido uma ou duas ogivas nucleares. Clinton enviou seu secretário de Defesa, William Perry, a Pyongyang para tentar convencer Kim Jong-il a abandonar o programa em troca de benefícios econômicos. O resultado foi nulo. Em 2002, a Coreia do Norte admitiu que estava desenvolvendo armas nucleares há anos. Em 2003, seu primeiro reator produzia plutônio para armas. Em 2006, testaram uma bomba nuclear. Em 2009, realizaram um segundo teste bem-sucedido. Em 2016, a Coreia do Norte tinha armas termonucleares. Em 2017, havia desenvolvido um ICBM capaz de "alcançar qualquer lugar do mundo".[171]

Complementando o arsenal norte-coreano, há uma frota incomum de oitenta submarinos.[172] Se essa informação for precisa, isso significa que o país tem uma das maiores forças submarinas do mundo (a Marinha dos Estados Unidos relata ter um total de 71). Essas embarcações da frota norte-coreana são antigas e mal-ajambradas. "Não são movidas a energia nuclear, nem de longe", diz Postol. Mas pelo menos uma delas deve poder carregar um míssil balístico lançado de submarino. Sabemos disso porque, em outubro de 2019, a Coreia do Norte conduziu um teste de lançamento bem-sucedido a partir de uma plataforma submersa, simulando um lançamento de submarino.[173] E dois anos depois, a Coreia do Norte disparou no alto-mar ao largo da costa do Japão o que provavelmente foi um verdadeiro míssil balístico lançado de submarino. "A arma mais poderosa do mundo", declarou a Agência Central de Notícias da Coreia (a agência de notícias estatal da Coreia do Norte).

E um míssil balístico lançado de submarino é tudo que um rei louco precisa.

Embora especialistas discordem sobre a possibilidade de um submarino norte-coreano, de fato, conseguir se aproximar furtivamente da costa dos Estados Unidos e lançar um míssil (Garwin diz ser improvável), Ted Postol defende que isso é definitivamente possível. "Seria uma operação complicada", ele diz, "mas não impossível. Eu fiz algumas análises. Não descartaria essa possibilidade".

As contas de Postol funcionam assim:

O submarino da Coreia do Norte, neste cenário, é um modelo a diesel da década de 1950, da classe Romeo, modificado.[174] "Esses submarinos a diesel-elétricos são realmente difíceis de localizar no oceano", ele afirma, "exceto quando precisam recarregar suas baterias. Então eles ficam vulneráveis".

Um submarino a diesel-elétrico obtém sua energia de um motor a diesel, que aciona geradores elétricos e carrega suas baterias. "Quando o submarino quer ser furtivo", observa Postol, "ele opera apenas com as baterias, fica sob a superfície e usa um sistema elétrico, tornando-se muito silencioso". As baterias acabam se esgotando e precisam ser recarregadas. Para isso, um motor a diesel precisa de ar. E, para explicar como isso funciona, Postol se coloca no lugar de um submarinista norte-coreano.[175]

"Então o que preciso fazer é subir e estender até a superfície da água um dispositivo chamado *snorkel*. Basicamente, um tubo — geralmente com uma proteção no topo para evitar as ondas. E, ao mesmo tempo, mantenho o tubo baixo, perto da água. Não é bom que o tubo fique muito alto. Os sistemas modernos de radar são bastante capazes de detectar coisas como um *snorkel* se destacando acima da água."

O submarino teria que viajar muito devagar. "Devagar, numa velocidade perto de cinco nós." Isso porque a maior parte da energia da bateria consumida por um submarino a diesel-elétrico é para *hotel load*. "Ou seja, para manter a tripulação aquecida e o sistema de ventilação funcionando para garantir a geração de oxigênio." Postol presume que, em um submarino primitivo como esse, "que não tem as baterias mais avançadas, provavelmente seria possível permanecer submerso por 72 a 96 horas, viajando a cinco nós, antes de precisar do *snorkel*". E para nos dar uma ideia de quanta energia o submarino consumiria se estivesse em alta velocidade: "Viajando a 25 nós, a energia acaba em menos de uma hora, por isso é preciso ir devagar. Mas, se você é um submarinista norte-coreano, você é durão", imagina Postol. Ele calcula: "Digamos que eu possa fazer cem horas seguidas, a cinco nós, sem precisar usar o *snorkel* — para emergir e recarregar as baterias — isso significa que dá cobrir cerca de 926 quilômetros entre os eventos de uso do *snorkel*, se for cuidadoso e silencioso." Difícil, mas não impossível. "Se eu fosse um submarinista norte-coreano, eu usaria o *snorkel* por algumas horas e tentaria garantir que ninguém me visse, o que não é difícil de fazer porque o oceano é muito grande. Então, digamos que a travessia seja de 9 mil a 11 mil quilômetros. Portanto, alguns meses. Seria preciso muita comida, e você provavelmente não teria expectativas de voltar para casa, mas, sendo norte-coreano, isso faz parte do trabalho."

Postol também elaborou a rota. "Se você quisesse representar uma ameaça aos Estados Unidos, tentaria seguir a costa sul do Alasca", ele sugere, citando a geografia submarina envolvida. "Você quer permanecer na plataforma continental em águas rasas,[176] que não são tão rasas a ponto de um submarino não poder usá-las, porque, se você entrar em águas profundas, há uma grande chance de que o encontremos. Porque o som de um submarino usando *snorkel* em águas profundas é potencialmente detectável a centenas de quilômetros."

A detectabilidade dos submarinos não depende apenas do quanto "são barulhentos", afirma Postol. "Depende do que está acontecendo no ambiente em que estão em operação" — um conceito conhecido como efeito de eco, o qual Postol gastou horas não apenas analisando quanto explicando às autoridades do Pentágono. "Quando um submarino está em águas rasas, é quase impossível ouvi-lo, mesmo com um sistema acústico muito avançado." Um sistema de sonar avançado como o Sistema de Vigilância Sônica, o SOSUS (Sound Surveillance System), desenvolvido pela Marinha dos Estados Unidos durante a Guerra Fria para rastrear submarinos soviéticos e criar sua estratégia de guerra antissubmarino. O SOSUS evoluiu com o passar dos anos. Foi assim que, em junho de 2023, a Marinha conseguiu ouvir uma implosão subaquática que provavelmente era do submersível *Titan*. Mas o SOSUS funciona em águas oceânicas profundas, não em águas rasas. E a razão para isso está relacionada à complexidade dos sinais refletidos da superfície e do fundo do oceano — o efeito de câmara de eco. "Em águas rasas", diz Postol, "há muitos ecos. Não dá para ouvir nem 'ver' nada".

No cenário em questão, o submarino a diesel-elétrico da classe Romeo da Coreia do Norte atravessa o oceano, segue a plataforma continental ao longo do Alasca e vai em direção ao sul. "E, de repente, você se encontra próximo da costa dos Estados Unidos e capaz de atacar com um míssil balístico de curto alcance."

Esse é o cenário que estamos observando agora. É assim que a Marinha norte-coreana conseguiu colocar um submarino com mísseis balísticos ao alcance da costa oeste dos Estados Unidos. E agora, dezoito minutos após o lançamento do ICBM Hwasong-17, um míssil balístico de curto alcance, com capacidade nuclear, emergiu do oceano, lançado por um submarino.

Ele encerra o voo motorizado e entra na Fase Intermediária. Os dados de rastreamento indicam que ele segue em direção à parte sul da Califórnia, uma região com uma população de 25 milhões de pessoas.

19 MINUTOS
Instalação de Dados Aeroespaciais, Colorado

Na Instalação de Dados Aeroespaciais no Colorado, analistas do NRO, da NSA e da Força Espacial veem os dados ao mesmo tempo. Todos compreendem que há um segundo míssil balístico atacando os Estados Unidos. Este está voando a uma velocidade de Mach 6, ou 7.400 km/h, em uma trajetória quase balística, e parece estar se dirigindo para o sul da Califórnia, talvez Nevada. Está a menos de 500 quilômetros da costa.

É um KN-23, um míssil balístico de curto alcance da Coreia do Norte, semelhante a um que os analistas viram ser disparado com sucesso de uma plataforma submersa na costa de Sinp'o, em outubro de 2021.[177] O propósito pretendido do KN-23,[178] acreditavam os analistas na época, era dirigir uma arma nuclear a um alvo na Coreia do Sul. Agora, um deles está voando rumo ao sul da Califórnia, seis vezes mais rápido do que a velocidade do som.

O KN-23 tem aproximadamente 7,5 metros de comprimento e possui aletas.[179] Seu alcance operacional está entre 450 e 700 quilômetros, dependendo da carga útil. Ele pode carregar em sua coifa uma ogiva de 500 quilos. Mas o alvo para o qual o míssil nuclear KN-23 está se dirigindo será completamente catastrófico, independentemente da potência da ogiva. O alvo é protegido pelo Artigo 15 das Convenções de Genebra, um conjunto de tratados e protocolos que formam o núcleo do direito humanitário internacional e regulam a conduta de conflitos armados. Mas, como o mundo está prestes a aprender, não há leis na guerra nuclear. O objetivo da dissuasão é impedir que a guerra nuclear venha a acontecer.

A Instalação de Dados Aeroespaciais alerta os comandos militares em Nebrasca, Colorado e Washington. Com todas as forças militares em DEFCON 1, todas as equipes dos onze comandos combatentes nos Estados Unidos e ao redor do mundo já estão preparadas para uma iminente batalha nuclear. A confirmação desse segundo míssil ofensivo aumenta o grau de força que será utilizado no contra-ataque.

Devido ao baixo apogeu do míssil (ponto mais alto), seu curto tempo de voo e a manobrabilidade de suas aletas, o Departamento de Defesa enfrenta um pesadelo não mitigado. O míssil KN-23 é capaz de evadir as defesas tradicionais de mísseis dos Estados Unidos. E a distância do lançamento até o alvo, menos de 640 quilômetros, viajando a uma velocidade de Mach 6, significa que o míssil permanecerá no ar por menos de três minutos.

20 MINUTOS
Sede do STRATCOM, Nebrasca

Oficiais de plantão no Deque de Batalha do STRATCOM, em Nebrasca, recebem dados de sensores da Instalação de Dados Aeroespaciais no Colorado confirmando o lançamento e o tempo de voo. Com base nas medições de pluma e na trajetória do míssil, esse segundo míssil balístico ofensivo segue em direção ao sul da Califórnia ou possivelmente ao sul de Nevada. Alvos prováveis incluem:

- China Lake, a Estação Aeronaval de Armas perto de Inyokern
- Fort Irwin, a guarnição do exército no Deserto de Mojave
- Base Naval de Coronado, o porto de origem da Frota do Pacífico ao largo de San Diego
- Base Aérea de Nellis, a instalação da força aérea no sul de Nevada

Nas comunicações via satélite, todos os comandantes aguardam as ordens do presidente, que ainda está em processo de evacuação por operadores da CAT no *Marine One*. À medida que os dados de rastreamento chegam, os sistemas de comando e controle nuclear calculam e projetam o alvo com mais precisão. O míssil agora parece estar indo em direção à Base da Força Espacial de Vandenberg, cerca de 80 quilômetros a noroeste de Santa Bárbara. A análise da máquina nunca é perfeita e o míssil tem aletas que podem mudar sua trajetória a qualquer momento.[180]

Segundos passam.

Como se constata, a estimativa algorítmica está errada em cerca de 56 quilômetros. O alvo está mais ao norte da Base da Força Espacial de Vandenberg. O alvo é uma instalação civil, em um penhasco à beira-mar, ao norte de Avila Beach, Califórnia.

O alvo é a Usina Nuclear de Diablo Canyon, uma usina de energia nuclear com dois reatores de água pressurizada de mais de mil megawatts cada.

Usina Nuclear de Diablo Canyon, na região central da Califórnia. (Cortesia da Pacific Gas and Electric Company)

21 MINUTOS
Usina Nuclear de Diablo Canyon, Condado de San Luis Obispo, Califórnia

O míssil balístico de curto alcance acelera, avançando em direção à Usina Nuclear de Diablo Canyon, uma instalação de 300 hectares situada 26 metros acima do nível do oceano Pacífico.

É um dia quente no final de março, 12h24, hora local, horário em que os guardas de segurança no portão sul da Diablo costumam almoçar, muitas vezes do lado de fora, ao sol.[181] Há gaivotas descansando no topo dos postes da cerca. Pelicanos perambulam pela praia abaixo, capturando presas em seus papos enormes e engolindo peixes inteiros. A maré está baixa. Algas cobrem as rochas. Em 2024, a Diablo é a única usina nuclear em atividade na Califórnia. O guarda do portão, almoçando ao sol, é um dos cerca de 1.200 empregados e 200 terceirizados que trabalham na usina. Nenhum deles faz ideia de que, em poucos segundos, todos serão carbonizados.

Para se defender contra mísseis balísticos de curto alcance, a Marinha dos Estados Unidos desenvolveu o programa Aegis, um sistema de mísseis antibalísticos montados em cruzadores e destróieres no mar.[182] Diferente do problemático programa de interceptação, os mísseis Aegis têm um histórico de 85% de sucesso em abates. Mas esses navios de guerra estão em patrulha no Atlântico, no Pacífico e no Golfo Pérsico — defendendo de ataques os parceiros da OTAN e do Indo-Pacífico. Estão a milhares de quilômetros de distância, fora do alcance de tiro da costa oeste dos Estados Unidos.[183]

O Pentágono também opera um programa de defesa de mísseis baseado em terra chamado Defesa Terminal da Área de Alta Altitude (Terminal High Altitude Area Defense, THAAD), um sistema que dispara mísseis antibalísticos de lançadores montados em caminhões de plataforma. Mas, assim como o sistema de defesa de mísseis Aegis, todos os sistemas THAAD dos Estados Unidos estão atualmente implantados no exterior.[184] Anos atrás, depois que a Coreia do Norte lançou com sucesso um míssil KN-23, o Congresso discutiu a instalação de sistemas THAAD ao longo da costa oeste dos Estados Unidos, mas até 2024 isso ainda não tinha acontecido.[185]

Neste momento, todos esses sistemas de defesa de mísseis são irrelevantes. Os satélites espaciais SBIRS detectaram o escape quente do foguete desse míssil submerso apenas uma fração de segundo após o lançamento, mas agora cerca de quatro minutos já se passaram. As Fases de Impulso e Intermediária começaram e terminaram. A ogiva que se aproxima da Usina Nuclear de Diablo Canyon entra na Fase Terminal.[186]

Nas leis da guerra, existe uma promessa entre as nações de nunca atacar um reator nuclear. Ampliando o Protocolo II das Convenções de Genebra, Artigo 15, o Comitê Internacional da Cruz Vermelha chama isso de Norma 42.[187]

Prática Relacionada à Norma 42
Obras e Instalações Contendo Forças Perigosas

Seção A. Protocolo Adicional II

O Artigo 15 do Protocolo Adicional II de 1977 prevê:

Centrais nucleares de produção de energia elétrica não serão objeto de ataques, mesmo que constituam objetivos militares.

Mas, como a história demonstra, governantes insanos desobedecem às normas da guerra. Em palavras que costumam ser atribuídas a Adolf Hitler: "Se você vencer, não precisa se explicar."

Atacar diretamente um reator nuclear com um míssil nuclear é o pior cenário possível; é algo além da imaginação. Em termos de consequências, poucas realidades de ataque nuclear seriam piores. Armas nucleares detonadas no ar, no mar e em terra criam graus variados de radiação e precipitação radioativa, dependendo da potência (tamanho da explosão) e das condições meteorológicas (chuva *versus* vento). A radiação liberada na atmosfera dissipa-se ao longo do tempo, subindo para a troposfera e movendo-se com o vento. Mas atacar um reator nuclear com um míssil nuclear praticamente garante a fusão do núcleo, o que resulta em uma catástrofe nuclear que pode durar milhares de anos.[188]

O que está prestes a acontecer no sul da Califórnia é conhecido pelas autoridades do setor de energia como o Cenário do Diabo, uma frase também usada em reuniões secretas[189] lideradas pelo presidente da Comissão de Energia Atômica do Japão, dr. Shunsuke Kondo, e outros, depois do desastre com a usina nuclear de Fukushima Daiichi, em 2011. Naquela ocasião, a usina sofreu grandes danos depois que seus seis reatores sofreram o impacto catastrófico de um terremoto de magnitude 9.0 e de uma onda de tsunâmi de 14 metros de altura. As autoridades temeram o pior. Durante uma reunião de emergência a portas fechadas, membros do gabinete japonês reconheceram que Fukushima Daiichi estava à beira de uma fusão do núcleo do reator e de um incêndio de hidrogênio, caso não conseguissem restaurar o sistema de resfriamento. Se isso ocorresse, uma nuvem densa de fumaça radioativa se espalharia pelo leste do Japão, tornando uma faixa de 240 quilômetros — de Fukushima a Tóquio — inabitável por um número incalculável de anos.

"Era o Cenário do Diabo que ocupava minha mente", explicou posteriormente o secretário-chefe do gabinete do Japão, Yukio Edano.[190] Ele temia, pois "o bom senso ditava que, se isso acontecesse, seria o fim de Tóquio". O fim da cidade inteira.

Mas o Japão foi poupado. Três dos seis reatores nucleares em Fukushima Daiichi sofreram graves danos no núcleo e liberaram materiais radioativos, mas não se fundiram. O Cenário do Diabo não se concretizou. "O Japão escapou por pouco", escreveu Declan Butler na revista *Nature*.[191] Em seu relatório de 2014 intitulado "Reflexões sobre Fukushima", a Comissão Reguladora Nuclear dos Estados Unidos alertou que o ocorrido no Japão deveria servir ao mundo como um "sinal de alerta".[192]

Todas as usinas nucleares geram energia elétrica utilizando o calor do urânio enriquecido. A cada cinco anos, as barras de combustível nuclear usado de cada usina perdem sua capacidade total e devem ser removidas, armazenadas e mantidas resfriadas; essas barras permanecem altamente radioativas por milhares de anos.[193] Na Diablo Canyon, existem mais de 2.500 conjuntos de combustível usado sendo continuamente resfriados em piscinas de resfriamento no local, utilizando água do oceano Pacífico. Se essas bombas falhassem, por acidente ou ataque, um colapso catastrófico ocorreria.[194]

A cada três anos, a Comissão Reguladora Nuclear realiza manobras de força contra força, onde guardas de segurança praticam como enfrentar um ataque direto.[195] Os exercícios incluem jogos de tabuleiro, como xadrez, e simulações de combate contra uma força adversária, como uma organização terrorista. Mas nunca houve um ensaio contra um míssil nuclear em aproximação. Isso porque não existe defesa possível para tal. A Norma 42, assim como o conceito de dissuasão, é psicológica. Uma suposição teórica baseada em um comportamento futuro suposto e consequências subsequentes que prometem funcionar — até que não funcionam.

A 93 quilômetros de altura, a ogiva nuclear de um míssil balístico lançado de submarino reentra na atmosfera, viajando agora a uma velocidade de mais de 6.400 km/h.[196]

Restam trinta segundos até que o sistema de acionamento da bomba deflagre a explosão.

Um relatório da Comissão Reguladora Nuclear conclui que um incêndio de pequeno a médio porte em uma instalação como a Diablo Canyon deslocaria de 3 a 4 milhões de pessoas.[197] "Estamos falando de consequências de trilhões de dólares",[198] disse Frank von Hippel, professor emérito da Universidade de Princeton e cofundador do Programa de Ciência e Segurança Global, ao se referir sobre tal catástrofe. Mas um ataque nuclear contra a Usina Nuclear de Diablo Canyon não produziria um incêndio pequeno ou médio. Seria um inferno radioativo. O início do apocalipse.

Restam vinte segundos.

Um ataque nuclear contra um reator nuclear garante um colapso do núcleo,[199] também conhecido como derretimento dos materiais. Em um artigo do *New York Times*, publicado em 1971, o físico Ralph E. Lapp, que trabalhou no Projeto Manhattan, descreveu o que aconteceria se um reator sofresse um colapso do núcleo. Citando fatos do Relatório Ergen da Comissão de Energia Atômica, Lapp detalhou o horror: primeiro uma explosão, depois fogo, e então a liberação incontrolável de detritos radioativos. Mas o que acontece nas profundezas do núcleo do reator é a verdadeira ameaça, explicou Lapp.[200] "Esses detritos derretidos poderiam se acumular no fundo do vaso do reator [...] [uma] enorme massa fundida e radioativa [...] afundaria na terra e continuaria a crescer por cerca de dois anos." Uma "massa de alta temperatura", uma "esfera quente" liquidificada de lava radioativa e fogo fumegante "com cerca de 30 metros de diâmetro poderia se formar e persistir por uma década".

Quatro. Três. Dois. Um.

A ogiva nuclear KN-23 detona em seu alvo. Toda a usina nuclear de Diablo é consumida em um clarão de luz nuclear. Há uma imensa bola de fogo. Uma explosão destruidora. Uma nuvem de cogumelo nuclear *e* o colapso pela fusão do núcleo.

O Cenário do Diabo se concretizou.[201]

22 MINUTOS
Estação da Força Espacial de Cavalier, Dakota do Norte

A Estação da Força Espacial de Cavalier, no leste da Dakota do Norte, fica a cerca de 24 quilômetros da fronteira canadense. Lá, dentro de uma estrutura de concreto de oito andares, um enorme sistema de radar em formato octogonal varre o céu. Dada a posição da Cavalier no globo, seu radar detecta a ogiva em ataque liberada pelo ICBM Hwasong-17 ao aparecer no horizonte durante a Fase Intermediária, a partir do norte. Isso acontece aproximadamente 22 minutos depois do lançamento. A observação do radar terrestre será o último dado de rastreamento sobre o horizonte que a Força Espacial registrará antes da bomba detonar sobre a capital, Washington.

Restam dez ou onze minutos. Agora há dados suficientes para localizar o alvo numa faixa de 1 quilômetro de precisão. O alvo é o Pentágono ou a Casa Branca.

O que está acontecendo neste cenário é um evento de decapitação.

Prédio do radar na Estação da Força Espacial de Cavalier, Dakota do Norte.
(Força Espacial dos Estados Unidos)

23 MINUTOS
Casa Branca, Washington

Em Washington, o presidente é colocado dentro do *Marine One*, com as pás do rotor girando, pronto para a decolagem. Já se passaram vários minutos desde que o presidente entrou, mas o helicóptero ainda não partiu. O agente especial encarregado da segurança do presidente grita com o conselheiro de segurança nacional, que está ao telefone, parado na porta do *Marine One*. O agente especial está prestes a agir fisicamente. Sua função é proteger o presidente com a própria vida.

Agente especial encarregado: *O helicóptero precisa decolar agora!*

A discussão acalorada entre os dois homens é sobre o número disponível de paraquedas no *Marine One*. A controvérsia desperdiçou tempo precioso. Os três homens do Elemento da Equipe de Contra-Assalto contam com paraquedas para si, para o presidente, para o agente especial encarregado e para o assistente militar. No total, havia seis paraquedas no escritório do Serviço Secreto da Casa Branca. Há catorze pessoas no *Marine One*, o que significa que o restante dos passageiros cairá junto com a aeronave, se ela cair.

O conselheiro de segurança nacional desiste da briga. Ele decide arriscar, entra no helicóptero e aperta o cinto. Já a bordo estão algumas pessoas do gabinete executivo do presidente — às vezes denominado de governo permanente[202] —, incluindo o diretor de cibersegurança nacional e o secretário executivo do Conselho Nacional do Espaço. O chefe de gabinete da Casa Branca, o assistente do presidente para segurança interna e contraterrorismo e mais meia dúzia de outros correm em direção a um segundo helicóptero militar, pronto para decolar mais além no gramado.

O *Marine One* é reforçado com armadura balística, tem defesa antimísseis e um sistema de alerta de ameaças de mísseis. Enquanto o Sikorsky VH-92A recém-construído, que carrega o presidente e seus conselheiros, começa a se erguer, operadores da CAT ao redor do gramado da Casa Branca monitoram ameaças.

Mas a ameaça não vem do solo.

A ameaça está se aproximando pelo alto.

Faltam apenas alguns minutos para que uma bomba nuclear atinja Washington.

Dentro do *Marine One*, várias pessoas gritam com o presidente em videoconferências via satélite à sua frente. A família do presidente, sua esposa e seus filhos, está no norte do estado de Nova York com os sogros. O secretário de Defesa e a vice-presidente do Estado-Maior estão a caminho do Sítio R. O paradeiro do vice-presidente ainda não foi confirmado. Um sistema de antenas e satélites contidos em uma bolha de comunicações anexada à cauda do helicóptero mantém o presidente conectado ao STRATCOM. Comando, Controle e Comunicações Nucleares, ou NC3, é um complexo sistema de sistemas que existe no solo, no ar e no espaço. Seus componentes incluem receptores, terminais e satélites para manter a Tríade Nuclear sob o controle do presidente.[203] Diz-se que o sistema NC3 a bordo do *Marine One* é reforçado contra o pulso eletromagnético que acompanha um clarão nuclear, mas ninguém faz ideia se o sistema resistirá ou entrará em colapso em uma guerra nuclear. Ao analisar sua eficiência em 2021, o Escritório de Prestação de Contas do Governo não tornou públicas suas recomendações, e o Departamento de Defesa não comentou.[204]

Sentado ao lado do presidente, o assistente militar abre a *Football*, dentro da qual está o Livro Preto.[205] Quando o helicóptero deixa o espaço aéreo da Casa Branca, o presidente do Estado-Maior Conjunto fala primeiro, por meio do sistema de comunicações.

Presidente do Estado-Maior: *Fomos atingidos por uma bomba nuclear na Califórnia.*

Jesus Cristo, não tínhamos mais alguns minutos?, pergunta o presidente.

Conselheiro de segurança nacional: *Um segundo míssil.* Ele gagueja. *Um míssil diferente.*

Presidente do Estado-Maior: *No sul da Califórnia, em uma usina nuclear.*

Comandante do STRATCOM: *Prevemos que o próximo alvo será o Pentágono, senhor.*

O conselheiro de segurança nacional aponta para um cronômetro em uma tela eletrônica dentro do *Marine One*, que está contando os segundos.

Presidente do Estado-Maior: *Ordens de lançamento, senhor!*

O presidente retira o cartão laminado de sua carteira. O Biscoito, com os códigos de ouro.

Presidente do Estado-Maior: *Recomendo a opção Charlie do Livro Preto, senhor.*

Em questão de minutos, o presidente do Estado-Maior estará morto.

O POTUS confirma a opção Charlie. Um contra-ataque nuclear, projetado como uma resposta de Lançamento sob Alerta a um ataque nuclear norte-coreano contra os Estados Unidos. São 82 alvos, ou "pontos de mira", que incluem instalações nucleares e de armas de destruição em massa da Coreia do Norte, sua liderança e outras instalações bélicas.[206] Esse contra-ataque lança cinquenta ICBMs Minuteman III e oito SLBMs Trident (cada Trident transporta quatro ogivas nucleares), totalizando 82 ogivas nucleares para 82 alvos na metade norte da península coreana. Esse esforço massivo é apenas uma fração do que o SIOP original para uma guerra nuclear previa em seu ataque inicial contra Moscou. Aqui, nesse cenário, as 82 ogivas nucleares prestes a serem lançadas praticamente garantem a morte de milhões de pessoas, ou talvez até dezenas de milhões de pessoas, apenas na península coreana.

O *Marine One* está em silêncio.[207]

Falando em um tom de voz normal, o presidente lê os códigos de lançamento nuclear em voz alta.

23 MINUTOS E 30 SEGUNDOS
Centro de Comando Militar Nacional, Pentágono

Sob o Pentágono, o diretor encarregado de operações confirma se o homem que acabou de ordenar um contra-ataque nuclear contra a Coreia do Norte é o presidente dos Estados Unidos.[208] A autenticação não é feita por biometria de voz de última geração, mas sim à moda antiga. Pelo código de desafio e resposta: duas letras do alfabeto fonético da OTAN faladas por uma voz humana.

Foxtrot, Tango, diz o diretor de operações neste cenário. Estas são as últimas palavras que ele dirá ao presidente.

Dentro do *Marine One*, o presidente lê sua resposta.

Yankee, Zulu, ele diz.

Enquanto o helicóptero deixa o espaço aéreo da Casa Branca, o presidente fita a janela, observando a distância entre ele e a cidade se expandir.

O fim do mundo foi deflagrado por duas palavras de código ditas em voz alta.

24 MINUTOS
Instalação de Alerta de Mísseis, Wyoming

A cerca de 2.500 quilômetros de Washington, em um campo em Wyoming, uma camada de neve compactada reluz ao sol da tarde. Há uma cerca de arame, equipamento de detecção de movimento e uma porta de concreto de 110 toneladas nivelada com o solo, voltada para o céu.[209]

Para quem passa, isso é território de caubóis. Terra de fazendeiros. Para o Comando Estratégico, é território de silos de ICBM. Lar de um terço dos 400 mísseis nucleares baseados em terra dos Estados Unidos. Para aqueles que não têm conhecimento, a instalação de lançamento Echo-01, neste cenário, é apenas um conjunto de construções insuspeitas: casa, estábulo, torre de eletricidade, garagem.[210] Mas, sob as portas à prova de explosão, escondido no campo, jaz um silo de mísseis de 24 metros de profundidade, com paredes de concreto de 1,2 metro de espessura. Um poço de elevador permite o acesso aos alojamentos, a uma estação de energia e a um túnel de fuga, para que os dois tripulantes possam escapar depois do lançamento.

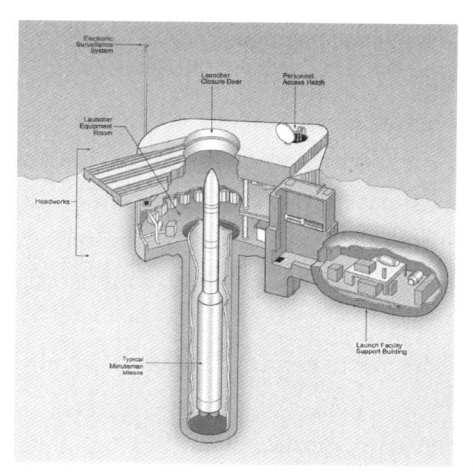

ICBM Minuteman III sob o solo (à esquerda) e as instalações de lançamento acima do solo (à direita). (Força Aérea dos Estados Unidos)

A maior parte do espaço no silo é ocupada por um míssil Minuteman III — com 18 metros de altura, 36 toneladas, e uma ogiva termonuclear de

300 quilotôns na coifa.²¹¹ Uma arma que está sendo preparada para o lançamento.

O relógio marca 13h27, horário local, quando o alerta soa. As equipes de mísseis de combate e o pessoal de apoio designado para a 90ª Ala de Mísseis saltam de suas cadeiras nos postos avançados em todo o estado, cada um movendo-se a uma velocidade que apenas o DEFCON 1 pode incentivar. Os 400 ICBMs norte-americanos baseados em terra são geralmente aceitos como o tripé mais vulnerável a um ataque na tríade nuclear porque suas localizações são de conhecimento público e não mudam. Isso também faz com que sejam alguns dos primeiros sistemas de armas acionados num contra-ataque nuclear — um conceito conhecido como estratégia "use-os ou perca-os".²¹² Lance os ICBMs bem depressa ou deixe que se tornem alvos e sejam destruídos.

O processo de lançamento de um ICBM — desde o momento em que a ordem de lançamento é recebida até o lançamento físico da arma — é mais veloz do que qualquer outro sistema de armas no arsenal, incluindo aqueles em submarinos. "Eles não são chamados de 'Minutemen' por acaso", escreveu Bruce Blair, ex-oficial de lançamento de ICBMs.²¹³ "O processo de armar, direcionar e disparar os mísseis [acontece] em um total de 60 segundos."

Cada um dos silos dos 400 ICBMs²¹⁴ como o Echo-01 está estrategicamente posicionado por todo o país (a oeste do rio Mississippi) — em Montana, Wyoming, Dakota do Norte, Nebrasca e Colorado. Eles foram construídos sob ranchos privados, dentro de florestas nacionais, em reservas indígenas e em fazendas familiares. Alguns estão fora de vilas, outros ao lado de pequenos centros comerciais locais. Algumas instalações encontram-se em áreas tão remotas que as equipes de mísseis demoram várias horas para chegar lá de veículo, se o tempo estiver bom.

A Instalação de Alerta de Mísseis Echo-01 fica dentro de uma área de 24.864 quilômetros quadrados que compõe o vasto campo de mísseis nucleares subterrâneos de Wyoming. "Se Wyoming fosse uma nação",²¹⁵ comenta o jornalista Dan Whipple, a Base da Força Aérea F.E. Warren, nas imediações de Cheyenne, "faria dela uma das principais potências nucleares do mundo".

Na Instalação de Alerta de Mísseis Echo-01, a tripulação de dois homens tem se preparado todos os dias para este dia. Durante a descida matinal de elevador, os oficiais de lançamento removem seus distintivos da Força Aérea de uma faixa de velcro e os substituem por distintivos do Comando Estratégico. Em caso de guerra nuclear, eles se reportam diretamente ao comandante do STRATCOM.[216] Durante sete décadas, este ato foi preparatório. Hoje é real.

Agora que a ordem de lançamento do presidente foi validada, a sequência de lançamento dos ICBMs começa. Um centro de controle de lançamento de Minuteman cuida de dez ICBMs. Em todo o estado de Wyoming, as equipes de lançamento dentro dos silos de mísseis recebem ordens criptografadas;[217] cada ordem tem aproximadamente 150 caracteres.

Cinco equipes de centros de controle de lançamento, incluindo as da Echo-01, abrem seus cofres trancados, embutidos nas paredes de concreto dos silos de mísseis.

Cada oficial de lançamento compara os códigos recém-atualizados[218] do Sistema de Autenticador Selado com aqueles que acabaram de receber da Equipe de Ação de Emergência no Centro de Comando Militar Nacional, sob o Pentágono.[219]

Cada oficial recupera uma chave de controle de disparo (*fire-control key*) — pequena, prateada, feita de metal, com um chaveiro e uma etiqueta descritiva.

Cada equipe insere um código de plano de guerra em um computador de lançamento, redirecionando cada um dos ICBMs da predefinição-padrão de alto-mar (para segurança) para um alvo predeterminado no plano de ataque da opção Charlie do Livro Preto do presidente.

Cinquenta novas coordenadas de alvos são inseridas.

As chaves de lançamento são giradas.

Cinquenta mísseis Minuteman III, cada um com uma ogiva nuclear de 300 quilotons, estão armados.

Cinquenta ICBMs transportando um total de 15 megatons de poder explosivo.

Em todo o estado de Wyoming, cinquenta portas de concreto de silos, pesando 110 toneladas cada, se abrem com força.

Em meio a nuvens de fumaça e fogo, cinquenta mísseis armados nuclearmente começam a subir. Leva 3,4 segundos para que um míssil Minuteman saia de seu silo de mísseis e decole.[220]

Os primeiros 24 minutos

Após um minuto, o propulsor do primeiro estágio de cada míssil de 36 toneladas completa seu voo motorizado e se solta.

O propulsor do segundo estágio se acende, descartando partes de si enquanto o míssil sobe.

Depois de cerca de doze minutos, cada míssil acelera a velocidades extremamente altas, antes de atingir uma altitude de cruzeiro final de 800 a 1.120 quilômetros acima da superfície da Terra.[221]

Mas, antes que qualquer um desses cinquenta ICBMs alcance a velocidade e altitude finais, uma ligação telefônica é feita por um homem idoso que vive perto de uma dessas instalações de lançamento, aqui em Wyoming.

Esse idoso é um espião russo.

"Há espiões em todos os lugares, observando as instalações de lançamento de mísseis nucleares nos Estados Unidos",[222] nos disse o dr. Albert "Bud" Wheelon, o primeiro diretor de ciência e tecnologia da CIA, antes de sua morte.

O velho espião russo pega o telefone e liga para Moscou.

Os ICBMs foram lançados, diz ele ao telefone.

Parte III

OS 24 MINUTOS SEGUINTES

24 MINUTOS
Rancho San Miguelito, Point Buchon, Califórnia

Diablo Canyon, Califórnia. Ao ser detonada, uma bomba nuclear de 300 quilotons libera uma energia de 300 trilhões de calorias em um milionésimo de segundo. (Cortesia da Pacific Gas and Electric Company)

Na costa da Califórnia central, cerca de 6 quilômetros a noroeste da Usina Nuclear de Diablo Canyon, no alto de uma colina perto de Point Buchon, um rancheiro está cuidando de seus animais quando é arremessado ao chão pela explosão de uma bomba nuclear de 300 quilotons.

A princípio, não houve som nem aviso.

Apenas uma parede de ar denso que o atingiu como um trator, o vento rasgando suas roupas. Por destino e circunstâncias, o fazendeiro estava de costas para a bomba quando ela explodiu, poupando-o da cegueira.

Ele está vivo, em parte, graças à geografia — às características do terreno em torno dele. Uma série de montanhas baixas e penhascos íngremes separa o fazendeiro do marco zero, o ponto onde houve a detonação. A terra e a pedra absorveram parte da radiação térmica mortal — luz e calor que causam queimaduras de terceiro grau e inflamam materiais combustíveis —, mas não toda. "Grandes massas de terra montanhosas tendem a aumentar os efeitos de explosão em algumas áreas e a diminuí-los em outras",[1] foi o que descobriram cientistas do exército norte-americano com os bombardeios de Hiroshima e Nagasaki. Não há construções nessa escarpa voltada para o mar, nada para desmoronar e esmagar o rancheiro. Nenhuma janela de vidro para estilhaçar e empalá-lo. A sobrepressão da bomba arrancou suas roupas e o lançou ao chão. Ele é velho e um osso duro de roer. Fica de pé. Dá a volta.

Ele vê a nuvem em formato de cogumelo.

Seu bisavô comprou esse terreno no início dos anos 1900, antes da invenção do Ford-T. Ao contemplar a ascensão da nuvem de cogumelo, ele mal consegue acreditar no que seus olhos veem.

As cabeças de gado, com pelos chamuscados pela radiação térmica, correm para as colinas. Ele permanece sozinho. Um homem velho, nu. Nasceu em julho de 1945, o mesmo mês e ano em que os cientistas do Projeto Manhattan construíram e testaram a primeira bomba atômica, de codinome Trinity — como na Trindade, Pai, Filho e Espírito Santo.

O rancheiro procura suas roupas. Vê o *smartphone* no chão, poupado dos efeitos locais do pulso eletromagnético devido ao terreno ao redor. Ele pega o notável aparelhinho e começa a filmar com a câmera. O velho conhece a história. Sabe que a bomba Trinity explodiu no deserto Jornada del Muerto.

E agora, aqui está ele em Diablo Canyon, o Desfiladeiro do Diabo, assistindo à expansão da nuvem em forma de cogumelo.

Ele já leu em livros que tudo relacionado a armas nucleares é saturado de maldade e morte. Sempre foi assim. Ele tem idade suficiente para se lembrar de quando a Destruição Mútua Assegurada foi vendida ao público como salvação; quando, na verdade, o velho rancheiro sabe que é apenas loucura. Ele se lembra de Bert, a Tartaruga, dos treinamentos de "Abaixe-se e Cubra-se".[2] Do Projeto Sunshine, aquele programa da Comissão de Energia Atômica que coletava ossos de mortos e dentes de leite de crianças vivas para, secretamente, testar os níveis de exposição à radiação nos tecidos humanos.

O fazendeiro continua a filmar.

Ele tem consciência da própria mortalidade, dos níveis letais de radiação que está, sem dúvida, recebendo neste momento. Sabe que o envenenamento por radiação é uma forma abominável de morrer. Ele posta mais vídeos no Facebook. Imagens dessa nuvem de cogumelo marrom-acinzentada assomando-se sobre a usina nuclear praticamente no meio do caminho entre São Francisco e Los Angeles, duas das cidades mais populosas do estado mais populoso do país.

Esse é o Cenário do Diabo tornado realidade.

O pulso eletromagnético localizado da bomba destruiu os sistemas de energia de corrente alternada ao longo da costa, mas o celular do fazendeiro ainda tem bateria.[3] Ele se conecta à internet por meio de um satélite de comunicação que passa sobre a região. O vídeo do velho é postado nas redes sociais e começa a se espalhar pelo mundo. Pessoas em Paris, Peoria, Carachi e Kuala Lumpur veem, pelas redes sociais, imagens dessa nuvem de cogumelo aparecendo quase em tempo real.

Relatos começam a inundar a internet.

#GuerraNuclear #Armagedom #FimDoMundo.

25 MINUTOS
Centro de Processamento de Dados, Sacramento, Califórnia

Dezenas de milhões de pessoas por todo o país correm para olhar seus celulares e acessam as plataformas de redes sociais. Se a internet é o caminho, o aplicativo é o destino — e, neste momento, as pessoas lotam o Facebook, o X, o Instagram, seja qual for seu aplicativo de notícias de confiança — todos desesperados por informações sobre o que está acontecendo na costa da Califórnia, em tempo real.

Ver para crer.

As pessoas precisam ver o vídeo do fazendeiro com seus próprios olhos.

O X é o primeiro a implodir.[4] Em seu centro de processamento de dados em Sacramento, a energia cai. Os sistemas de backup entram em ação, mas logo também falham e desligam. A destruição da Usina Nuclear de Diablo Canyon devastou a rede elétrica da Califórnia. A demanda está superando em muito a oferta. Servidores e sistemas de armazenamento de dados começam a sobrecarregar e a se desligar, desabando como peças de dominó.

Oitenta. Depois cem. Então, 150 milhões de usuários do X acessam o site de uma só vez. A plataforma não aguenta a pressão. Cai. O X está agora permanentemente fora do ar.

25 MINUTOS E 30 SEGUNDOS
Diablo Canyon, Califórnia

A bomba nuclear atingiu a Usina Nuclear de Diablo Canyon com uma explosão de superfície de 300 quilotons. Ao contrário de uma explosão aérea, que visa matar o maior número de pessoas no solo usando a onda de choque, uma explosão de superfície mata menos pessoas na vizinhança imediata, mas produz uma quantidade muito maior de precipitação radioativa do que uma explosão aérea. A precipitação ganhou esse nome porque literalmente "precipita" do céu após a passagem da explosão e a dissipação da onda de choque.

A tecnologia de armamentos necessária para fazer com que um míssil balístico lançado de submarino KN-23 saia de uma embarcação subaquática e atinja um alvo em terra levou décadas para ser desenvolvida. Norte-americanos e russos começaram a trabalhar com a tecnologia de mísseis lançados por submarinos na década de 1950 e têm feito isso desde então.[5] A Coreia do Norte é relativamente nova nesse jogo, mas graças a roubos e à sorte de principiante, o míssil balístico lançado do submarino e disparado contra a usina nuclear na Califórnia errou o ponto central de seu alvo por apenas algumas centenas de metros de distância.

A bomba atingiu o solo e detonou logo abaixo do estacionamento da usina, mais ao sul, a 30 metros da borda do penhasco. Diversos efeitos foram calculados por oficiais de Defesa, incluindo alguns que envolvem um ataque de míssil a um reator nuclear.[6] Mas o que aconteceu aqui é quase inimaginável. Em uma fração de segundo, todos nas instalações da Diablo Canyon foram incinerados. Não há ninguém vivo para calcular mais nada.

Todas as usinas nucleares nos Estados Unidos são construídas para resistir a um impacto direto de uma aeronave de combate. Em 1988, os Laboratórios Nacionais Sandia realizaram um teste de integridade dos vasos de contenção, voando um caça F-4 Phantom contra uma parede de concreto de 4 metros de espessura, uma laje projetada para simular a parede de um vaso de contenção de um reator. A maior parte do jato foi destruída; na parede restou uma marca de 5,8 centímetros.[7] Mas essa aeronave controlada remotamente viajava a quase 800 km/h e seus tanques de reserva estavam cheios de água, não de combustível.

Atingir o vaso de contenção de um reator nuclear com uma bomba nuclear significa outro patamar de destruição. Quando uma bomba nuclear de 300 quilotons detona, ela libera 300 trilhões de calorias de energia em um milionésimo de segundo,[8] uma grandeza absurda de força, incompreensível para a mente humana. Isso equivale a cerca de 272 milhões de quilos de TNT, uma cifra igualmente incompreensível. (Uma bomba caseira de tamanho médio tem uma capacidade explosiva de cerca de 2,3 quilos.)[9]

A historiadora Lynn Eden, professora emérita da Universidade Stanford e especialista em tempestades ígneas nucleares, explica: "A bola de fogo inicial seria tão quente[10] que se expandiria rapidamente. Ao se aproximar de seu tamanho máximo, teria mais de 1,6 quilômetro de diâmetro." Uma bola de fogo nuclear com esse diâmetro é suficiente para destruir todos os 303 hectares das instalações de Diablo Canyon. E, como aproximadamente metade dessa área inclui o oceano, toda a usina nuclear agora afundou no mar.

Tudo dentro da bola de fogo é obliterado.

Parte do que antes estava dentro da cratera é depositado na borda parcial, enquanto o restante é levado ao ar, para retornar à terra como precipitação radioativa. Como Carl Sagan alertou em 1983: "Explosões de solo de alta potência vão vaporizar, derreter e pulverizar a superfície na área alvo e propelir grandes quantidades de condensados e poeira fina para a troposfera e estratosfera superiores."[11] E, como essa bola de fogo vaporiza tanta terra, a nuvem de cogumelo contém uma quantidade sem precedentes de material radioativo.[12]

Em *The Effects of Nuclear Weapons* [Os Efeitos das Armas Nucleares], os cientistas do Exército norte-americano não mediram palavras. "Uma explosão nuclear que ocorra na superfície terrestre ou próxima dela pode resultar em severa contaminação pela precipitação radioativa [...] um fenômeno gradual que se estende por um intervalo de tempo [...]. A precipitação pode ocorrer mesmo quando a nuvem não pode ser vista [com partículas] de aproximadamente 100 micrometros de diâmetro [...] até pedaços com o tamanho de uma bola de gude.[13]

Mas a descrição do exército não faz justiça ao que realmente está acontecendo por aqui. Não inclui os efeitos cataclísmicos que ocorrem com a dispersão, na atmosfera, do estoque radioativo dos núcleos dos reatores gêmeos da Diablo, com 1.100 megawatts e 2 mil toneladas de combustível intacto.[14]

Segundos se passam. O que está acontecendo dentro da cratera de 1,6 quilômetro de diâmetro gerada pela bomba é exatamente o que o físico nuclear Ralph E. Lapp alertou no Relatório Ergen em 1971. O que resta dos núcleos gêmeos do reator está em chamas, expelindo lava radioativa que agora perfura o solo. O painel de descomissionamento de Diablo já havia alertado que, se as temperaturas atingissem 900°C , "as barras de combustível quente entrariam em combustão espontânea".[15]

É o que acontece.

Todos os mais de 2.500 conjuntos de combustível usado entram em combustão, transformando-se em uma mistura radioativa e venenosa de precipitação nuclear.[16] Minutos antes, o campo de armazenamento a seco e a céu aberto da usina,[17] com 58 cilindros de concreto, permanecia de pé como peças gigantes de xadrez, cada uma fixada em uma plataforma de concreto de 2,3 metros de espessura. A explosão da bomba destruiu suas carcaças, derrubou e despedaçou os cilindros, e agora eles também emitem quantidades extraordinárias de resíduos altamente radioativos.

Até o momento do impacto da bomba, as Unidades 1 e 2 do reator da Diablo geravam megawatts de eletricidade suficientes para fornecer energia a cerca de 10% de toda a população da Califórnia — aproximadamente 3,9 milhões de pessoas em 2024.[18] Não mais.

Usinas de energia precisam de eletricidade para operar. A explosão da bomba destruiu os sistemas de energia de corrente alternada que mantinham a Diablo em funcionamento, e essa energia não retornará tão cedo.

Os seis geradores a diesel de reserva da instalação foram obliterados pela bola de fogo, assim como os tanques de combustível e sistemas de bateria de backup. O corpo de bombeiros da usina, com seus dois caminhões, reservatórios de água e máquinas que bombeavam água do mar para edifícios em chamas, foi reduzido a cinzas. Cerca de 19 milhões de litros de água de emergência se dissiparam no calor infernal. Os *snorkels* auxiliares de água marinha, os sistemas de entrada de resfriamento e as áreas de descarga de água quente da usina colapsaram no mar.

Equipes de gestão de emergência em helicópteros não chegarão tão cedo para tentar apagar os incêndios, certamente não com a mesma rapidez das equipes russas durante o desastre de Chernobil em 1986. O Exército dos Estados Unidos não pode sobrevoar e tentar cobrir com areia e boro o que quer que reste dos dois núcleos expostos dos reatores nucleares.[19] Os altos níveis de radiação letal emitidos pelo local tornam a passagem pela nuvem de destroços instantaneamente letal ao longo de semanas ou até meses.

Gordon Thompson, diretor do Instituto para Estudos de Recursos e Segurança, descreve as consequências de um incêndio dos conjuntos de combustível usado: "O incêndio não [pode] ser extinto nesse momento, simplesmente porque não [é possível se] aproximar dele devido à extrema radioatividade."[20] Thompson estuda sistemas de armazenamento de combustível nuclear desde 1978. Seus cálculos indicam que até 100% dos elementos de combustível radioativo da usina seriam liberados na atmosfera.

"Estamos falando de um evento que obrigaria o abandono de longo prazo de uma área aproximadamente do tamanho de Nova Jersey", Frank von Hippel nos diz e, confrontado com o presente cenário, reformula: "Duas Nova Jerseys."[21]

O engenheiro nuclear dr. Glen McDuff, de Los Alamos, pinta um quadro ainda mais sombrio: "A situação seria muito, muito pior", adverte. "As barras de combustível usado são radioativas. Acertadas por uma bomba nuclear, elas se fragmentariam em infinitos pedaços."[22]

O que isso significa, como explica McDuff, é que "você teria agora pedaços radioativos de barras de combustível usado espalhados na precipitação radioativa. Você teria uma situação em que o centro da Califórnia se tornaria inabitável para sempre. A terra poderia ficar contaminada até Nevada, talvez até o Colorado. Diablo Canyon jamais se recuperaria. Jamais".

26 MINUTOS
Centro de Gestão de Defesa Nacional, Moscou, Rússia

O Centro de Gestão de Defesa Nacional em Moscou. (www.Kremlin.ru)

Algumas das pessoas mais importantes que conseguiram ver e baixar o vídeo do fazendeiro antes que o X saísse do ar estão na Rússia. São os assessores que servem aos generais mais experientes do Estado-Maior russo. Esse grupo de jovens oficiais em Moscou agora está grudado em suas telas, reproduzindo sem parar o vídeo da nuvem em forma de cogumelo. Aqui, nas margens geladas do rio Moscou, dentro do Centro de Gestão de Defesa Nacional da Rússia, todo mundo — dos generais aos faxineiros — parou o que estava fazendo e se esforça para entender o que está acontecendo nos Estados Unidos.

A costa oeste dos Estados Unidos acabou de ser atingida por uma bomba nuclear.

Isso é chocante. É catastrófico. Mas, acima de tudo, é aterrorizante. A dissuasão nuclear é um fenômeno psicológico, um estado mental. Agora que ela falhou, tudo pode acontecer. Tudo mesmo.

São 22h29 no horário de Moscou. O comandante da vigilância noturna aqui no Centro de Gestão de Defesa Nacional monta rapidamente uma teleconferência de emergência para os comandantes seniores do

Estado-Maior.[23] Aqueles que já estão fisicamente no prédio correm para o centro de controle das forças nucleares estratégicas, um centro de comando fortificado em estilo de auditório, semelhante ao bunker sob o Pentágono na cidade de Washington.

Neste cenário, a Rússia não teve qualquer relação com o que acabou de acontecer nos Estados Unidos. Os generais russos de alta patente que entram na teleconferência, um a um, têm certeza disso. Eles são as pessoas encarregadas das forças nucleares do país. Mas as conclusões tiradas por outros serão impossíveis de controlar.

A dissuasão falhou. A teoria de que a Destruição Mútua Assegurada mantém o mundo seguro contra armas nucleares não é mais válida. Neste momento de crise, como serão impactadas as decisões tomadas pelo Comando e Controle Nuclear da Rússia, depois de um evento de decapitação contra os Estados Unidos por uma terceira parte rebelde?

O ex-secretário de Defesa Leon Panetta nos dá sua impressão do que poderia se desenrolar em um momento como esse. "Sinceramente, não acho que haveria muito espaço para reflexão sobre a química da Destruição Mútua Assegurada em um momento como esse."[24] Panetta teme que, "quando bombas nucleares começam a voar, não haja muito tempo para começar a pensar: 'Quem mais se sente ameaçado?' Não há muita reflexão sobre quem mais pode estar considerando fazer o quê [...]. Não em um momento como esse". A mentalidade de crise pode ser uma coisa perigosa.

O Centro de Gestão de Defesa Nacional em Moscou é o centro pensante do Comando e Controle Nuclear da Rússia. Localizado a 3 quilômetros do Kremlin, é aqui que os principais generais da Rússia podem coordenar toda a ação militar ao redor do mundo, incluindo lançamentos de mísseis nucleares. O bunker de comando foi projetado para emular aquele que está sob o Pentágono, mas de forma mais grandiosa. Uma enorme tela, que vai do chão ao teto, exibe ações militares em tempo real em um sistema eletrônico maior que um domo digital IMAX com projeção de 180 graus, segundo o Kremlin. Tablets conectam os oficiais militares a um supercomputador no subsolo.[25] Com velocidade de 16 petaflops e capacidade de armazenamento de 236 petabytes, o Kremlin afirma que seu computador é três vezes mais potente do que o do Pentágono. Como afirmou o ministro da Defesa Sergei Shoigu à Agência de Notícias Russa TASS, seu poder "colossal"[26] permite rodar simulações de guerra e fazer previsões sobre conflitos nucleares com uma capacidade similar ao do cérebro humano, projetado "para sincronizar as capacidades de tomada de decisão [com] eventos do mundo [real]". Esse sistema tem o poder de analisar os movimentos de outras nações quase em tempo real e aconselhar o presidente russo sobre ações militares a serem tomadas em resposta.

Um ataque nuclear *Bolt out of the Blue* lançado contra os Estados Unidos é profundamente perturbador para o Comando e Controle Nuclear russo. O comandante da vigilância noturna pega o telefone e liga para o general a quem ele se reporta.

"Ваше присутствие срочно необходимо!!", ele diz. *Você precisa vir aqui imediatamente!*

27 MINUTOS
No espaço

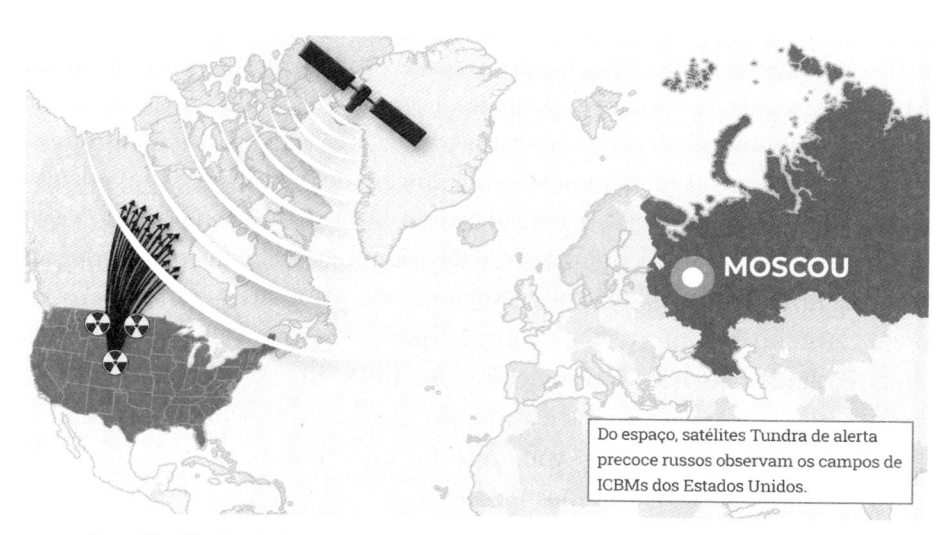

Os satélites Tundra de alerta precoce da Rússia não são confiáveis. (Imagem de Michael Rohani)

No espaço, milhares de quilômetros acima da superfície da Terra, um desastre tecnológico está em andamento. Um satélite russo, no apogeu de sua órbita altamente elíptica, monitora os campos de ICBMs Minuteman no norte dos Estados Unidos, quando os sinais recebidos pela inteligência desencadeiam uma série de alarmes. Esses alertas confidenciais são o equivalente russo a:

LANÇAMENTO DE MÍSSIL BALÍSTICO, ALERTA!

Para alerta precoce de detecção de lançamentos de mísseis a partir do espaço, o Departamento de Defesa dos Estados Unidos depende do SBIRS, um sistema de satélites tecnologicamente avançado que consegue detectar o escape quente de um único ICBM uma fração de segundo após o lançamento. Na tentativa de equiparar-se, a Rússia construiu um sistema chamado Tundra,[27] uma constelação de satélites militares que também se propõe a monitorar o céu acima dos campos de mísseis Minuteman nos Estados Unidos e outros locais pelo mundo. O objetivo é detectar, quase em tempo real, um lançamento de ICBM inimigo ou de um adversário que ameace a Rússia com um ataque nuclear.

No entanto, as capacidades do Tundra estão longe daquelas do SBIRS, uma limitação que a Rússia reluta em admitir. Especialistas da área de defesa geralmente concordam que o sistema de satélites de alerta precoce da Rússia possui falhas profundas, o que, em um momento como este, cria uma situação potencialmente fatal.[28]

"O Tundra não é uma maravilha", diz Pavel Podvig, o maior especialista ocidental em forças nucleares russas, que trabalha com o Instituto das Nações Unidas para Pesquisa de Desarmamento.[29]

Ted Postol é direto: "Os satélites de alerta precoce russos não funcionam de forma adequada", afirma.[30] "Como nação, a Rússia não possui o conhecimento tecnológico para construir um sistema tão eficaz quanto o nosso, nos Estados Unidos." Isso significa que "os satélites deles não conseguem observar diretamente a Terra", uma tecnologia conhecida como capacidade de visão vertical (*look-down capability*). Como resultado, os satélites Tundra da Rússia "olham de lado", alerta Postol, "o que compromete sua capacidade de diferenciar a luz solar de algo como fogo".

Outro ponto preocupante é como o Tundra enxerga as nuvens.

"Os satélites podem confundir nuvens cirros com plumas de mísseis inexistentes", explica Postol.

E enxergar plumas de mísseis inexistentes abre a porta para uma catástrofe.

Em um momento de alarme elevado, "Moscou poderia pensar que é um ataque".[31]

Se a Rússia acreditasse estar sendo atacada, as consequências seriam desastrosas.

Em uma reunião de 2015 no Capitólio (aberta ao público) intitulada "Guerra Nuclear Acidental entre Rússia e Estados Unidos", Postol declarou para um grupo de congressistas que o "frágil sistema de alerta precoce da Rússia representa um dos maiores perigos de uso nuclear [que] atualmente ameaçam os Estados Unidos".[32] Ele explicou que, se uma interpretação errada dos dados do satélite ocorresse, "a Rússia poderia realizar um lançamento impulsivo de todas as suas forças nucleares".[33]

O ex-comandante do STRATCOM, general Kehler, adverte sobre o que isso poderia significar: "A Rússia é o único país capaz de destruir os Estados Unidos nas próximas horas."[34]

28 MINUTOS
Marine One, sobrevoando Bethesda, Maryland

O *Marine One* afasta-se rapidamente do espaço aéreo de Washington, voando na velocidade máxima possível para a aeronave. Para um Sikorsky VH-92A, isso significa mais de 240 km/h.[35] Em seu interior, o presidente permanece em comunicação com o presidente do Estado-Maior Conjunto e o comandante do STRATCOM.

A cada minuto que passa, o *Marine One* do presidente se afasta pouco mais de 3,2 quilômetros dos efeitos de proximidade letais da bomba nuclear que está rapidamente se aproximando da capital.

No topo da lista de ameaças à vida do presidente neste momento está o pulso eletromagnético, aquela descarga rápida de corrente elétrica que provavelmente destruiria todos os sistemas eletrônicos do *Marine One* e causaria sua queda.[36]

O agente especial encarregado da segurança do presidente tem se concentrado em como mitigar essa ameaça e agora decidiu agir. Ele instrui a equipe de três homens do Elemento da CAT a se preparar para realizar um salto com o presidente para fora do helicóptero.

Os cientistas já sabem sobre eventos de origens naturais de Pulso Eletromagnético (PEM) desde o século XIX. Richard Garwin escreveu o primeiro artigo sobre o PEM nuclear em 1954, em Los Alamos (suas descobertas são confidenciais). Cientistas de Defesa norte-americanos começaram a prestar mais atenção aos seus efeitos em 1962, após observarem um teste de armas nucleares no espaço chamado Starfish Prime. Medições feitas após a explosão deixaram claro que uma arma PEM detonada em grandes altitudes tem a capacidade de destruir permanentemente infraestruturas em grande escala no solo.

"Durante a Guerra Fria, a Rússia testou um PEM no espaço sobre o Cazaquistão",[37] nos conta o ex-analista da CIA para a Rússia e depois diretor executivo da Comissão PEM, dr. Peter Pry. Ele acrescenta que esse PEM em alta altitude destruiu "todos os tipos de eletrônicos dentro de um enorme perímetro, estendendo-se por centenas de quilômetros" no solo. Quando uma bomba nuclear detona mais próxima ao solo, os efeitos são localizados. O helicóptero *Marine One* do presidente é protegido contra PEM, mas o equipamento só foi testado em uma câmara. Ninguém sabe o que realmente aconteceria em um evento real.

O presidente está sendo levado ao Complexo de Raven Rock Mountain, o Centro de Comando Militar Nacional Alternativo do Pentágono, também conhecido como Sítio R. O bunker foi construído durante a Guerra Fria. As plantas originais foram desenhadas por Georg Rickhey, engenheiro nazista transformado em cientista do pós-guerra norte-americano através da Operação Paperclip, cujas credenciais eram admiradas pelo exército dos Estados Unidos e que construiu o bunker subterrâneo de Hitler em Berlim durante a guerra.[38] A distância da Casa Branca ao Sítio R é de aproximadamente 113 quilômetros. Normalmente, o *Marine One* leva cerca de trinta minutos para chegar até lá, dependendo dos tempos de decolagem e pouso. O comandante em chefe está no ar há pouco mais de quatro minutos. Ainda faltam de 6 a 8 quilômetros para que o helicóptero esteja fora da zona de pressão perigosa.

O *Marine One* avança rapidamente sobre Bethesda Hill, próximo ao ponto onde a rodovia interestadual cruza o Timberlawn Local Park. Lá embaixo, no gramado, crianças brincando em balanços e escorregadores são recolhidas por pais e babás, aterrorizados depois de receberem a notícia de um ataque nuclear na Califórnia. Todos agora correm para casa.

Dentro do *Marine One*, por meio de comunicações via satélite, o presidente do Estado-Maior Conjunto pressiona o presidente a agir. Restam cinco minutos no relógio do Impacto Vermelho. O presidente do Estado-Maior está tão convicto quanto calmo.

Presidente do Estado-Maior Conjunto: *Senhor, precisamos que nos forneça o código de desbloqueio universal.*

Presidente: *Que raios é o código de desbloqueio universal?*

É impressionante o quão pouco o presidente dos Estados Unidos sabe sobre guerra nuclear.

Comandante do STRATCOM: *O país foi atacado.*

O relógio do Impacto Vermelho continua a contagem regressiva. Explicações numa hora dessas parecem absurdas.

Presidente do Estado-Maior: *Aconselho o senhor a fornecer o código de desbloqueio universal ao STRATCOM, Sr. Presidente.*

Se houvesse tempo para explicar, seria dito o seguinte. Nas palavras do ex-oficial de lançamento Bruce Blair e seus colegas Sebastien Philippe e Sharon K. Weiner: "Se o presidente seleciona uma opção nuclear limitada, um código de desbloqueio seletivo permite que as equipes disparem mísseis específicos em alvos específicos e apenas esses mísseis."[39] O trio está citando uma característica chamada de direito de lançamento, um componente crítico do comando e controle nuclear que garante que o presidente — e apenas o presidente — possa autorizar o emprego de armas nucleares. O código de desbloqueio seletivo funciona como uma salvaguarda.

A não ser, é claro, que o presidente ignore o direito de lançamento com o código de desbloqueio universal. "Como sugere o adjetivo, esse código permitiria que as equipes de submarinos e de mísseis balísticos intercontinentais lançassem todas as suas armas nucleares", nos contam Blair, Philippe e Weiner.

Comandante do STRATCOM: *Precisamos do código de desbloqueio universal!*

As equipes de ICBMs dos Estados Unidos acabaram de lançar 50 mísseis Minuteman por ordem do presidente. Também já está em andamento o lançamento submarino de outras 32 ogivas nucleares. Caso o presidente precise autorizar um segundo ataque nuclear, ele deve fazê-lo com novos códigos de lançamento nuclear.

"Embora as equipes de lançamento tenham as chaves necessárias para disparar armas nucleares adicionais", explicam os especialistas em armamento, "elas não possuem os códigos de desbloqueio necessários para armar, direcionar e disparar essas armas". Se um segundo lançamento precisar ocorrer, "vários códigos de desbloqueio diferentes terão que ser enviados às equipes de lançamento".

E, para isso, a Agência de Segurança Nacional (NSA) deve criar códigos totalmente novos.

O direito de lançamento assegura que, se o presidente autoriza o uso de 82 ogivas nucleares, as equipes lançam 82 ogivas. Não 83 nem 84.

O comandante do STRATCOM informa ao presidente que o STRATCOM presume que é provável que haja ataques adicionais contra os Estados Unidos. E o STRATCOM precisará responder.

O presidente do Estado-Maior é explícito: se o presidente morrer, o STRATCOM não poderá lançar mísseis adicionais. A menos que o STRATCOM possua o código de desbloqueio universal.

O presidente olha pela janela do *Marine One*.

No meio do caos, uma ideia ocorre.

Onde está o vice-presidente?, pergunta o presidente.

Se o presidente morrer, a autoridade passa para o vice-presidente, que, como segundo na linha de sucessão, também está acompanhado 24 horas por dia, sete dias por semana, 365 dias por ano, por um assistente militar carregando uma *Football*.[40]

Conselheiro de segurança nacional: *O vice-presidente estava no Cemitério de Arlington colocando uma coroa de flores em um túmulo. O movimento está em andamento, mas...*

Presidente do Estado-Maior Conjunto: *Com a linha de sucessão em risco, precisamos do código de desbloqueio universal.*

Esse é o fio da navalha, como no romance de W. Somerset Maugham de mesmo nome. A história de um piloto da Primeira Guerra Mundial tão traumatizado pela carnificina da guerra que ele rejeita o conflito em busca do significado da vida.

"É difícil caminhar sobre o fio aguçado de uma navalha; assim, dizem os sábios, é árduo o caminho da Salvação."

Ao contemplar a realidade do código de desbloqueio universal, o presidente recebe motivação para agir. Se ele aprendeu algo sobre isso durante seu *briefing* como presidente eleito, não se lembra. Agora parece profundo. Se o mundo vai acabar em um holocausto nuclear, ele preferiria não ser o responsável pelo sangue de 1 bilhão ou mais de pessoas em suas mãos.

O presidente autoriza o código de desbloqueio universal.

Caso o presidente ou seu sucessor se tornem inacessíveis, as decisões de lançamento nuclear agora podem ser tomadas diretamente pelo comandante do STRATCOM.

31 MINUTOS
Centro de Comando Militar Nacional, Pentágono

No interior do bunker nuclear abaixo do Pentágono, restam 120 segundos até que uma bomba nuclear seja detonada sobre o edifício, obliterando tudo e todos com uma violência e uma permanência tão catastróficas quanto absurdas. Todos os 27 mil funcionários que trabalham ali estão prestes a morrer. Isso inclui todas as equipes de comando de quartéis-generais do Exército, da Marinha, da Força Aérea, do Corpo de Fuzileiros Navais, da Força Espacial, da Guarda Costeira, dos onze comandos combatentes dos Estados Unidos, de muitas das dezessete agências de inteligência, e de dezenas de milhares de outras pessoas. E isso só no Pentágono.

A menos que a ogiva nuclear da Coreia do Norte falhe em sua reentrada na atmosfera.

O que poderia acontecer.

O Hwasong-17 viajou mais de 9 mil quilômetros a partir de Pyongyang. Alcançou velocidades de 24.140 km/h e uma altitude de cruzeiro de 1.127 quilômetros. Passou pelas Fases de Impulso e Intermediária. Todos os quatro mísseis interceptadores que tentaram derrubá-lo erraram. Agora, a ogiva nuclear precisa reentrar na atmosfera da Terra. Esse é um momento crítico, onde falhas são comuns.

"A reentrada é uma área onde tantas coisas diferentes podem dar errado", nos conta Glen McDuff, engenheiro de armamento de Los Alamos.[41] "Tem que ser preciso, girando como uma bala. Se o veículo de reentrada perder o alvo, perder estabilidade de voo, ele não consegue. Ele queima."

Por anos, a CIA permaneceu convencida de que os mísseis balísticos da Coreia do Norte não tinham capacidade de reentrada. Então, em 2020, por motivos que não foram tornados públicos, mudou de opinião.[42]

Muitas vidas estão em jogo. Será que a reentrada terá sucesso ou fracassará?

32 MINUTOS
Secretário de Defesa e vice-presidente do Estado-Maior Conjunto no Osprey

Sentado no interior do V-22 Osprey, em direção ao Sítio R, o secretário de Defesa tem ouvido as comunicações via satélite. Seu foco, porém, está na Rússia. Ele está determinado a falar com o presidente da Federação Russa.

Ao lado dele, no avião, a vice-presidente do Estado-Maior Conjunto está em contato com um oficial da Agência de Sistemas de Informação de Defesa (Defense Information Systems Agency, DISA), uma unidade de suporte especial para missões críticas.[43] A DISA é a agência de suporte de combate encarregada de conectar todo o contingente de funcionários do Departamento de Defesa — mais de 4 milhões de usuários — à Rede de Sistemas de Informação de Defesa mundialmente.[44] Por meio do Centro de Suporte do Estado-Maior Conjunto, a DISA opera e mantém o Centro Nacional Conjunto de Inteligência e Operações no Pentágono e no Sítio R. Com o Pentágono a segundos de ser completamente destruído, todas as operações e comunicações de emergência foram transferidas para o Sítio R. A equipe de apoio a missões especiais críticas da DISA está retransmitindo tudo o que pode, o mais rápido possível, para a vice-presidente e o secretário de Defesa.

O secretário de Defesa e a vice-presidente estão no ar há catorze minutos e já estão quase duas vezes mais distantes do espaço aéreo de Washington em comparação ao *Marine One*. O V-22 Osprey é uma aeronave significativamente mais rápida, mais robusta e com uma envergadura muito maior. Na ponta de cada asa há um rotor composto de três pás, de 12 metros de diâmetro, fixado em uma nacela giratória, capaz de rodar até noventa graus (na direção vertical, quando a aeronave opera como helicóptero).[45] Essa característica permite que o Osprey decole e pouse verticalmente, como um helicóptero convencional, mas também oferece o poder de voar duas vezes mais rápido que a maioria dos helicópteros ao girar suas nacelas para a frente, transformando-se em um avião turboélice.

Como o Osprey deixou o Pentágono antes que o presidente decolasse do gramado da Casa Branca, e como é mais rápido, já está fora da zona perigosa de sobrepressão, o que significa que o secretário de Defesa e a vice-presidente do Estado-Maior têm muito mais chances de chegarem vivos ao Complexo de Raven Rock Mountain do que o presidente.

Muita coisa aconteceu nos últimos 32 minutos. Muito depende do que acontecerá a seguir. Mas o secretário de Defesa permanece concentrado em uma coisa: falar com o presidente russo. Como muitos que assumem o cargo, o secretário de Defesa neste cenário passou a vida trabalhando no complexo militar-industrial. Isso lhe dá uma compreensão única do perigo existencial vigente.

Uma falha aterrorizante na Destruição Mútua Assegurada.

Um tipo de brecha. Sobre o Polo Norte. Uma fraqueza bem conhecida por especialistas em armas nucleares, como Hans Kristensen, mas amplamente ignorada pelo restante do mundo.

"O ICBM Minuteman III não tem alcance suficiente para atingir a Coreia do Norte sem sobrevoar a Rússia", explica Kristensen.[46]

Isso significa que cinquenta mísseis lançados a partir de campos no Wyoming devem seguir uma trajetória que passa *diretamente sobre* a Rússia.

"A brecha. É muito perigosa", confirma o ex-secretário de Defesa Leon Panetta.[47] "Não acho que as pessoas dão a devida importância a isso."

Neste cenário, as relações entre os Estados Unidos e a Rússia — duas superpotências nucleares — estão no ponto mais baixo de todos os tempos. Os níveis de paranoia andam altos. O presidente dos Estados Unidos não mantém boas relações com o presidente da Federação Russa. E agora armas nucleares foram lançadas pelos Estados Unidos contra a Coreia do Norte em um contra-ataque — e precisam sobrevoar a Rússia para chegar até lá.

Isso é receita para o desastre. Neste cenário, o secretário de Defesa teme — com razão — que, se não falar imediatamente com o presidente russo, uma série de novos e assustadores eventos possa ser desencadeada.

32 MINUTOS E 30 SEGUNDOS
Base Aérea de Osan, República da Coreia (Coreia do Sul)

Em um bunker subterrâneo na Base Aérea de Osan, na Coreia do Sul, uma coronel da Força Aérea norte-americana observa uma imagem de satélite em uma tela à sua frente. Poucas bases militares dos Estados Unidos no mundo permanecem em um estado de alerta máximo tão permanente quanto a de Osan.

A postura de defesa deles é, literalmente, "prontos para lutar esta noite".⁴⁸

No conflito nuclear que agora se desenrola, a Coreia do Sul é quase certamente o próximo alvo. A coronel norte-americana observa a tela à sua frente; ao lado dela está seu homólogo sul-coreano. Analistas identificaram movimentações ao longo da fronteira com a Coreia do Norte, a menos de 80 quilômetros do bunker.

Na pista de Osan, caças F-16 Fighting Falcons e aviões A-10 Thunderbolts taxiam enquanto pilotos norte-americanos e sul-coreanos se preparam para o combate. Helicópteros Black Hawk do Exército dos Estados Unidos aprontam cargas para serem distribuídas em postos menores de operação avançados. Todos, desde os pilotos até as equipes de manutenção e os soldados que abastecem os aviões, estão equipados com trajes de proteção contra radiação e ameaças químicas e biológicas.⁴⁹

Pilotos norte-americanos na Coreia do Sul treinam com trajes de proteção contra radiação e ameaças químicas e biológicas. (Cortesia do coronel aposentado Julian Chesnutt)

A comunidade de inteligência estima que, em 2024, a Coreia do Norte possui cerca de cinquenta bombas nucleares.⁵⁰ Também se sabe que a Coreia do Norte mantém o maior estoque de armas químicas do mundo

— cerca de 5 mil toneladas — com boa parte já preparada para ser lançada em foguetes.

A Base Aérea de Osan está sempre pronta para o combate. Com sua instalação irmã, o Camp Humphreys, localizada a cerca de 20 quilômetros ao sul, os militares dos Estados Unidos cumprem a missão de prover uma zona de segurança ao redor de Seul.

Seul é a maior megacidade no mundo desenvolvido e está situada apenas cerca de 64 quilômetros ao norte da Base Aérea de Osan.[51] Com 9,6 milhões de habitantes, Seul é uma das cidades mais densamente povoadas do planeta, com aproximadamente 1 milhão de pessoas a mais do que Nova York. Sua área metropolitana conta com 26 milhões de habitantes. Metade da população do país vive ali.

Para proteger a Base Aérea de Osan dos ataques de mísseis, a base conta com o sistema de Defesa Terminal de Área de Alta Altitude (Terminal High Altitude Area Defense, THAAD) — um sistema bilionário projetado para detectar e interceptar mísseis em voo.[52] Mas todo sistema de defesa tem suas limitações. A fraqueza do THAAD é que ele não consegue lidar com um grande volume de ataques.[53]

"Os sistemas THAAD são configurados para lidar com alguns alvos de cada vez", explica o historiador militar Reid Kirby, "não com centenas deles". Kirby presta consultoria para organizações não governamentais sobre as capacidades de armas de destruição em massa da Coreia do Norte.

A coronel da Força Aérea dos Estados Unidos no bunker observa as imagens de satélite, de olho em sinais de movimentação na fronteira com o Norte.

Procurando sinais de um temido ataque de saturação com armas químicas.

32 MINUTOS E 30 SEGUNDOS
Marine One, no ar

Caos no *Marine One*. Alguns dos indivíduos a bordo gritam, outros rezam, outros enviam mensagens de despedida. O assistente militar está focado na *Football*. O agente especial encarregado (SAC) e o grupo de três homens do Elemento da CAT estão todos focados em salvar a vida do presidente. Na cabine de comando, o piloto move o helicóptero em uma subida íngreme, depois sinaliza para o agente especial encarregado que a aeronave atingiu a altitude necessária.

O SAC sinaliza para o operador líder do Elemento da CAT.

O operador da CAT agarra o presidente pelo arnês e o engata junto ao seu corpo. O assistente militar se levanta, com a *Football* presa ao peito. Um segundo operador da CAT desliza a porta do helicóptero, abrindo-a.

Vento invade a cabine.

O presidente e o operador da CAT saltam.

O SAC salta.

O assistente militar salta com a *Football*.

Os dois operadores restantes da CAT saltam.

De dentro da aeronave, os assessores presidenciais observam as partidas.

O presidente, preso ao operador da CAT, despenca no ar.

Cada operador da CAT puxa o cordão de seu paraquedas. O SAC puxa o cordão. O assistente militar com a *Football* puxa o cordão. Os paraquedas se abrem.

Segundos se passam, e os paraquedas flutuam em direção a terra como planejado.

Há um clarão de luz nuclear.

Seguido por uma fração de segundo de um silêncio profundo e inquietante.

Então —

BAAAM...

33 MINUTOS
Marco Zero, Pentágono

Uma bomba termonuclear de 1 megaton é detonada em um teste na Polinésia Francesa em 1970. (Forças Armadas francesas)

Na primeira fração de segundo, um clarão de luz superaquece o ar a aproximadamente 100 milhões de graus Celsius, incinerando pessoas, locais e objetos, transformando o centro de uma cidade, outrora pujante, iluminado e vibrante, em um holocausto de fogo e morte.[54] A bola de fogo dessa bomba nuclear de 1 megaton que atinge o Pentágono é milhares de vezes mais brilhante que o sol do meio-dia.[55] Pessoas de Baltimore, Maryland, até Quantico, na Virgínia, enxergam esse clarão. Quem olha diretamente para ele fica cego.[56]

Nesse primeiro milissegundo, a bola de fogo é uma esfera com cerca de 130 metros de diâmetro. Nos dez segundos seguintes, ela se expande para 1.740 metros de diâmetro.[57] Ou seja, mais de 1 quilômetro de puro fogo — o equivalente a dezenove campos de futebol — obliterando o âmago da democracia norte-americana.

As bordas da bola de fogo se estendem até o monumento Lincoln Memorial ao norte e o bairro Crystal City ao sul. Tudo e todos nesse espaço são incinerados. Nada permanece. Nenhum ser humano, nenhum esquilo, nenhuma joaninha. Nenhuma planta, nenhum animal. Nenhuma forma de vida celular.

O ar ao redor da bola de fogo se comprime em uma intensa onda de choque.[58] Esse denso paredão de ar avança, arrasando tudo e todos em seu caminho, num raio de cerca de 5 quilômetros em todas as direções, acompanhado por ventos de centenas de quilômetros por hora. É como se a cidade de Washington tivesse sido atingida por um asteroide e sua respectiva onda de choque.

No Anel 1[59] — uma área com 14,5 quilômetros de diâmetro —, estruturas projetadas mudam de forma e a maioria desmorona. Escombros se amontoam em pilhas de mais de 9 metros de altura. O clarão inicial da bomba termonuclear incendiou tudo o que estava em sua frente. Ele derrete chumbo, aço, titânio e transforma ruas pavimentadas em asfalto derretido.

Nas bordas externas do Anel 1, os raros sobreviventes ficam presos em vias liquefeitas, pegam fogo e derretem.[60] A luz de raios X do clarão nuclear queima a pele das pessoas, tornando suas extremidades uma visão horrenda de tendões ensanguentados e ossos expostos. Ventos arrancam membros e a pele dos rostos. Os sobreviventes morrem de choque, ataque cardíaco ou perda de sangue. Cabos de energia se rompem e chicoteiam pelo ar, eletrocutando pessoas e provocando novos incêndios por toda parte.

Conforme os segundos se passam, a bola de fogo sobe 5 quilômetros no ar. A nuvem ameaçadora transforma o dia em noite.[61] Cerca de 1 a 2 milhões de pessoas estão mortas ou moribundas, e centenas de milhares mais estão agora presas nos escombros e nas chamas. "Praticamente não haverá sobreviventes",[62] há muito alertava o painel consultivo nuclear do governo sobre o que aconteceria no primeiro anel em torno do marco zero. "Não restará nada reconhecível [...]. Apenas fundações e porões."

Nunca na história da humanidade tantas pessoas foram mortas tão depressa. Nunca houve tanta devastação global desencadeada por um único ataque desde que um asteroide do tamanho de uma montanha colidiu com a Terra há 66 milhões de anos.

A sorte foi lançada.

As palavras singulares e assombrosas do ex-comandante do STRATCOM, general Robert Kehler, tornam-se realidade:[63] "O mundo pode acabar nas próximas horas."

O que está prestes a acontecer.

33 MINUTOS
Serpukhov-15, *oblast* de Kaluga

Centro de controle de satélites Serpukhov-15, na Rússia. (Ministério da Defesa da Federação Russa)

Na floresta, cerca de 145 quilômetros a sudoeste de Moscou, na região rural de *oblast* de Kaluga, o centro de controle de satélites Serpukhov-15 captou um sinal. Luzes vermelhas piscam. Alarmes soam em repetição estridente.

"Atenção. Lançamento."[64] Uma voz automatizada instrui a equipe.

Um lançamento de um ICBM norte-americano foi detectado.

A instrução é seguida pelo comando "Primeiro Escalão", nomenclatura russa que indica o mais alto nível de alerta nuclear.

O Serpukhov-15 é o centro de comando ocidental da Rússia para dados de lançamentos de ICBMs. Ele é um componente das Forças Aeroespaciais da Rússia, que, segundo Pavel Podvig, é "um ramo separado das Forças Armadas da Rússia, subordinado diretamente ao Estado-Maior".[65] Os radares daqui recebem dados de satélites espaciais Tundra, e cabe ao comandante de Serpukhov-15 transmitir essa informação para a cadeia de comando.

O Ministério da Defesa da Rússia tem mantido oficiais na instalação de Serpukhov-15 há mais de cinquenta anos. Assim como nos Estados Unidos, houve falsos alarmes aterrorizantes. Uma vez, em 1983, um tenente-coronel chamado Stanislav Petrov estava no comando quando os dados de satélite indicaram que havia cinco ICBMs norte-americanos ofensivos a caminho de Moscou com armas nucleares. Por uma questão de intuição, Petrov desconfiou daquela informação.[66] Anos depois, ele contou ao repórter do *Washington Post*, David Hoffman, o que pensou naquele dia. "Eu tive uma sensação estranha no estômago",[67] disse Petrov. Ele se indagou: Quem começaria uma guerra nuclear contra outra superpotência com apenas cinco ICBMs?

Em 1983, Petrov decidiu interpretar o sinal de alerta precoce como um "falso alarme", o que evitou que ele enviasse um relatório ao comando superior. Por seu ceticismo oportuno, o tenente-coronel Stanislav Petrov ficou famoso como "o homem que salvou o mundo de uma guerra nuclear".

Neste momento de intensa crise nuclear no cenário atual, porém — com os Estados Unidos sob ataque nuclear e uma série de ICBMs recém-lançados de um campo de mísseis em Wyoming —, a reação do comandante atual em Serpukhov-15 é diferente daquela de Petrov em 1983. O Tundra não se limita a confundir a luz do sol com um escape quente de foguete, ou nuvens com plumas de mísseis. O Tundra erra ao relatar o número das coisas.

"O Tundra provavelmente não consegue medir com precisão o número de ICBMs em um lançamento de cinquenta Minuteman", afirma Ted Postol. "Poderia parecer cem."[68] Ou mais.

O comandante em Serpukhov-15 observa os dados de alerta precoce na tela eletrônica à sua frente. O que são cinquenta mísseis Minuteman rumo ao Polo Norte, o Tundra "vê" como mais de cem ICBMs.

Isso é uma carga significativa de ogivas nucleares.

O suficiente para um ataque de decapitação preventivo contra Moscou.

Neste cenário, o comandante em Serpukhov-15 não compartilha do mesmo ceticismo do tenente-coronel Petrov, cerca de quarenta anos antes.

Ele pega o telefone e liga para Moscou.

Os norte-americanos estão nos atacando com ICBMs, diz o comandante.

34 MINUTOS
Hudson Yards, cidade de Nova York

A cidade de Nova York está a aproximadamente 4 mil quilômetros a leste de Diablo Canyon, na Califórnia, e a 320 quilômetros a nordeste de Washington, em linha reta. Ainda que não esteja perto o suficiente para sentir os efeitos físicos da detonação, psicologicamente, Nova York — a maior metrópole dos Estados Unidos — entra em pânico e caos. Com a notícia do ataque nuclear se espalhando como fogo de palha pelo mundo, milhões de nova-iorquinos temem que sua cidade seja o próximo alvo. No estúdio da CNN, em Hudson Yards, funcionários evacuam o prédio com uma urgência não vista desde que os empregados do World Trade Center tentaram desesperadamente escapar do colapso iminente das Torres Gêmeas no 11 de Setembro.

Alguns jornalistas permanecem na redação. Os que ficaram vasculham freneticamente as redes sociais ainda ativas, em busca de conteúdo para compartilhar com o mundo. Engenheiros na sala de tecnologia copiaram o vídeo do fazendeiro de Point Buchon das redes sociais, e ele é exibido repetidamente. Como o vídeo de Jules Naudet do primeiro avião colidindo com a Torre Norte no 11 de Setembro, essa imagem é um ponto de origem para a guerra.

Nenhum repórter da CNN em Washington atende o telefone. O serviço de telefonia celular está fora do ar. "O norte do estado da Virgínia abriga mais de 60% dos centros de processamento de dados do mundo", explica o primeiro chefe de cibersegurança dos Estados Unidos, o general de brigada aposentado Gregory Touhill. Ninguém do gabinete do secretário de imprensa da Casa Branca pode ser contatado. Mensagens para o contato da CNN no Pentágono caem diretamente no correio de voz. O mesmo ocorre com as fontes no Exército, na Marinha, na Força Aérea, no Corpo de Fuzileiros Navais, na Guarda Costeira, na Força Espacial, no Departamento de Segurança Interna e no FBI.

Antes que o X entrasse em colapso, vídeos feitos por telefones celulares inundavam as plataformas. Algumas das imagens foram capturadas pela CNN. Mas, com apenas um verificador de fatos ainda no prédio, a checagem torna-se uma tarefa impossível. Como discernir imagens reais dos clipes de filmes de IA aterradores que inundam a internet?

O verificador encara fotos de cadáveres queimados e carbonizados, de pessoas que não parecem humanas nem sequer reais. Assim como aconteceu em Hiroshima e Nagasaki em agosto de 1945, acontece agora nos Estados Unidos. Pessoas sem rosto. Pessoas sem pele. Pessoas nuas correndo, com as roupas e o corpo em chamas. Um homem segurando uma criança morta. Um cavalo morto na rua. Um adolescente segurando uma parte amputada do próprio corpo.

O âncora que permaneceu em Hudson Yards faz a leitura do *teleprompter*, tentando manter a compostura enquanto começa a processar o que realmente está acontecendo.

Âncora: *Há relatos de que uma bomba nuclear supostamente atingiu uma usina nuclear na Califórnia, cerca de 265 quilômetros ao norte de Los Angeles.*

Sua voz estremece.

Âncora: *Também acredita-se — simplesmente não temos certeza — que, há segundos ou minutos atrás — ainda não temos confirmação —, uma segunda bomba nuclear atingiu a capital, Washington.*

Walter Cronkite, emocionado, quase chorou ao vivo na televisão depois do assassinato do presidente John F. Kennedy. Após o dirigível Hindenburg explodir em chamas, Herb Morrison gritou: "Ah, a humanidade!"

Como processar uma coisa dessas?

O âncora olha para baixo quando um Alerta de Emergência aparece em seu celular. Ele olha de volta para a câmera.

Âncora: *A FEMA emitiu um alerta.*

Ele mostra a tela do aparelho para a câmera, onde se lê:

>ESTADOS UNIDOS SOB ATAQUE NUCLEAR
>PROCURE ABRIGO IMEDIATAMENTE
>ISTO NÃO É UMA SIMULAÇÃO[69]

35 MINUTOS
Diablo Canyon, Califórnia

Na Usina de Diablo Canyon, poderosas correntes de ar ascendente sugam sujeira e detritos radioativos para o caule e a nuvem do cogumelo nuclear em crescimento. Atingindo cerca de 9 mil metros de altura, essa aberração aterrorizante já é visível a partir de pontos panorâmicos ao longo da costa da Califórnia, incluindo a Base da Força Espacial de Vandenberg — lar de quatro dos quarenta mísseis interceptores restantes. A Base da Força Espacial de Vandenberg está localizada aproximadamente 56 quilômetros a sudeste de onde o Cenário do Diabo está acontecendo.

As colinas ao redor estão tomadas pelo fogo. Chamas da altura de arranha-céus devoram florestas, matando fauna e flora e consumindo tudo em seu caminho. Ventos superaquecidos das árvores em combustão geram tornados ígneos com ventos de centenas de quilômetros por hora, derrubando árvores e lançando detritos flamejantes do tamanho de carros em cânions próximos, alimentando novos incêndios por toda parte.

Para dezenas de milhares de californianos, o pânico absoluto toma conta quando as sirenes de emergência de Diablo Canyon[70] — que se estendem por mais de 20 quilômetros em todas as direções — começam a soar, estridentes.

Há caos em toda parte.

Cerca de 143 mil pessoas residem no raio de 16 quilômetros da usina, abrangendo doze Zonas de Ação de Proteção, e todas tentam evacuar a área ao mesmo tempo.[71] De Pismo Beach a Los Osos, todos estão desesperados para escapar da morte por fumaça, fogo e envenenamento por radiação.

O panorama é sombrio.

Todos tentam fugir por uma rodovia histórica de quase cem anos de existência.

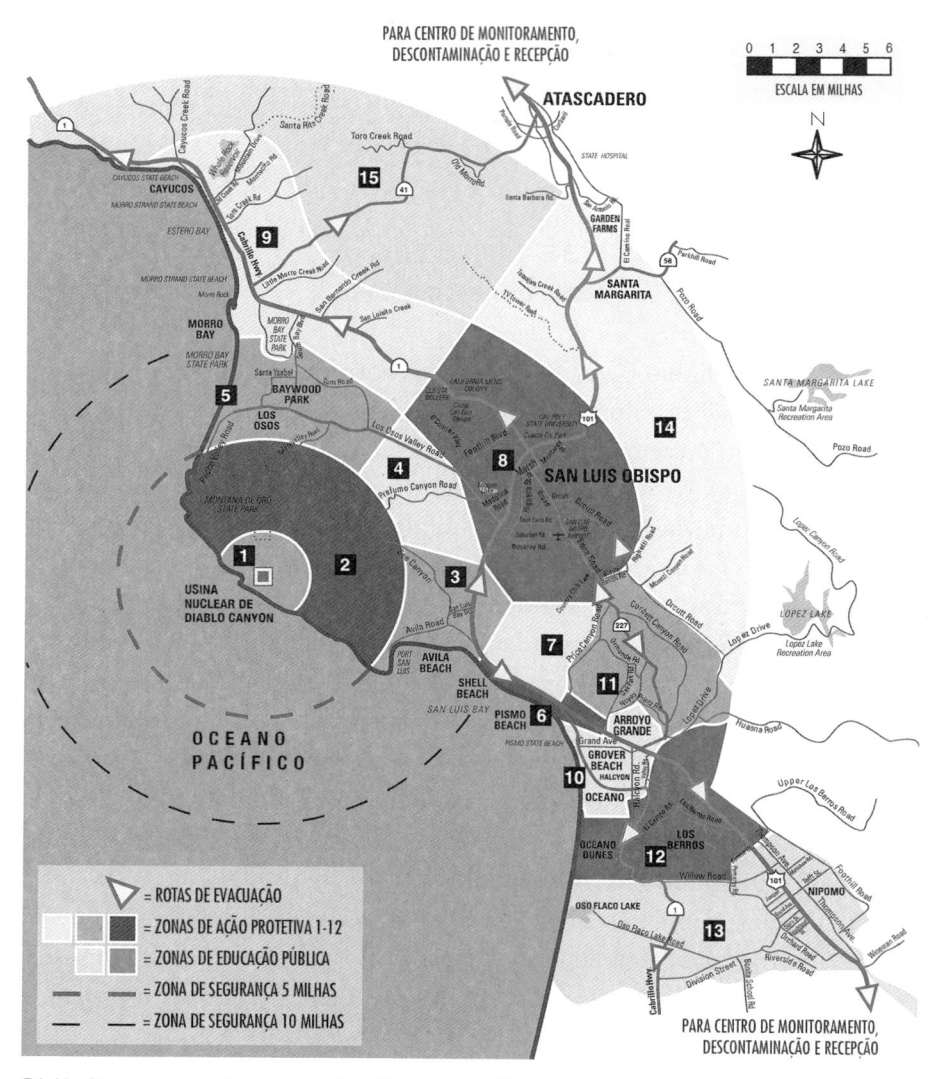

Diablo Canyon, rotas de fuga em caso de acidente nuclear. (Comissão Reguladora Nuclear dos Estados Unidos)

AULA DE HISTÓRIA Nº 7

Jogo de Guerra *Proud Prophet*

Em 1983, no auge da insanidade dos arsenais nucleares — quando havia quase 60 mil armas nucleares prontas para lançamento (35.804 na Rússia[72] e 23.305 nos Estados Unidos) —, o presidente Reagan ordenou um jogo de guerra simulada, chamado de *Proud Prophet* [Profeta Orgulhoso],[73] para explorar os resultados e efeitos de uma guerra nuclear. Esse jogo foi projetado por Thomas Schelling, um intelectual da Guerra Fria com formação em economia por Harvard e Berkeley. Schelling era membro do corpo docente do Instituto de Sistemas Complexos da Nova Inglaterra, um *think tank* dedicado ao estudo de "sistemas complexos". Alguns sistemas complexos existem na natureza, como o clima global, o cérebro humano e uma célula viva.[74] Outros são criados por humanos e dependem de máquinas, como a rede elétrica, a internet e o Departamento de Defesa dos Estados Unidos.

A especialidade de Schelling era aplicar a teoria dos jogos a sistemas complexos. Respeitadíssimo, ele usava modelos matemáticos para discernir e prever resultados.[75] Em 2005, aos 84 anos, foi laureado com o Prêmio Nobel de Ciências Econômicas (junto com Robert J. Aumann) por "avançar nossa compreensão sobre conflito e cooperação por meio de análise da teoria dos jogos".

"O poder de ferir é um poder de barganha", escreveu Schelling em seu livro *Arms and Influence* [Armas e Influência].[76] "Explorá-lo é diplomacia — diplomacia cruel, mas ainda assim diplomacia."

O objetivo do jogo de guerra confidencial *Proud Prophet* era demonstrar o que acontece quando a diplomacia fracassa — quando a dissuasão fracassa. Para demonstrar aos oficiais de mais alto escalão no sistema do Comando e Controle Nuclear as variadas formas como uma guerra, uma vez iniciada, poderia se desenvolver. Durante duas semanas em 1983, mais de duzentas pessoas se reuniram diariamente para jogar na Escola Nacional de Guerra em Washington, enfurnadas em um recinto de alta segurança para evitar vazamentos.

A Escola Nacional de Guerra fica dentro da Universidade Nacional de Defesa, que fica do outro lado do rio em relação ao Pentágono. Todos os dias, para jogar, o secretário de Defesa pegava um telefone vermelho e ligava para o presidente do Estado-Maior Conjunto para discutir diversas ideias em diferentes cenários de guerra propostos por Schelling. Os esquemas incluíam desde ataques nucleares táticos em uma chamada guerra nuclear limitada até cenários massivos de eventos de decapitação. Foram realizados exercícios com e sem a participação das forças nucleares da OTAN. Havia cenários em que os Estados Unidos iniciavam uma guerra nuclear de maneira preventiva, com todos no Pentágono concentrados e calmos. Em outros, a guerra nuclear começava no meio de uma crise. Com ou sem o envolvimento da China. Com ou sem o envolvimento do Reino Unido.

Paul Bracken, professor de ciência política em Yale, foi um dos civis convidados a participar do sigiloso jogo de guerra nuclear. Os resultados eram aterrorizantes, relata Bracken. Ao longo de duas semanas, em todos os cenários simulados, independentemente do evento inicial que desencadeava a guerra, o conflito nuclear sempre terminava da mesma forma. Com o mesmo resultado. Não há como vencer uma guerra nuclear depois de iniciada; é impossível desescalar.

Segundo o *Proud Prophet*, independentemente de como uma guerra nuclear se inicia, ela termina com uma destruição total, comparável ao Armagedom. Com a devastação completa dos Estados Unidos, da Rússia e da Europa. Com o hemisfério norte inabitável devido à radiação. Com a morte de, no mínimo, meio bilhão de pessoas apenas no ataque inicial, seguida pela fome e o perecimento da maioria dos sobreviventes.

"O resultado era catastrófico", recorda-se Bracken.[77] Uma catástrofe "que fazia todas as guerras dos últimos 500 anos parecerem pequenas em comparação. Meio bilhão de seres humanos eram mortos no início do conflito [...] a OTAN era aniquilada, bem como boa parte da Europa, dos Estados Unidos e da União Soviética. Grandes partes do hemisfério norte ficariam inabitáveis durante décadas". Todo mundo saiu muito abalado.

Os resultados do *Proud Prophet* permaneceram desconhecidos pelo público por quase três décadas, até 2012, quando foi levantado o sigilo do jogo de guerra — se é que dá para chamar disso. A maioria das páginas estava assim:

O jogo de guerra nuclear Proud Prophet-*83, criado em 1983, foi "tornado público" em 2012. (Departamento de Defesa dos Estados Unidos)*

Houve um ponto positivo. Com a liberação, pessoas como Paul Bracken puderam discutir partes do jogo sem infringir a Lei de Espionagem de 1917, ainda que de forma bastante geral. Graças a Bracken sabemos em primeira mão que os líderes militares na época estavam completamente despreparados para as decisões que precisariam tomar — desde o início da guerra nuclear até o último respiro de qualquer um deles.

Catorze anos depois, o vice-presidente Al Gore pediu ao professor Bracken para realizar um jogo de simulação de guerra bem diferente. Não se tratava de um cenário nuclear, mas de um ataque cibernético a Wall Street. No final dos anos 1990, o vice-presidente se preocupava que a internet, recentemente popularizada, pudesse tornar o sistema bancário dos Estados Unidos vulnerável a ataques terroristas.

"Pediram que eu organizasse um jogo de simulação", recorda Bracken sobre o pedido de Gore, que envolvia 75 pessoas, entre militares e civis, incluindo banqueiros de Wall Street.[78]

A sala confidencial da Escola Nacional de Guerra não estava disponível no momento. Alguém da firma financeira Cantor Fitzgerald providenciou um salão de banquetes no World Trade Center, explica Bracken, no restaurante do último andar, com uma vista magnífica de toda a cidade. Um restaurante conhecido como *Windows on the World* [Janelas para o Mundo]. Durante três dias em 1997, o grupo participou de um jogo de guerra altamente confidencial e simulado. Um ataque de ciberterrorismo.

A conclusão — resultante do jogo — foi básica, diz Bracken. "Tire o armazenamento de dados de Manhattan. As firmas de Wall Street aceleraram a mudança do armazenamento de dados para Nova Jersey e Long Island." Mais barato. Mais seguro. Excelente. Exceto: "O que não previmos foi o ataque real", lamenta Bracken. "Não pensamos em um avião colidindo com [o] prédio" onde o jogo estava sendo jogado. Ou seja, um avião comercial colidindo com o World Trade Center.

Quatro anos depois, quinze dos participantes daquele jogo de guerra simulado foram mortos no ataque terrorista ao World Trade Center no 11 de Setembro, quando dois aviões comerciais foram lançados contra as duas torres. O restaurante Windows on the World, assim como ambas as torres, foi reduzido a escombros e cinzas.

Depois da guerra nuclear, o mesmo acontecerá com a humanidade do século XXI. Desaparecerá de um momento para outro.

36 MINUTOS
Sede do STRATCOM, Nebrasca

Neste cenário, 36 minutos se passaram. O comandante do STRATCOM corre em direção ao Avião do Juízo Final, oficialmente chamado de E-4B Nightwatch — um Boeing 747 militarizado e modificado, aguardando na pista. Ele está sempre pronto para decolagem, 24 horas por dia, sete dias por semana, 365 dias do ano, para permitir uma fuga aérea do comandante.[79] Isso porque o Avião do Juízo Final luta do ar à guerra nuclear.

É primavera em Nebrasca. A pista está limpa. Não há inundações nem furacões. O relógio de Escape Seguro no interior do bunker subterrâneo zerou há minutos, mas o comandante do STRATCOM tinha que obter o código de desbloqueio universal do presidente dos Estados Unidos. E ele conseguiu.

É bem ensaiada a quantidade de tempo necessária para deixar o Centro de Operações Globais, atravessar a pista correndo, subir no Avião do Juízo Final e entrar na sala de guerra aérea do Departamento de Defesa.[80] "Tenho um determinado número de minutos para ir para o avião e para que o avião possa decolar e se encontrar a uma distância segura antes que uma arma nuclear seja detonada por aqui", disse o general Hyten, comandante do STRATCOM, para a CNN em 2018.[81]

Na sala de reuniões a bordo, o comandante prende o cinto e volta a se comunicar via satélite com os comandantes do Sistema de Comando e Controle Nuclear que continuam vivos.

Ainda não há notícias do presidente. Ainda não há notícias do vice-presidente.

O assistente militar está com a *Football*, o STRATCOM sabe disso, e eles sabem onde a *Football* se encontra. No interior da maleta, há um sistema confidencial de rastreamento projetado para sobreviver aos efeitos do pulso eletromagnético. A *Football* se encontra no chão, em uma área florestal em Boyds, uma zona rural em Maryland. Uma força de reação rápida foi despachada de Camp David para localizar e recuperar a *Football*, e possivelmente o presidente, mas o helicóptero ainda está no ar e ninguém sabe se o presidente está junto com o assistente militar ou se ele e o operador da CAT se separaram no momento da explosão, com os deslocamentos de ar.

Os sistemas de rastreamento a bordo do *Marine One* deixaram de fazer transmissões há três minutos. Todos os sinais de celular dos passageiros a bordo e daqueles que saltaram de paraquedas deixaram de ser transmitidos no momento da detonação da bomba sobre Washington. O pulso eletromagnético devastou tudo na zona de pressão.

O secretário de Defesa e a vice-presidente do Estado-Maior Conjunto estavam a uma distância segura para continuar voando. Agora os dois estão a poucos minutos de pousar no Sítio R. A vice-presidente está em uma chamada com o STRATCOM, por telefone via satélite. Ela espera o comandante se orientar na sala de guerra do Avião do Juízo Final.

O Avião do Juízo Final recebeu esse nome porque é o local de onde o comandante do STRATCOM (ou quem estiver atuando como tal) executará ordens emergenciais em caso de guerra nuclear. Cada jato é reforçado contra pulsos eletromagnéticos e possui malhas nas janelas para prevenir possíveis estilhaços causados por ondas de choque. O sistema de comunicações via satélite do E-4B Nightwatch foi projetado para garantir comunicações globais entre os principais líderes militares e a Força Conjunta. A aeronave pode voar em círculos sobre o país por mais de 24 horas sem reabastecer,[82] transmitindo códigos de lançamento nuclear para qualquer unidade da tríade, em qualquer lugar do mundo. Se suas comunicações por satélite falharem em nível nacional ou global,[83] o Avião do Juízo Final usará frequências extremamente altas (EHF) e muito baixas/baixas (VLF/LF) para se comunicar com outras aeronaves de sua frota. Isso inclui a aeronave E-6 Mercury, oficialmente chamada de plataforma Assuma o Controle e Saia (Take Charge And Move Out, TACAMO) —, um sistema desenvolvido na Guerra Fria que também funciona como um centro de comando em última instância.

Os Aviões do Juízo Final possuem equipamentos que permitem ao comandante lançar (remotamente, a partir do ar) todas as armas nos três braços da tríade nuclear — submarinos, bombardeiros e ICBMs — mesmo depois que os centros de controle de lançamento em solo tenham perdido essa capacidade.

O Avião do Juízo Final decola da pista na Base da Força Aérea de Offutt com ângulo máximo de subida. O comandante do STRATCOM recebe um relatório sobre o ataque ao Pentágono, incluindo a avaliação dos danos da bomba, o número de mortes e as estimativas de vítimas. Ele é informado sobre o tempo até o alvo dos cinquenta ICBMs Minutemen III e sobre o tempo restante para o lançamento dos SLBMs Trident.

O comandante vê imagens de alta resolução de Washington, compostas digitalmente em tempo real por sistemas de sensores avançados em aeronaves não tripuladas sobrevoando o marco zero ao redor da capital. Por décadas, desde o final dos anos 1940, a Força Aérea praticou voos através de nuvens de cogumelos nucleares,[84] usando pilotos de combate condecorados como o coronel Hervey Stockman para desenvolver técnicas. Agora, drones realizam esse trabalho, controlados a partir de uma instalação conjunta NSA-NRO (não localizada na capital) — uma instalação tão secreta que compartilhar sua localização violaria a Lei de Espionagem.

Os sistemas de sensores a bordo incluem o sistema de Infravermelho de Monitoramento Ubíquo em Tempo Real Autônomo (Autonomous Real-Time Ground Ubiquitous Surveillance-Infrared system, ARGUS), concebido pela Agência de Projetos de Pesquisa Avançada de Defesa (Defense Advanced Research Projects Agency, DARPA), para fornecer aos comandantes de batalha uma percepção situacional do terreno. Em 2013, o sistema infravermelho ARGUS[85] podia identificar uma pessoa usando um relógio de pulso a mais de 3 quilômetros de distância, sendo seu nome uma homenagem à antiga criatura grega Argos Panoptes, um monstro com cem olhos.

O comandante do STRATCOM observa as imagens devastadoras do lugar onde antes se erguia o poderoso Pentágono. São cenas arrepiantes. No alvorecer da era nuclear, o Estado-Maior Conjunto recebeu o alerta de que bombas nucleares representavam "uma ameaça à humanidade e à civilização". Que, se usadas contra cidades, poderiam "despovoar vastas áreas da superfície da Terra".[86]

Agora, o comandante do STRATCOM é um dos primeiros norte-americanos a ver essa previsão se tornar realidade.

Ele vê isso de cima, com os próprios olhos.

37 MINUTOS
Local não divulgado, oceano Pacífico

A milhares de quilômetros da capital, Washington, no meio do oceano Pacífico, em um local conhecido apenas pelo comandante e pela tripulação, as sirenes do USS *Nebraska* soam. Todos os 155 submarinistas a bordo permanecem intensamente concentrados em uma única coisa: o lançamento nuclear.

Trata-se de um submarino movido a energia nuclear, que porta armas nucleares, singularmente capaz de causar uma destruição vinte vezes maior que todos os explosivos usados na Segunda Guerra Mundial, incluindo as bombas atômicas lançadas no Japão. Como todas as naves da classe Ohio, o *Nebraska* é silencioso, indetectável e está sempre pronto para o lançamento. Neste momento, o lançamento está a segundos de distância. "Temos o poder de destruir a infraestrutura militar de um adversário e tudo o que estiver pelo caminho", disse o submarinista Mark Levin em um podcast do Departamento de Defesa.[87] "Um sistema capaz de sobreviver e realizar um ataque nuclear retaliatório."

"Capaz de sobreviver" significa que o submarino sobrevive.

A tripulação é qualificada e treinada.[88] Seus integrantes estão acostumados a viajar em grandes profundidades, por setenta dias seguidos, sem mensagens, e-mails, contato por rádio ou sinal de radar. Os submarinistas dos Estados Unidos da classe Ohio orgulham-se de serem o elemento supremo de dissuasão nuclear. Só um louco iria querer estar do outro lado de sua fúria.

Um míssil balístico lançado de submarino (SLBM) Trident lançado do USS Nebraska.
(Marinha dos Estados Unidos, suboficial primeira classe Ronald Gutridge)

Os 24 minutos seguintes

Quando a tripulação recebe a ordem de lançar armas nucleares, ela segue essas ordens exatamente como ensaiado. A ordem de lançamento foi autenticada e decodificada por dois oficiais subalternos.[89] Essa sequência de dados codificados inclui informações sobre o plano e a sequência de ação,[90] sobre os alvos a serem atingidos, as coordenadas precisas — e o momento.

A ação começa. Entre todos os protocolos e procedimentos complexos e com múltiplos passos no Comando e Controle Nuclear, o disparo de mísseis nucleares Trident é projetado para ser simples e rápido.

A tripulação desloca o submarino de 18.750 toneladas para a posição: a profundidade de disparo, em torno de 45 metros sob a superfície.

O comandante, o oficial executivo e dois oficiais subalternos autenticam individualmente a ordem do presidente pela última vez.

O capitão e seu oficial executivo abrem o cofre duplo a bordo.

Os dois indivíduos retiram dois itens do interior: um cartão do Sistema Autenticador Selado e uma chave de controle de disparo.[91]

A chave é inserida na ranhura específica e, então, girada. Os mísseis estão armados e prontos para disparar.

O submarino nuclear da classe Ohio possui vinte tubos de mísseis Trident II D5 ativos. Desses vinte, oito serão lançados.

Cada um dos oito mísseis está armado com quatro ogivas nucleares separadas em sua coifa.

Cada ogiva carrega uma bomba nuclear de 455 quilotons.[92]

O oficial comandante autoriza o lançamento dos oito mísseis Trident.

O oficial de armamentos puxa o gatilho que lança o primeiro míssil.

Uma carga explosiva vaporiza instantaneamente um tanque de água na base do tubo do míssil.

A pressão do gás em expansão[93] impulsiona o míssil através de um diafragma no topo do tubo de lançamento do submarino, ejetando o foguete para fora do corpo do submarino e afastando-o com impulso suficiente para alcançar a superfície.

Pouco mais de um segundo após o lançamento, o primeiro míssil Trident rompe a linha d'água. Ao ultrapassar a superfície do Pacífico, o motor do primeiro estágio do foguete é acionado. Ele ascende. A Fase de Impulso começa.

Passam-se quinze segundos.⁹⁴ O segundo míssil Trident emerge de seu tubo. E o seguinte surge quinze segundos depois,⁹⁵ e assim sucessivamente. E simples assim é a ordem de lançamento:

Míssil 1.
Míssil 2.
Míssil 3.
Míssil 4.
Míssil 5.
Míssil 6.
Míssil 7.
Míssil 8.

Oito mísseis, cada um carregando quatro ogivas nucleares de 455 quilotons, totalizando 32 ogivas, que em breve destruirão múltiplos alvos na Coreia do Norte.

O primeiro estágio de cada foguete queimará por 65 segundos, seguido de mais catorze minutos de tempo de viagem até o alvo.⁹⁶

Como ocorre com um ICBM, um SLBM não pode ser abortado. O que está feito, está feito.

37 MINUTOS E 30 SEGUNDOS
Centro Conjunto de Operações de Inteligência — Complexo de Raven Rock Mountain, Pensilvânia

No interior do Complexo de Raven Rock Mountain, oficiais que operam apoio nuclear⁹⁷ no Centro Conjunto de Operações de Inteligência da DISA emitem comandos de ação emergencial.

O FPCON Delta,⁹⁸ Condição de Proteção de Força 1 (*Force Protection Condition*), o nível de alerta mais alto para um ataque contra uma instalação militar, está agora oficialmente em vigor. Isso é implementado separadamente do DEFCON 1, que presume um ataque à população civil. O Departamento de Segurança Interna instrui a Alfândega e a Proteção de Fronteiras, o Departamento de Transportes e a Guarda Costeira a fecharem todas as fronteiras dos Estados Unidos.⁹⁹ A Administração

Federal de Aviação emite o SCATANA, o Plano para o Controle de Segurança do Tráfego Aéreo e dos Auxílios à Navegação Aérea (*Security Control of Air Traffic and Air Navigation Aids*) sob condições de emergência, aterrando todas as aeronaves.

Em todas as instalações militares do país, os portões das guarnições se fecham. As forças de segurança das bases iniciam protocolos de verificação de 100% dos cartões de identificação. Contenções rápidas são feitas por forças militares e civis locais.

Em instalações militares dos Estados Unidos ao redor do mundo, os comandantes de combate geográfico impõem medidas FPCON Delta, em uma tentativa fútil de proteger suas áreas de responsabilidade contra os ataques. Fútil porque é impossível se defender de ataques nucleares. Mesmo assim, o bloqueio começou ao redor do mundo.

Os Estados Unidos entraram numa guerra nuclear com a Coreia do Norte.

38 MINUTOS
Marco Zero, Anel 1 e Anel 2

Em Washington, o Anel 1 é um holocausto. É uma área de 14 quilômetros de diâmetro ao redor do marco zero, onde estruturas foram deformadas e desmoronaram. A mortalidade é próxima de 100%; todos na região estão mortos ou morrendo.

Edifícios outrora de pé — como a Casa Branca, o Capitólio, a Suprema Corte, os Departamentos de Justiça e Estado, o FBI, o Tesouro Nacional, a Biblioteca do Congresso, os Arquivos Nacionais, o Departamento de Polícia Metropolitana, os Departamentos de Agricultura, de Educação, de Energia, de Saúde e Serviços Humanos, a Academia Nacional de Ciências, a Cruz Vermelha, a sala de concertos Constitution Hall e tantos outros — foram obliterados, destruídos, pulverizados, derrubados e incinerados. Todos os seres humanos que minutos atrás se erguiam, se sentavam, caminhavam, esperavam ou trabalhavam em cada um desses prédios deixaram de existir.

As estruturas icônicas construídas em granito esculpido e mármore, em aço e pedra, com colunas em estilo grego e fachadas neoclássicas, no passado aparentemente indestrutíveis, se tornaram pilhas de destroços e entulhos. Escombros da guerra. Fragmentos do que existia.

Um exemplo disso é a pequena faixa de terra que era o National Mall, o longo parque gramado conhecido como o Quintal da América, visitado por mais de 25 milhões de pessoas todos os anos. Conhecido por seus concertos e festivais, piqueniques e manifestações, apreciado por corredores, turistas e recém-casados, agora representa uma fração ínfima do que se foi. Há cinco minutos, o parque ajardinado era cercado de museus históricos e repleto de visitantes curiosos. De um momento para outro, tudo o que havia nos museus Smithsonian — os fósseis de dinossauro, as coleções de livros e de botânica, as pinturas na National Portrait Gallery, o roupão de Muhammad Ali, as pessoas que contemplavam as coleções com curiosidade — foi violentamente transformado em cinzas e detritos infinitesimais.

O Anel 2 ao redor do marco zero está em chamas. Esse anel, com 24 quilômetros de diâmetro, é uma área onde a maioria das pessoas que sobreviveram à explosão imediata está morrendo por conta das queimaduras de terceiro grau. O clarão de raios X de 100 milhões de graus Celsius da bomba nuclear gerou um incêndio em massa, que começa a consumir tudo nesse anel e além. Milhões de itens inflamáveis no Anel 2 pegaram fogo ao mesmo tempo, como se milhões de fósforos tivessem caído ao mesmo tempo na grama seca.

"A ignição é complicada", nos conta o dr. Glen McDuff.[100] Os cientistas de Los Alamos passaram décadas calculando "patamares de ignição"[101] para objetos naturais ou produzidos pelo homem encontrados nas proximidades de uma detonação nuclear. Galhos de pinheiro e revestimentos de borracha, assim como os estofamentos dos carros, podem entrar em combustão espontânea mesmo a uma distância de cerca de 10 quilômetros do centro de uma detonação de 1 megaton, enquanto é mais provável que produtos plásticos emitam "jatos de chamas".[102] Essas minitochas iniciam novos incêndios, e estruturas que ainda não estão pegando fogo logo estarão. Isso inclui a maioria das construções ao sul até a cidade de Alexandria, a oeste até Falls Church, ao norte até Chevy Chase, a leste até Capitol Heights e tudo o mais nesse perímetro.

Passaram-se apenas cinco minutos desde que a bomba nuclear atingiu o Pentágono. As chamas que estão consumindo o Anel 2 matarão mais pessoas do que a própria explosão. A estudiosa Lynn Eden, de Stanford, explica: "A energia liberada por esse incêndio em massa seria de quinze a cinquenta vezes maior que a energia da detonação nuclear [original],[103] com ventos poderosos capazes de arrancar pela raiz árvores com quase 1 metro de diâmetro e sugar pessoas para as chamas." Seres humanos serão fisicamente arrastados de um espaço para outro, como se tivessem sido bombeados ou aprisionados no interior de um gigantesco aspirador de pó.

Ted Postol descreve o processo do ponto de vista da física:[104] "Uma reação contraintuitiva começa", diz ele. "A bola de fogo sobe a uma altitude de cerca de 8 quilômetros antes de se estabilizar.[105] Durante essa ascensão, ela cria ventos de aproximadamente 320 a 480 km/h, *internos*, apenas pela ação de sucção dessa bola em ascensão, que se movem para dentro em vez de para fora." Esse ciclone de fogo cada vez mais violento gera seu próprio clima descontrolado, espalhando destruição além de Washington e seus arredores. Em poucas horas, tudo será consumido, até que não reste mais nada para queimar.[106]

Enquanto isso, o pulso eletromagnético derrubou a rede elétrica. Sem energia, não há bombeamento de água. Sem água, não há como extinguir os incêndios. Nenhuma equipe de emergência chegará. Os níveis letais de radiação exigem que os primeiros socorristas aguardem de 24 a 72 horas antes de se aproximarem das áreas na periferia da zona de incêndio. Nesse período, tudo em um raio de mais de 250 quilômetros quadrados ao redor do marco zero arderá. A sede da FEMA, localizada pouco mais de 3 quilômetros ao nordeste do Pentágono, foi arrasada, e seus dez escritórios regionais ao redor do país já estão sobrecarregados.

No Anel 2, partes de prédios que resistiram ao impacto inicial desmoronam, adicionando mais combustível aos incêndios. Linhas de gás explodem. Caminhões-tanque e fábricas de produtos químicos são destruídos, gerando novas chamas. Naqueles bolsões que ainda não ardem, ventos com força de furacão trazem temperaturas superiores a 660°C,[107] derretendo metais como chumbo e alumínio. No perímetro exterior do Anel 2, sobreviventes em túneis do metrô e abrigos subterrâneos lutam para respirar. Caso o monóxido de carbono ainda não os tenha matado, fará isso em breve. Nos túneis secretos sob o Capitólio e a Casa Branca, políticos e funcionários sucumbem, como se estivessem presos dentro de um forno.

Como bombeiros apanhados por um incêndio florestal, não há saída. Não há como sobreviver.

Em Washington, capital dos Estados Unidos da América, tudo está perdido.

38 MINUTOS
Complexo de Raven Rock Mountain, Pensilvânia

São 15h41, horário local, quando o Osprey pousa no heliporto próximo do portão oeste do Sítio R. O posto de comando nuclear está bloqueado. Soldados armados com fuzis guardam as torres, vigiando os limites das árvores, em busca de alguma invasão ou ataque. Com FPCON Delta em vigor, todo o pessoal da área foi convocado para assumir seus postos; todos no Complexo de Raven Rock Mountain, nas Montanhas Blue Ridge, estão no mais alto nível de alerta de ameaça.

O secretário de Defesa e a vice-presidente do Estado-Maior Conjunto serão levados pelo portal B, um corredor com portas duplas próximo ao respiradouro fortificado leste. No entanto, desembarcar do helicóptero em tal cenário leva mais tempo do que deveria. O clarão termonuclear cegou o secretário de Defesa.

Incapaz de ver, ele não consegue caminhar sem a orientação de alguém. É provável que seja uma cegueira passageira. O clarão nuclear pode cegar temporariamente pessoas e animais que estejam olhando na direção da explosão, mesmo que a 80 quilômetros de distância.

O secretário de Defesa olhava pela janela do helicóptero na direção do Pentágono quando a bomba detonou. Embora as transparências no Osprey estejam entre as mais sofisticadas do mundo, elas nunca haviam sido testadas em uma explosão nuclear real. O secretário de Defesa sabia muito bem que não deveria olhar para a explosão. Mesmo assim, foi atraído pelo impulso de ver o fracasso da dissuasão com os próprios olhos. Agora, está cego.

Ainda não há notícias do presidente, o que não é bom. O vice-presidente, o presidente da Câmara, o presidente *pro tempore* do Senado, o secretário de Estado e o secretário do Tesouro estão todos desaparecidos desde o ataque ao Pentágono. Com essas cinco autoridades presumivelmente mortas, o secretário de Defesa é o próximo na linha de sucessão presidencial.

Alguém precisa ser empossado como comandante em chefe com urgência. O país não pode ficar sem líder num momento como este. Mas um secretário de Defesa subitamente cego está longe de ser o ideal para se dirigir a uma nação aterrorizada, identificando-se como o presidente em exercício durante uma catástrofe nuclear.

Assessores auxiliam o secretário de Defesa cego a desembarcar do helicóptero. O grupo passa pela segurança e entra pelo portal B, onde pegam um elevador que os leva até um complexo de túneis cavernosos, bunkers e salas de escritório a uma profundidade de cerca de 200 metros. Raven Rock foi construído para abrigar até 3 mil pessoas em seus 25 mil metros quadrados,[108] incluindo líderes dos ramos militares e o presidente do Estado-Maior Conjunto. Contudo, um ataque nuclear contra Washington é um evento de decapitação. Apenas algumas pessoas conseguiram sair da cidade antes do ataque. Os helicópteros que levavam a equipe executiva do presidente também estão incomunicáveis desde a detonação.

O secretário de Defesa e a vice-presidente do Estado-Maior Conjunto discutem a questão mais urgente no momento:

A vice-presidente do Estado-Maior Conjunto para o secretário de Defesa: *Precisamos falar com Moscou.*

Ambos vêm tentando contatar seus pares russos, sem sucesso. Eles concordam que nada é mais importante do que falar ao telefone com o presidente russo. Enquanto caminham pelo centro de comando subterrâneo, a DISA (Agência de Sistemas de Informação de Defesa) trabalha para estabelecer conexão com o Kremlin. Assessores buscam uma Bíblia ou outro livro qualquer para uma possível cerimônia de posse (Lyndon B. Johnson foi empossado como presidente jurando sobre um fichário).

Os dois debatem a abordagem com Moscou. Será que dizem ao presidente russo que o presidente dos Estados Unidos está desaparecido e possivelmente morto?

Secretário de Defesa: *Devemos esperar.*

Vice-presidente do Estado-Maior Conjunto: *Não temos tempo para esperar. Precisamos informar Moscou agora.*

Secretário de Defesa: *Sem um presidente, parecemos fracos.*

Vice-presidente: *O risco de falha na comunicação é grande demais.*

DISA: *A senhora está conectada com Moscou.*

A vice-presidente atende a ligação e é saudada por um membro do Estado-Maior russo. *Precisamos falar com seu presidente imediatamente. Estamos sob ataque nuclear. Não temos intenção de prejudicar a Rússia.*

O general russo responde: *O presidente russo está disponível para o presidente dos Estados Unidos.*

A vice-presidente repete: *Os Estados Unidos estão sob ataque nuclear.*

É como se ele não tivesse ouvido.

General russo: *Да*

O que significa "sim".

A vice-presidente diz ao oficial do Estado-Maior que a Rússia deve evitar qualquer ação militar até que os dois adversários com armas nucleares possam botar os presidentes no telefone. Isso não é negociável. Ela é firme.

O oficial diz em russo: *Ваш президент уже должен был нам позвонить.*

O que significa: *Seu presidente já deveria ter nos contatado a esta hora.*

E a ligação acaba.

39 MINUTOS
Sede da OTAN, Bruxelas, Bélgica

São 21h42, horário local, na sede da Organização do Tratado do Atlântico Norte no Boulevard Léopold III, em Bruxelas, na Bélgica. No interior do prédio envidraçado, que representa dedos entrelaçados, projetado para o Ministério de Defesa belga, a OTAN entra em ação depressa.

A função da OTAN é disseminar valores democráticos e resolver, de forma pacífica, disputas. Sua missão é promover a unidade e a cooperação, mas a organização também promete ação letal se algum de seus membros for atacado. Agora que os Estados Unidos sofreram dois ataques nucleares, a OTAN invoca o Artigo 5º, que estipula que um ataque a um dos membros é um ataque a todos os membros. E que todos da aliança virão em socorro, com força nuclear, se necessário. A OTAN não possui armas nucleares, mas os Estados Unidos mantêm cem bombas implantadas em bases da OTAN na Europa. Essas cem armas táticas fazem parte de um assim chamado programa de intercâmbio nuclear entre a OTAN e os Estados Unidos, o que significa que o equipamento nuclear norte-americano foi instalado em naves a jato em seis bases militares localizadas em cinco dos países-membros. A Força Aérea de cada um deles está encarregada de realizar ataques da OTAN utilizando as bombas nucleares norte-americanas guardadas em cada base. Mas, antes que qualquer missão possa acontecer, antes que qualquer bomba possa deixar um cofre do WS3 (*Weapons Storage and Security System*, Sistema de Armazenamento e Segurança de Armas), o Grupo de Planejamento Nuclear deve receber autorização do presidente dos Estados Unidos. De acordo com a assessoria de imprensa da OTAN, o primeiro-ministro britânico deve também autorizar essa ação.[109]

Mas ninguém sabe onde está o presidente dos Estados Unidos, nem mesmo se ele ainda está vivo.

Carros cantam pneu no Boulevard Léopold III. Líderes locais são deixados diante dos portões da sede da OTAN e correm para dentro. Dirigem-se às pressas para o salão de reuniões, onde os integrantes do Grupo de Planejamento Nuclear se reúnem em videoconferência numa colossal tela de televisão. Tradutores da OTAN, que falam mais de uma dúzia de idiomas, colocam os fones de ouvido, escutam e aguardam. Todos os membros do Grupo de Planejamento Nuclear da OTAN aguardam palavras do presidente norte-americano, ou pelo menos notícias dele. Enquanto isso, tripulações em seis bases aéreas por toda a Europa recebem Mensagens de Ação de Emergência para se prepararem para a guerra. As bases estão nos seguintes países:

- Bélgica
- Países Baixos
- Alemanha
- Itália (duas bases)
- Turquia

Todos os aviadores e soldados em cada uma dessas bases se preparam para o combate, sendo que cada base já se encontra em DEFCON 1. Pilotos e tripulantes correm para os abrigos reforçados — estruturas de concreto tipo iglu capazes de suportar o impacto de uma bomba de 230 quilos, onde as aeronaves bombardeiras com capacidade nuclear são mantidas. Todos aguardam ordens da cadeia de comando.

39 MINUTOS
Centro de Gestão de Defesa Nacional, Moscou, Rússia

Dentro da sala de guerra no Centro de Gestão de Defesa Nacional, no centro de Moscou, membros do Estado-Maior da Federação Russa se concentram nos vídeos exibidos em telas. Eles estão assistindo a ações em tempo real nas bases da OTAN por toda a Europa, graças a uma rede de sistemas de vigilância e outros ativos em vigor.

Na Bélgica, nos Países Baixos, na Alemanha, na Itália e na Turquia, bases da OTAN equipadas com caças a jato com capacidade nuclear aguardam ordens nas pistas. Do ponto de vista russo, esse movimento — e não é pouco movimento — dispara uma série de alarmes em cascata.

Empregando sinais que a inteligência interceptou dos sistemas de comunicação da OTAN e algoritmos executados pelo supercomputador no subsolo, analistas russos interpretam o que acreditam que está acontecendo na Europa.

Chegam à conclusão de que a OTAN prepara ataques nucleares.

A Rússia considera a OTAN um adversário primário. Por décadas, durante a Guerra Fria, a Rússia teve sua própria aliança, o Pacto de Varsóvia, com o objetivo de combater a OTAN e o Ocidente. Documentos recentemente tornados públicos mostram que os países do Pacto de Varsóvia — Albânia, Bulgária, Checoslováquia, Alemanha Oriental, Hungria, Polônia, Romênia — mantiveram suas próprias estratégias de ataque nuclear contra o Ocidente por décadas, apesar de a Rússia afirmar ainda hoje não ter mantido uma política de Lançamento sob Alerta durante os tempos soviéticos.[110]

Apesar da intensa animosidade e trocas de insultos ao longo das décadas, a OTAN e os países do Pacto de Varsóvia nunca se envolveram em um conflito militar direto. Houve bravatas e escaramuças, mas nenhuma batalha real. Quando a União Soviética se dissolveu em dezembro de 1991, o Pacto de Varsóvia deixou de existir. E então, um por um, países anteriormente controlados pela Rússia começaram a transferir sua lealdade para o Ocidente.

Para muitos na Rússia, foi um tapa na cara. Em 2014, a Federação Russa restabeleceu oficialmente sua posição anti-OTAN. A expansão da

OTAN para aqueles territórios estaria "minando a estabilidade global e violando o equilíbrio de poder na esfera de mísseis nucleares",[111] declarou a doutrina militar oficial do país.

No cenário em questão, generais dentro do Centro de Gestão de Defesa Nacional russo observam a atividade girar em torno de caças a jato com capacidade nuclear em bases aéreas, incluindo Aviano na Itália e Kleine Brogel na Bélgica. Essas bases da OTAN ficam a uma distância considerada de ataque a Moscou, a cerca de 2 mil quilômetros de distância — aproximadamente a mesma distância de Boston a Miami.

Dentro da sala de guerra no Centro de Gestão de Defesa Nacional em Moscou, os planos de contingência vêm à tona. As informações de alerta antecipado de ataque de mísseis vindas dos satélites Tundra, confirmadas por Serpukhov-15, ativaram o sistema de comunicações Kazbek. Pavel Podvig nos diz que esse tipo de confirmação de notificação de alerta precoce iniciaria um status de alto alerta nuclear conhecido como "comando preliminar".[112]

"Depois disso", esclarece Podvig, "todos esperam. E esperam... Esperam até que realmente tenham uma [instrução] efetiva para lançar".

Os generais russos começam a compartilhar suas opiniões sobre o que está acontecendo nos Estados Unidos e o que deveria acontecer a seguir.

O futuro da Europa está em jogo.

As consequências de um conflito nuclear entre a Rússia e a OTAN são catastróficas. Uma simulação de computador de 2020,[113] feita por estudiosos nucleares do Programa de Ciência e Segurança Global da Universidade de Princeton, concluiu que um confronto entre a Rússia e a OTAN quase certamente escalaria depressa, deixando quase 100 milhões de pessoas mortas ou feridas nas primeiras horas.

Os generais russos conversam. E preparam o que vão dizer ao presidente russo.

40 MINUTOS
Complexo Cheyenne Mountain, Colorado

Os militares norte-americanos dispararam 82 ogivas nucleares contra a Coreia do Norte com o objetivo de decapitar a liderança do país[114] antes que mais ataques nucleares contra os Estados Unidos fossem lançados. Essa ação é baseada na doutrina militar chamada restauração da dissuasão.

A guerra nuclear não deveria acontecer. A dissuasão deveria impedi-la. Mas, caso isso não aconteça, restaurar a dissuasão é o passo seguinte. "Mudar o cálculo de decisão de um adversário em relação a uma escalada [nuclear] ainda maior" é como essa restauração foi descrita em 2020 por um documento informativo da Casa Branca.[115]

Nas palavras do comandante do STRATCOM, almirante Charles A. Richard (dois anos depois): "A dissuasão cotidiana é diferente da dissuasão numa crise. É diferente da dissuasão em um conflito. É diferente daquela que acontece depois que se emprega armas nucleares pela primeira vez, quando se tenta restaurar a dissuasão."[116]

Restaurar a dissuasão após o primeiro ataque nuclear neste cenário envolve o STRATCOM empregando força nuclear esmagadora em um esforço para obrigar o atacante a capitular. Para torná-los incapazes de novos ataques. Para que mudem o rumo de suas decisões. Mas será que funciona?

De acordo com o Exército dos Estados Unidos, essa incumbência — em uma escala de dificuldades militares — varia de difícil a impossível. O líder supremo da Coreia do Norte quase certamente desapareceu em uma das muitas instalações subterrâneas da nação, que consiste em um sistema de bunkers nas profundezas, um labirinto de túneis e centros de comando cuidadosamente projetados ao longo de décadas para esconder a liderança antes, durante e depois de uma guerra nuclear.

"Sabe-se que a Coreia do Norte tem uma extensa rede de túneis e instalações subterrâneas usadas para fins suspeitos",[117] diz um porta-voz do exército, "incluindo infiltração no Sul, proteção do regime autoritário e realização de testes nucleares".

A partir de relatos de desertores, os militares sul-coreanos mapearam alguns dos sistemas subterrâneos do Norte e acreditam que existem atualmente cerca de 8 mil bunkers à prova de bombas. Mas, como os ativos de inteligência ocidentais na Coreia do Norte são raros, os Estados Unidos permanecem em grande parte ignorantes em relação aos detalhes. "É uma das nações mais difíceis, se não a mais difícil, sobre a qual se coletar informações",[118] disse o diretor de Inteligência Nacional Daniel Coats ao Congresso em 2017. "Não temos capacidades de ISR [em português, Inteligência, Vigilância e Reconhecimento] consistentes. Existem lacunas.

Os norte-coreanos sabem disso." E como Bruce Blair escreveu em 2018, "A possibilidade de lacunas de inteligência e armas nucleares norte-coreanas e bunkers de comando ocultos causariam problemas para os Estados Unidos"[119] em qualquer futura campanha de combate. Isso inclui o local em que o líder norte-coreano pode se esconder após lançar um primeiro ataque em uma guerra nuclear.

Para impedir que a Coreia do Norte lance mais mísseis, o STRATCOM deve destruir a liderança da Coreia do Norte *e* seu Comando e Controle Nuclear. Isso representa um problema ainda mais desafiador, de acordo com analistas de inteligência dos laboratórios de ideias em Washington. O país é administrado por um pequeno número de legalistas chamado de Secretariado Pessoal, sendo que a maioria deles permanece com o líder o tempo todo. Esse grupo incomum de homens e mulheres inclui seus assessores políticos e militares, mas também guarda-costas, banqueiros, assistentes e até mesmo as babás de seus filhos.

Como explica Michael Madden, diretor do Observatório da Liderança da Coreia do Norte (*North Korea Leadership Watch*) no laboratório de ideias Stimson Center: "O Secretariado Pessoal administra tudo. A agenda, os cortes de cabelo, as roupas e os bilhões de dólares que o líder guarda em contas bancárias fora do país. Uma unidade assassina pessoas. Outra emite comandos militares. E outra ainda comanda e controla todas as forças militares e de segurança da Coreia do Norte, inclusive as armas nucleares e outras de destruição em massa."[120]

Como mirar num grupo de pessoas que segura as rédeas do poder quando não se sabe quase nada sobre quem são e menos ainda sobre onde se encontram? A Coreia do Norte não produz relatórios públicos. Não há jornais ou revistas independentes. A maior parte da informação da comunidade de inteligência é proveniente de imagens de satélite e relatos de desertores. O que significa que as primeiras 32 ogivas nucleares lançadas por submarino visarão "alvos de contraforça" que incluem:[121]

- Instalações de lançamento nuclear da Coreia do Norte
- Instalações do Comando e Controle Nuclear da Coreia do Norte
- Instalações de produção de armas nucleares da Coreia do Norte[122]

Em seu esforço para decapitar a liderança da Coreia do Norte, o Departamento de Defesa terá que matar milhões ou dezenas de milhões de civis. Alguns argumentam que isso viola a Carta das Nações Unidas, assim como os princípios de *Jus Ad Bellum*, do direito internacional. Que viola os dois princípios fundamentais de "humanidade e necessidade militar",[123] incluindo três antigos requisitos relativos à "distinção, proporcionalidade e prevenção de sofrimento desnecessário". Mas, como as pessoas de todo o mundo estão prestes a aprender coletivamente, a primeira regra da guerra nuclear é que não há regras.

A lógica do Departamento de Defesa para destruir Pyongyang, a capital norte-coreana, assim como grandes áreas do interior, é que isso porá fim à loucura de quem está tomando decisões. Parte-se do princípio que matar milhões de norte-coreanos com uma chuva de ogivas nucleares oferece a melhor chance de impedir que o líder da Coreia do Norte mate ainda mais milhões de norte-americanos.

Que matar mais pessoas pode evitar a morte de mais pessoas. Que esse ato pode restaurar a dissuasão. Mas será que pode?

40 MINUTOS E 30 SEGUNDOS
Instalação subterrânea de Hoejung-ni (회중리), Condado de Hwapyong, Coreia do Norte

Em um vale montanhoso isolado no norte da Coreia do Norte, a aproximadamente 30 quilômetros da fronteira com a China, escancara-se uma pesada porta de aço na face de uma montanha. É a clandestina base operacional de mísseis Hoejung-ni, que inclui uma cidade subterrânea secreta.

Tendo décadas de imagens de satélite de arquivo como base, a CIA determinou que há mais de vinte estruturas acima do solo por aqui, incluindo uma estufa para cultivar alimentos e um gramado para desfiles.[124] O complexo inclui no mínimo duas instalações subterrâneas e pode abrigar pelo menos uma unidade de mísseis do tamanho de um regimento, embora os números exatos sejam desconhecidos. "O topo da montanha é coberto com solo e tem vegetação madura crescendo alta, projetada para driblar a detecção de satélite",[125] explica o analista de imagens Joseph Bermudez Jr. Mas quase nada se sabe sobre o que acontece no interior da instalação.[126] "A Coreia do Norte nunca admitiu sua existência e não se sabe quem seria o autor do projeto."

Segundos após a porta de aço na face da montanha se abrir, de lá sai um transportador-eretor-lançador de mísseis balísticos do Exército Popular Coreano com um ICBM Hwasong-17 alocado horizontalmente em sua plataforma de 11 eixos.

O lançador desce várias centenas de metros por uma estrada de terra na montanha ladeada por um acostamento protetor. O veículo para. Soldados saltam, fazem ajustes, se afastam.

O míssil está armado. Está pronto. Ele dispara.

Em uma coluna de exaustão de foguete explosivo, o ICBM Hwasong-17 sobe de sua plataforma de lançamento até o céu, atravessando a floresta na Fase de Impulso. Suas chamas incendeiam os pinheiros no chão e fazem grandes pedras rolarem ladeira abaixo. O número total de bombas nucleares norte-coreanas visando os Estados Unidos neste cenário agora aumentou para três.

Milhares de quilômetros acima, o poderoso sistema de satélites SBIRS do Departamento de Defesa vê o lançamento do espaço e notifica o comando. Os prováveis alvos para esse segundo ICBM levarão mais alguns minutos para serem identificados.

Com o Pentágono destruído, os dados de rastreamento fluem para **NORAD, NORTHCOM e STRATCOM** por meio do centro de comando no céu, o Avião do Juízo Final, para o Sítio R sob a Raven Rock Mountain, e para os dois centros de comando nuclear que permanecem:

- O Centro de Alerta de Mísseis no Complexo Cheyenne Mountain, Colorado
- O Centro de Operações Globais sob a Base da Força Aérea de Offutt, Nebrasca

40 MINUTOS E 30 SEGUNDOS
Centro de Gestão de Defesa Nacional, Moscou, Rússia

Assistindo à TV via satélite dentro de seu escritório em Moscou, um coronel da Diretoria Principal de Inteligência da Rússia, a GRU, está tão absorto com o caos nos Estados Unidos que negligencia a verificação de seu correio de voz. Ele não ouviu a mensagem que chegou há quinze minutos de uma fonte que ele mantém em Wyoming.

O trabalho da GRU é reunir inteligência humana para o exército russo por meio de adidos militares, agentes estrangeiros e espiões. Isso inclui espiões nos Estados Unidos, como o velho que mantém um olho na instalação de lançamento do ICBM Echo-01 Minuteman III em Wyoming.

Em Moscou, o oficial da GRU verifica seu correio de voz.

Ele ouve uma mensagem curta, codificada numericamente, que segue protocolos de relatórios autorizados com antecedência.

A mensagem inclui números e letras no alfabeto russo, em cirílico, que verificam o conteúdo e a autenticidade.

Traduzida para o inglês, o conteúdo é sucinto: *Os ICBMs foram lançados.*

Com o telefone na mão, o oficial da GRU pega um telefone seguro e começa a fazer ligações.

40 MINUTOS E 30 SEGUNDOS
Hudson Yards, Nova York

Na cidade de Nova York, no estúdio da CNN em Hudson Yards, os trabalhadores continuam a fugir em massa do prédio, incluindo o âncora que, até poucos minutos atrás, estava relatando notícias de última hora ao vivo no ar.

Neste cenário, uma jornalista mais jovem senta-se diante das câmeras. Tentando manter a compostura, ela explica a quem ainda estiver assistindo que o acesso às plataformas das redes sociais em grande parte do país está praticamente inativo. Que a possibilidade de os espectadores terem acesso a esta transmissão da CNN, dependendo do lugar onde se esteja, é difícil de prever.

Muitas estações de TV e rádio norte-americanas não estão funcionando — resultado de falhas em data centers, falhas de operadoras e trabalhadores abandonando seus empregos. Com o compartilhamento de informações em um estado de caos total, a jornalista diz que lerá em voz alta instruções recebidas do escritório da Região 4 da FEMA em Atlanta, que ainda está funcionando no momento.

Jornalista: *Vou ler "Esteja preparado para uma explosão nuclear".*[127]

Atrás dela, uma tela eletrônica exibe uma imagem retirada do site do Departamento de Saúde Pública da Califórnia.[128]

O governo dos Estados Unidos emite regularmente avisos sobre o que fazer em caso de uma explosão nuclear. (Departamento de Saúde Pública da Califórnia)

A fotografia aterrorizante é uma imagem de décadas atrás, mostrando a nuvem de cogumelo e o caule de uma explosão nuclear. A fotografia é real, uma bomba nuclear capturada em filme durante testes na época da Guerra Fria — nos tempos em que testes atmosféricos ainda não eram ilegais. A imagem foi retocada. Alguém acrescentou tons avermelhados e alaranjados. Tem uma aparência sinistra e malévola, porque é assim que ela é.[129]

Jornalista: *As pessoas devem "Procurar abrigo, ficar no abrigo e se manter informadas", de acordo com o governo federal.*[130]

Enquanto faz a leitura do texto do site da FEMA, a jovem jornalista é interrompida por um colega que entrega a ela uma publicação oficial, um guia de 135 páginas com trechos destacados, desenvolvido pelo Gabinete Executivo do Presidente, com o título "Orientações para Planejamento em Resposta a uma Detonação Nuclear" (*Planning Guidance for Response to a Nuclear Detonation*).[131]

Jornalista: *A FEMA e o Gabinete do Presidente dizem que é isso o que se deve esperar se uma detonação nuclear de 10 quilotons ocorrer em sua cidade ou povoado.*[132]

A jornalista não tem como saber que a bomba que atingiu Washington tinha 1 megaton — uma potência cem vezes superior. Ela passa os olhos no documento e lê em voz alta:

"Humanos... incinerados
ferimentos provocados pela explosão, calor e radiação
queimaduras de pele provocadas por radiação beta
doses letais de radiação... 30 quilômetros... do marco zero... mesmo com cuidados médicos... não há... expectativa de sobrevivência
explosão e pulso eletromagnético... [vão] danificar a infraestrutura de comunicações
Parada repentina do motor dos veículos
infraestrutura... completamente destruída
equipamentos de comunicação (torres de telefonia celular, etc.)... destruídos
Computadores... destruídos, sistemas de controle... destruídos
Sistema[s] de água e eletricidade... destruídos
Poucas ou nenhuma construção... estruturalmente seguras
Escombros nas ruas... escombros... profundidade de 9 metros
Ferimentos por explosão... superados por ferimentos [causados por] estruturas em colapso
Ferimentos por explosão... detritos voadores e estilhaços
Estruturas instáveis, objetos metálicos afiados... linhas de gás comprometidas
Equipes com treinamento contra substâncias perigosas... detidas... [por] automóveis parados e acidentados
Linhas de serviços públicos interrompidas... automóveis capotados... ruas completamente bloqueadas
Tempestade[s] ígneas violenta[s]... fora do controle dos bombeiros
Produtos químicos perigosos... triagem médica... contaminação por precipitação radioativa... morte... generalizada."

E então a jornalista se depara com uma frase tão chocante que a faz parar e balançar a cabeça em descrença. Ela respira fundo e continua:

"Após uma detonação nuclear, provavelmente haverá uma mudança de prioridades."[133]

O celular dela apita. A FEMA emitiu outro Alerta de Emergência. Ela lê em voz alta:

> ESTADOS UNIDOS SOB ATAQUE NUCLEAR
> BUSQUE ABRIGO SUBTERRÂNEO
> EVACUAÇÃO PODE SER NECESSÁRIA
> PARA EVITAR RISCOS DE INCÊNDIO[134]

Voltando-se para a câmera, ela começa a dizer algo, mas se interrompe. Ela perde a compostura ao vivo.

Jornalista: *Mas como assim?*

Ela faz a pergunta em voz alta, sem se dirigir a ninguém e ao mesmo tempo se dirigindo a todos: *Devemos ficar onde estamos? Ou evacuar?*

Ela segura o celular diante da câmera e aponta.

Jornalista: *Essas duas instruções da FEMA se contradizem.*

Ela para de falar.

O que há para ser dito?

40 MINUTO E 30 SEGUNDOS
Los Osos, Califórnia

Na comunidade praiana de Los Osos, cerca de 10 quilômetros ao norte da usina de Diablo Canyon, os moradores estão em estado de absoluto terror. Os picos altos e escarpados entre a usina nuclear e a cidade os protegeram de sofrerem queimaduras de terceiro grau e de terem membros carbonizados. Protegeram-nos do empalamento por objetos carregados pela explosão, ou de morrerem esmagados sob construções que colapsaram. Mas a geografia não consegue poupar ninguém na área de uma morte excruciante e inevitável pela radiação, que virá depressa. Se a radiação expelida pelos núcleos expostos na usina não matar essas pessoas em breve, a precipitação de uma nuvem de cogumelo carregada com barras de combustível nuclear fragmentadas certamente o fará.

Os dosímetros de bolso e os detectores de ionização empregados por alguns moradores da área para monitorar doses de radiação acumuladas em situações de emergências atingiram o limite máximo.¹³⁵ Esses aparelhos portáteis são projetados para auxiliar em decisões táticas após um escape radiológico imprevisto. Os moradores de Los Osos que estão preparados o suficiente para estarem de posse de um desses aparelhos percebem a gravidade da situação. Se não deixarem a área imediatamente, morrerão.

Não há energia. A televisão e as rádios FM não estão disponíveis em nenhum lugar da região. Até mesmo a rede nacional automatizada de estações de rádio NOAA Weather Radio All Hazards, serviço que transmite informações do Serviço Nacional de Meteorologia, há muito tempo considerada uma fonte de notícias confiável em caso de desastres, entrou em colapso devido à sobrecarga, com um assustador código de erro de "alerta desconhecido/declaração desconhecida"¹³⁶ que é repetido continuamente. Barcos em mar aberto sintonizam o canal 16 (a frequência VHF para comunicação com outros barcos e a Guarda Costeira), mas ouvem apenas sons indiscerníveis.

A linha telefônica de supervisão do reator nuclear está inativa. A empresa Pacific Gas and Electric, que administra a usina, tem um histórico preocupante, incluindo acordos que somam 13,5 bilhões de dólares em casos ligados a incêndios na Califórnia.¹³⁷ A trágica ironia aqui é que a catástrofe atual não é culpa dela.

Celulares e computadores que estavam conectados à rede elétrica quando a bomba explodiu tiveram seus microprocessadores destruídos.¹³⁸ As sirenes de emergência alimentadas por bateria estão, em sua maior parte, funcionando conforme o projetado. Alarmes montados em postes emitem gritos agudos, sinistros e constantes de três a cinco minutos de duração, que soam sem descanso. É um aviso cujo significado muitos moradores compreendem:

EMERGÊNCIA NUCLEAR!

Além das cidades litorâneas, cerca de meio milhão de pessoas residem a menos de 80 quilômetros da Diablo Canyon. Espalha-se rapidamente entre os moradores a notícia de que Washington também está sob ataque nuclear. O que está acontecendo não é um acidente nuclear localizado, mas uma guerra.

Os 24 minutos seguintes

Em comunidades costeiras do Condado de San Luis Obispo, os carros saem de marcha à ré das entradas de veículos — janelas fechadas, narizes e bocas cobertos com retalhos de roupa ou máscaras que sobraram dos tempos da covid.

São 12h43, horário local.

As crianças estão ainda na escola.

Cada segundo importa.

A única forma de se manter vivo é a evacuação.

Mas para onde? A precipitação radioativa viaja com o vento.

Além das entradas de veículos dos moradores, um novo horror se apresenta em cada cidade, em cada esquina, em cada pequena e grande comunidade ao longo da costa da Califórnia. Carros. Carros em todos os lugares. Separando a Usina Nuclear de Diablo Canyon da maioria das cidades está um pico de 550 metros de altura conhecido como Mount Buchon. Essa cadeia montanhosa de terra e pedra amorteceu muitos dos efeitos de pulso eletromagnético localizado da bomba, evitando que os microprocessadores de muitos carros fossem fritos. Mas os postes de luz estão apagados. O trânsito está um caos. Moradores em pânico dirigem pelos acostamentos e gramados em tentativas violentas e desesperadas de fugir. Carros disparam na contramão pelas estradas, colidindo com outros veículos como se fossem carrinhos de bate-bate. Em todos os lugares, o trânsito está parado.

Dezoito minutos se passaram desde que a Usina Nuclear de Diablo Canyon foi atingida por uma bomba nuclear de 300 quilotons. Um incêndio florestal radioativo devasta as montanhas ao redor, um megainferno desce Mount Buchon por todos os lados, ameaçando pessoas e cidades inteiras. Cinzas radioativas enchem o ar. Há uma chuva de concreto pulverizado, pedaços do tamanho de bolas de gude vindos do reator. Gaivotas mortas com as asas em chamas despencam do céu. As pessoas começam a perder o controle de seus intestinos. Vomitam sangue.

À medida que a nuvem em forma de cogumelo sobe, o céu escurece.

Cada segundo importa. As pessoas saem de seus carros e começam a correr.

40 MINUTOS E 30 SEGUNDOS
Localização desconhecida, 1.120 quilômetros acima do oceano Pacífico

Bem alto sobre o Pacífico, oito mísseis Trident sobrevoam o planeta, viajando a 22 mil km/h, ou Mach 18. O voo deles começou há poucos minutos, de um ponto não revelado no meio do Pacífico, em algum lugar ao norte da ilha de Tiniã. Seus alvos estão em Pyongyang. A distância total até o alvo é de 2.900 quilômetros. Com um ângulo de alcance de 38,26 graus, o tempo total de viagem do lançamento até o alvo é de catorze minutos;[139] o especialista em mísseis Ted Postol fez as contas.

Os Tridents, em seu trânsito de alta velocidade pela atmosfera, são orientados por uma forma incomum de navegação da era moderna. Os mísseis nucleares mais poderosos, mais caros e mais precisos da Marinha dos Estados Unidos chegam a seu destino por meio de uma técnica de astronavegação inventada especificamente para o sistema de mísseis Trident: a observação de estrelas.

Muito antes de os humanos descobrirem como codificar a linguagem e registrar suas histórias em pedra e argila, já se sabia como ir do ponto A ao ponto B com a ajuda dos céus. A navegação astronômica envolve a prática de determinar a posição de um objeto usando as estrelas, o Sol e outros corpos celestes.

"O submarino submerso não tem capacidade de saber exatamente onde está no momento do lançamento",[140] explica o gerente de sistemas de orientação de mísseis Trident, Steven J. DiTullio. Há um navegador de bordo, humano, para ajudar, "mas mesmo isso não fornece precisão suficiente".

DiTullio diz que a solução — para pôr o Armagedom em marcha — está nas estrelas.

"A maneira como lidamos com a incerteza [da geolocalização] é observando uma estrela durante o voo do míssil, para então corrigir com exatidão o erro na posição inicial." Conceitualmente, é o mesmo sistema empregado desde os primeiros dias da Guerra Fria. A tecnologia primitiva impede que haja hackeamento. Por essa mesma razão, não há um dispositivo de desligamento remoto num míssil balístico. Se houvesse, um inimigo supostamente poderia hackear o sistema de orientação e assumir o controle.

Oito mísseis nucleares Trident, cada um com poder explosivo combinado para transformar Pyongyang numa fornalha, seguem seu curso. Numa trajetória suborbital, guiados pelas estrelas.[141]

41 MINUTOS
Centro de Comando Central, Komsomolsk-on-Amur, Rússia

A contraparte oriental da Rússia para a instalação de radar de alerta precoce Serpukhov-15 é um centro de comando central cujo nome o Ocidente desconhece. Localizada perto de Komsomolsk-on-Amur no Extremo Oriente russo, a instalação fica às margens do rio Amur, perto de uma estrada anônima, no krai de Khabarovsk. Esse local fica a mais ou menos 280 quilômetros da fronteira com a China e a 970 quilômetros da fronteira com a Coreia do Norte. O propósito da instalação é interpretar informações da constelação de satélites de alerta precoce Tundra que fica no espaço. Ver mísseis nucleares de ataque que estão vindo dos Estados Unidos pelo sul do oceano Pacífico. Lançados, como seria de se esperar, de um submarino nuclear de classe Ohio, movido a energia nuclear e portando armas nucleares.

Komsomolsk-on-Amur é uma cidade de interior, isolada do mundo moderno. Um centro regional de metalurgia, fabricação de aeronaves e construção naval. É também o antigo lar de uma notória instalação de transmissor de radar Além do Horizonte chamada DUGA-2,[142] mais conhecida como Pica-pau (*Woodpecker*). O sistema de radar foi nomeado assim pelo misterioso e repetitivo ruído de batidas que transmitia em faixas de rádio de onda curta pelo mundo afora durante a Guerra Fria por mais de uma década. Com estrutura em aço e cabos, o DUGA era um monólito enorme com cerca de 800 metros de comprimento e 152 metros de altura. A inteligência militar da OTAN monitorava o local de maneira obsessiva e o chamou de Pátio de Aço (*Steel Yard*). O transmissor DUGA em Komsomolsk-on-Amur foi desmontado na década de 1990, após a dissolução da União Soviética, mas um equivalente mais notório permanece de pé dentro da Zona de Exclusão de Chernobil, Ucrânia.[143]

Às 5h44, horário local, o comandante em Komsomolsk-on-Amur está esperando por informações adicionais dos satélites espaciais Tundra.

Em todo o exército russo, o sistema de comunicações Kazbek foi ativado. Todas as instalações militares no país estão em estado de alerta máximo, no chamado comando preliminar. Poucos segundos antes, Komsomolsk-on-Amur havia recebido uma mensagem de suas estações irmãs em Barnaul e em Irkutsk.

"A Força Aeroespacial russa tem quatro tipos de radares de alerta precoce terrestres, potencialmente capazes de detectar salvas de mísseis balísticos",[144] nos conta o dr. Thomas Withington. Especialista em guerra eletrônica e analista de radar militar do Royal United Services Institute na Inglaterra, Withington calculou como os dados de rastreamento russos neste cenário poderiam chegar. "Três minutos e nove segundos após o lançamento dos Tridents, o sistema de radar 77YA6DM Voronezh-DM em Barnaul começou a rastrear a salva de mísseis balísticos lançada por submarino. Cinquenta segundos depois, o 77YA6VP Voronezh-DP em Irkutsk começou a rastreá-lo [também]."

E agora Komsomolsk-on-Amur recebe o alerta do sistema de satélite Tundra de um ataque de mísseis vindo do Pacífico. Satélites espaciais de alerta precoce "enxergam" centenas de objetos vindos do sul chegando à Rússia — ou ao que o comandante *acha* que é a Rússia. A mesma salva vista pelas estações de radar terrestres russas em Barnaul e Irkutsk.

O sistema Tundra "enxerga" centenas de objetos a essa altura, não por estar confundindo luz do sol ou nuvens com a exaustão de foguetes. A fumaça só acontece na Fase de Impulso do míssil balístico. Os Tridents estão agora na Fase Intermediária, em que pode ocorrer outra confusão do sistema de radares de alerta precoce. Os mísseis Trident contêm centenas de objetos em cada compartimento de ogivas. Esses objetos são iscas, concebidos para enganar os mísseis interceptores russos.

"Essas iscas são construídas a partir de pedaços finos de arame cruzado, pequenos asteriscos com seis pontas tridimensionais", explica Ted Postol,[145] e, para um sistema de radar como o de Komsomolsk-on-Amur, "esses arames parecem centenas de ogivas adicionais".

O comandante pega o telefone e notifica Moscou que seu sistema de alerta precoce está enxergando uma enxurrada de ogivas atacando a Rússia pelo sul.

41 MINUTOS E 1 SEGUNDO
Avião do Juízo Final, acima da Dakota do Norte, Estados Unidos

Do centro de comando aéreo no Avião do Juízo Final, o comandante do STRATCOM abre o Livro Preto. Com um terceiro míssil balístico de ataque a caminho dos Estados Unidos, contra-ataques nucleares adicionais contra a Coreia do Norte estão sob sua análise. O secretário de Defesa e a vice-presidente do Estado-Maior Conjunto também estão na ligação, por meio de comunicações via satélite de Frequência Extremamente Alta Avançada, no Sítio R.

Já se passaram oito minutos desde que a DISA perdeu contato com o *Marine One*. Ninguém sabe onde está o presidente.

A força de reação rápida localizou a *Football* e está trazendo-a de volta para Raven Rock. O assistente militar está morto, seu paraquedas rasgado pela onda de choque. O agente especial encarregado do presidente, os operadores da CAT e o presidente ainda estão desaparecidos, possivelmente separados pelo deslocamento de ar.

Com a morte do presidente do Estado-Maior Conjunto, a vice-presidente é no momento a oficial de mais alta patente nas Forças Armadas, encarregada de aconselhar o presidente e o secretário de Defesa. Como presidente do Estado-Maior Conjunto em exercício, ela está acima de todos os outros oficiais nas Forças, mas não pode comandá-los. Essa é a função do presidente dos Estados Unidos.

Vice-presidente: *O secretário de Defesa deve fazer o juramento como presidente interino. Já.*

Todos que estão participando da comunicação via satélite concordam.

Mas integrantes do Poder Executivo no Sítio R estão discutindo protocolos de linha de sucessão do Artigo II, Seção 1, Cláusula 4 da Constituição. Em questão está a parte ainda não resolvida da legislação do Congresso pós-11 de Setembro sobre o que fazer depois de um evento de "decapitação em massa".[146] O presidente *pro tempore* do Senado está, neste cenário, aparentemente ainda vivo. A DISA recebeu uma mensagem de alguém de sua equipe há poucos minutos. O segundo mais alto membro do Senado estava doente em casa quando a bomba detonou sobre o Pentágono e agora está a caminho do Sítio R — vindo de Maryland, conduzindo seu próprio carro — para assumir sua linha de sucessão como comandante em chefe.

Conselheiro de segurança nacional: *Esqueça isso. Invocamos o procedimento de* bumping *e o secretário de Defesa toma posse.*

Ele cita o Título 3, Seção 19 do Ato de Sucessão de 1947.[147] *Escolha do povo.*

O STRATCOM tem outro interesse.

Comandante do STRATCOM: *Precisamos responder com força ao míssil número três que está chegando.*

Vice-presidente: *O secretário de Defesa precisa ser empossado como presidente interino já.*

Comandante do STRATCOM: *Precisamos escolher as opções de ataque.*

Secretário de Defesa: *Não podemos fazer nada até conseguir contato com o presidente russo.*

Todos na chamada via satélite sabem que o comandante do STRATCOM está em posse do código de desbloqueio universal, o que significa que ele tem a capacidade — e, discutivelmente, a autoridade — para lançar contra-ataques nucleares adicionais.

Comandante do STRATCOM: *Não é um bom sinal o presidente russo recusar sua ligação.*

Secretário de Defesa, perturbado: *Ele não atende minha ligação porque não sou o presidente interino dos Estados Unidos.*

Vice-presidente: *Precisamos empossar o secretário de Defesa.*

Secretário de Defesa: *Eu estou cego.*

À medida que discussões acontecem depressa, e decisões são tomadas sobre o que transmite força e o que transmite fraqueza, as mesmas conversas também acontecem na Rússia — em um bunker nuclear subterrâneo.

42 MINUTOS
Boyds, Maryland

Ninguém teve notícias do presidente porque, quando a bomba atingiu o Pentágono, o *Marine One* sofreu uma falha no sistema decorrente do pulso eletromagnético e caiu. Como sabemos, segundos antes da pane, um membro do Serviço Secreto pulou, junto com o presidente, pela porta aberta do helicóptero, numa tentativa de salvar sua vida.

Os dois fizeram um pouso violento em uma área florestal em Boyds, Maryland, perto do lago Little Seneca. O operador da CAT quebrou o pescoço. A queda do presidente foi amortecida pelo corpo do agente, e ele continuou vivo por um golpe de sorte.

O presidente se solta do morto e se contorce para se libertar. Há um corte profundo em sua testa. O braço esquerdo e a perna direita têm fraturas expostas. O presidente vê o sangue, os tendões lacerados e o cinza do osso exposto por trás da pele. Há sangue, muito sangue.

O presidente jaz aqui, nesta área arborizada, ouvindo o farfalhar dos ramos na brisa do início da primavera. Está apavorado diante da ideia da morte. Impotente. Não pode andar nem se arrastar para outro lugar, não com os ferimentos no braço e na perna. Está perdendo sangue depressa e se sente fraco. É o comandante em chefe e os Estados Unidos estão em guerra nuclear.

Será que alguém vai encontrá-lo?

O iPhone do presidente se perdeu em meio ao caos. Ele tentar usar o rádio do operador da CAT, mas não funciona. Também não sabe muito bem onde se encontra. Há uma força de reação rápida à sua procura, ele presume.[148] Mas sem uma forma de se comunicar, como o encontrarão antes que ele sangre até morrer?

42 MINUTOS
Marco Zero, Zoológico Nacional

Nos anéis em torno do marco zero em Washington, a dor e o sofrimento não estão limitados aos seres humanos. No Zoológico Nacional, 6 quilômetros ao norte do Pentágono, a maioria dos animais está morta, mas alguns sobreviveram, cegos, com queimaduras de terceiro grau e em completo estado de choque. Elefantes-asiáticos, gorilas-ocidentais-das-terras-baixas e tigres-de-sumatra se contorcem e urram em suas jaulas e recintos. A pele carbonizada pende dos corpos, os pelos em chamas.

Os animais buscam instintivamente a água, numa tentativa fútil de apagar as chamas. O mesmo fazem os seres humanos, cujos corpos enchem todos os cursos de água pela cidade. O rio Potomac está entupido pelo número indizível de mortos, como ocorreu em Nagasaki, no Japão, em agosto de 1945. "Milhares de corpos afundavam e emergiam das águas do rio, inchados e roxos por absorverem água", recordou-se mais tarde o sobrevivente Shigeko Matsumoto.[149] Nos cursos de água em torno de Washington, moscas-varejeiras (insetos carniceiros) pousam sobre os cadáveres e começam a botar ovos.

É quase certo que todos os animais nas jaulas vão morrer. Não há ninguém para alimentá-los ou libertá-los, de forma que tentem sobreviver por conta própria. Qualquer sobrevivente humano próximo ao zoológico enfrenta obstáculos intransponíveis. Queimados e ensanguentados, com os pulmões se enchendo com gases tóxicos e fumaça. Tentam desesperadamente deixar a área do desastre antes que megaincêndios os consumam. Mas enormes pilhas de escombros tornam quase impossível que se transponha o terreno. Prédios com a estrutura abalada desabam à sua volta.

A radiação letal no ar, silenciosa, sentencia os sobreviventes à morte.

AULA DE HISTÓRIA Nº 8

Doença de radiação

Cientistas de defesa sabem o que a síndrome aguda de radiação[150] faz com o corpo desde os anos do Projeto Manhattan. Analisemos o acidente de maio de 1946 no Sítio Ômega, em um laboratório secreto escondido nas florestas de Los Alamos, cujos detalhes permaneceram sob sigilo por décadas.

Era um dia frio de primavera, a cerca de 5 quilômetros do laboratório principal, quando um grupo de cientistas se reuniu em torno de uma mesa, concentrados. Os homens trabalhavam em um núcleo para uma bomba de plutônio, o primeiro teste atômico desde que Hiroshima e Nagasaki haviam sido destruídas. O estoque nuclear dos Estados Unidos na época era de cerca de quatro bombas. O futuro da corrida armamentista nuclear dependia daquele momento. Os cientistas de Los Alamos, dos quais muitos empregos e fortunas dependiam, estavam sob grande pressão para acertar o experimento.

O físico que manuseava o plutônio naquele dia era um homem chamado Louis Slotin. Havia sete outros cientistas na sala. Slotin tinha decidido recentemente deixar o Projeto Manhattan por motivos morais, segundo disse a amigos. A guerra tinha acabado e ele não queria mais trabalhar em bombas atômicas. Autoridades de Los Alamos o liberaram, mas exigiram que Slotin treinasse alguém para substitui-lo. Esse alguém era um cientista chamado Alvin C. Graves.

Durante esse experimento perigoso — tanto que era conhecido como "fazer cócegas na cauda do dragão" —, Slotin deixou cair uma das esferas nucleares que estava manuseando, fazendo com que o material entrasse em estado crítico. Sabendo do risco para si mesmo, mas esperando salvar os outros na sala, Slotin se jogou na frente de Alvin Graves, que estava ao lado dele. Testemunhas oculares descreveram um rápido clarão de luz azul — um "brilho azulado",[151] outros disseram — e uma onda de calor intenso.

As pessoas começaram a gritar. O segurança designado para proteger o material nuclear fugiu da sala, saiu correndo e foi se refugiar nas colinas do Novo México.

Alguém chamou uma ambulância. O laboratório foi evacuado, mas Louis Slotin ficou para trás, para começar a esboçar um diagrama mostrando onde ele e todos os outros estavam, para estudos e uso futuros. Para que os cientistas de defesa pudessem entender como o envenenamento por radiação funciona. Como mata.

O esboço de Slotin era notavelmente detalhado para um homem cuja morte por síndrome aguda de radiação já havia começado. Anos depois, o laboratório fez uma reconstituição do local onde Louis Slotin estava quando o acidente aconteceu. Ele tinha apenas 35 anos.

O crachá de Louis Slotin (à esquerda) e uma reprodução do experimento que o matou (à direita) em Los Alamos em 1946. (Laboratório Nacional de Los Alamos)

Na ambulância, Slotin vomitou. Sua mão esquerda, a mais próxima do material nuclear no momento do acidente, ficou dormente. Sua barriga começou a inchar. Ele teve diarreia explosiva e voltou a vomitar, sem parar. No hospital, mais vômitos. Mais diarreia aquosa saindo de suas vísceras. Prostrado e fraco, fluidos aquosos começaram a se acumular nas mãos, que incharam como balões. Bolhas terríveis e dolorosas se formaram sob a pele e explodiram.

Os médicos cuidaram das pústulas nas mãos de Slotin com gaze e vaselina. Eles tentaram desbridamento (esfregar a pele com uma esponja de aço) para remover o tecido danificado. Mergulharam as extremidades de Slotin em gelo. Bombearam sangue fresco em seu corpo. Os dias passaram. Mais banhos de gelo. Mais transfusões de sangue. Mas nada conseguia aliviar a dor intensa. Uma dose letal de raios X de alta energia, raios gama e nêutrons tinha penetrado nos órgãos de Louis Slotin. Seu corpo não conseguia mais oxigenar o próprio sangue. A cianose se instalou,[152] uma descoloração azulada que se espalhou pelo peito, pelos braços, pela virilha e pelas pernas. As manchas roxas que cobriam seu corpo se abriram, causando hemorragias. A mesma coisa aconteceu com as feridas abertas em sua boca. Com grandes pedaços de pele descascando das mãos de Slotin, os médicos consideraram a amputação, mas administraram transfusões de sangue em vez disso — várias, uma após a outra.

À medida que o fim se aproximava, Louis Slotin sofreu necrose. Morte dos membros. Todas as células-tronco da medula óssea em seu corpo estavam morrendo. Ele sofria de necrose nas paredes dos vasos sanguíneos; icterícia; trombose aguda nos pequenos e grandes vasos sanguíneos; dano epitelial grave nos intestinos. Conforme seu corpo ia perdendo a capacidade de formar anticorpos, o revestimento celular no trato gastrointestinal de Slotin começou a liberar substâncias que se infiltraram nos tecidos vizinhos. O corpo de Louis Slotin estava sendo invadido por bactérias de seus próprios intestinos. As glândulas suprarrenais pararam. A sepse aguda se instalava. Ele começou a sofrer gangrena extensa devido à interrupção do suprimento de sangue. Então, danos nas paredes dos órgãos. Morte de tecido. Colapso circulatório. Insuficiência hepática. Finalmente, falência completa de órgãos. No nono dia, Louis Slotin morreu de envenenamento agudo por radiação.

Não muito depois de Slotin dar seu último suspiro, os médicos de Los Alamos começaram a fatiá-lo,[153] ansiosos para descobrir como a radiação mata um ser humano. Antes de 1945, a ciência do envenenamento por radiação não existia. Ali, na primavera de 1946, o conceito em si não tinha mais do que um ano. Com o primeiro corte do bisturi, os médicos se depararam com um horror jamais observado no mundo pré-invenção da bomba atômica. O corpo morto de Slotin era como uma sopa podre. Seu "sangue era incoagulável na autópsia", escreveu um dos médicos em um relatório *post mortem* confidencial.

O envenenamento por radiação causou a destruição quase completa do tecido que antes separava os órgãos de Slotin. Sem esse revestimento, seus órgãos se fundiram. E pensar que, apenas alguns meses antes, o chefe do Projeto Manhattan, general Leslie Groves, garantira ao público e ao Congresso que a morte por envenenamento por radiação era "uma maneira muito agradável de morrer".[154]

43 MINUTOS DEPOIS DO LANÇAMENTO
Bunker subterrâneo, Sibéria, Rússia

O presidente da Federação Russa está em um local desconhecido na Sibéria, em uma instalação de comando e controle nuclear escondida do resto do mundo. Talvez esteja abaixo do monte Yamantau, nos Urais, ou do monte Kosvinsky, perto de Sverdlovsk, ou na República de Altai, perto de uma curva sinuosa no rio Katun.[155] De qualquer forma, nesse cenário, ele se encontra vários andares abaixo do solo, em um bunker projetado para resistir à guerra nuclear.

É madrugada na Rússia. Está frio. Há neve no solo. O presidente russo foi despertado e agora está em uma videoconferência. Com ele estão os dois principais generais da Rússia. O ministro da Defesa e o chefe do Estado-Maior das Forças Armadas da Rússia. Entende-se que esses três indivíduos tenham a seu lado, o tempo todo, uma das três pastas nucleares da Rússia que transmitem ordens para um ataque nuclear. A pasta é chamada de *Cheget*.[156] A *Football* da Rússia.

Em novembro de 2020, o Kremlin divulgou uma rara transcrição de uma reunião entre o presidente Vladimir Putin e seus principais generais, na qual o presidente destacou a importância dos bunkers de comando e controle e seus sistemas de comunicação em uma guerra nuclear. "Estamos cientes de que muito depende da capacidade de sobrevivência desses sistemas e de sua capacidade de continuar operando em um ambiente de combate", disse ele.[157] E enfatizou como "todos os equipamentos, *hardware* e sistemas de comunicação dos sistemas de controle das forças nucleares" foram recentemente atualizados. Ao mesmo tempo, Putin disse que eles "permanecem tão simples e confiáveis quanto um rifle Kalashnikov". Neste cenário, o presidente da Rússia e sua família têm residido em bunkers, de maneira intermitente,[158] desde o inverno de 2022, quando os militares russos atacaram a vizinha Ucrânia e a liderança da Rússia se tornou pária do Ocidente.

No bunker, o presidente russo passa os olhos nos canais de notícia do Ocidente, na TV via satélite. A partir de reportagens daquelas estações de notícias a cabo ainda em funcionamento, fica claro que os Estados Unidos foram atingidos por um ataque nuclear. Grandes cidades estão vivenciando um êxodo em massa como nunca visto. Em Nova York, Los Angeles, São Francisco e Chicago, helicópteros sobrevoam e capturam o caos enquanto milhões de pessoas tentam deixar as cidades, todas ao mesmo tempo. Caos generalizado, violência e anarquia se instauraram.

O presidente russo observa o terror se desenrolando nos Estados Unidos e se pergunta quem está no controle. Os estrategistas da guerra nuclear nos Estados Unidos e na Rússia há muito se perguntam o que aconteceria com a sociedade em uma guerra nuclear. Com quem ficaria o comando e controle militar?

Quem é o responsável?

Os departamentos de Defesa funcionam em hierarquia. A segue B segue C, em uma pirâmide de poder. Em um momento de crise nuclear, uma questão central permanece. Quem executará seu trabalho com obediência e quem abandonará seu posto e fugirá? Aqueles na cadeia de comando militar escolherão o país em vez da família, ou a família em vez do país? Alguém seria capaz de prever algo assim? O destino e as circunstâncias terão influência?

Neste cenário, repórteres de noticiários de cidades menores como Des Moines, em Iowa, e Little Rock, no Arkansas, continuam a transmitir informações, separados por mais de mil quilômetros dos ataques nucleares. Muitas instalações de sedes de grandes companhias nas cidades maiores estão fora do ar ou não conseguem mais funcionar. A internet está instável. Dezenas de milhões de pessoas nos Estados Unidos não têm acesso ao noticiário.

O bunker nuclear do presidente russo, assim como o Sítio R, tem eletricidade, internet e serviço telefônico com fio no momento. Os bunkers subterrâneos são construídos baseados em redundâncias, seus componentes críticos de infraestrutura — incluindo ar, calor e água — duplicados para garantir a resiliência em emergências e crises. Múltiplas linhas de fibra óptica de alta capacidade fornecem sistemas de comunicação sem interrupções. Os geradores de reserva têm geradores de reserva.

Na guerra nuclear, a distância mensurável do marco zero é tudo. Mas, quando você está no comando, nada é mais importante do que a velocidade. Como Ronald Reagan lamentou uma vez, o presidente dos Estados Unidos tem apenas seis minutos para reagir após ser notificado por seus assessores de um ataque nuclear iminente. Neste momento, o presidente russo enfrenta a mesma janela de tempo alucinadamente curta para agir.

Em 2022, Vladimir Putin prometeu uma resposta "rápida como um raio"[159] à notificação de quaisquer "ataques iminentes" contra a Rússia, uma ameaça amplamente interpretada como uma referência à tríade nuclear da Rússia. Dois anos antes disso, em 2020, ele se referiu às atualizações nas suas forças nucleares como sendo marcadas por uma velocidade incrível. "Não [...] rápido como a Fórmula 1", disse Putin, "rápido como um supersônico".[160]

Este é o momento. A hora de agir rápido.

Vários minutos já foram desperdiçados assistindo à TV via satélite. O presidente russo tem apenas alguns minutos restantes para decidir o que fazer. Ele confronta duas possibilidades mutuamente excludentes:

- Ou os Estados Unidos acreditam que a Rússia é responsável pelos ataques nucleares contra o país
- Ou os Estados Unidos sabem que a Rússia não é responsável pelos ataques nucleares contra o país

Para opções de ataque nuclear, os Estados Unidos têm a *Football*. A Rússia tem a *Cheget*, uma maleta de estilo semelhante mantida perto do presidente (e de outras duas pessoas) o tempo todo. A *Cheget* é a peça central do Comando e Controle Nuclear, centrado no presidente da Rússia, assim como a *Football* é a peça central do Comando e Controle Nuclear centrado no presidente dos Estados Unidos. Dentro da *Cheget* está a versão russa de um Livro Preto, um menu com ataques nucleares a serem escolhidos — e depressa.

A *Cheget* conecta seu detentor ao Estado-Maior russo, os oficiais militares no centro de comando em Moscou. São os generais e os almirantes que controlam os mecanismos físicos de lançamento para a tríade nuclear da Rússia. Seu arsenal nuclear baseado em mar-terra-ar é quase idêntico em tamanho ao mantido pelos Estados Unidos. A Rússia tem 1.674 armas nucleares implantadas, a maioria das quais está pronta para lançamento. Em Alerta de Gatilho Leve.

Com o presidente aqui no bunker subterrâneo está o secretário do Conselho de Segurança, um conselheiro mais agressivo no círculo interno. O secretário é um homem com profunda influência sobre o presidente russo, membro dos chamados *siloviki* (os homens fortes).[161] Longe de ser um fã do Ocidente, o secretário declarou publicamente sua crença de que o "objetivo concreto" dos Estados Unidos e de seus aliados é a dissolução da Rússia, chegando ao ponto de acusar os militares norte-americanos de se prepararem para a "guerra biológica" contra o povo russo, sem acrescentar contexto ou detalhes.

Neste momento de crise intensa, o secretário do Conselho de Segurança lembra ao presidente russo que o tempo está acabando,[162] que ele deve tomar uma decisão sobre como agir. O presidente pede a seus assessores que revisem o que Moscou confirmou como fato — o que o sistema de alerta precoce da Rússia revelou a eles.

Por décadas, a União Soviética alegou não ter uma postura de Lançamento sob Alerta. Pavel Podvig nos conta que a política russa era (supostamente) "primeiro absorver ogivas de ataque" antes de lançar um contra-ataque próprio. Se isso era propaganda soviética ou verdade, o debate continua em aberto.[163]

O que está claro é que, recentemente, a postura oficial da Rússia mudou.

Em uma entrevista de 2018 no Kremlin, o presidente Putin foi questionado se ele usaria armas nucleares com base apenas em uma notificação de alerta antecipado. "A decisão de usar armas nucleares só pode ser tomada se nosso sistema de alerta, além de registrar o lançamento de mísseis, nos fornecer previsões e trajetórias de voo precisas, e o momento em que chegarão ao solo russo."[164] Em outras palavras, se os satélites Tundra virem mísseis a caminho, e um sistema de alerta precoce secundário confirmar as trajetórias de voo e o tempo estimado para o ataque, a Rússia pode — *e vai* — lançar armas nucleares em resposta. Não vai mais ficar esperando receber o golpe.

É no fio dessa navalha que os assessores do presidente russo devem caminhar. O ministro de Defesa, o chefe do Estado-Maior das Forças Armadas e o secretário do Conselho de Segurança devem relatar informações de alertas de ataques de mísseis ao presidente com a autoridade de conselheiros de seu círculo mais próximo, ao mesmo tempo que lidam com incertezas tecnológicas que de fato *existem*.

As limitações do sistema de satélites de alerta precoce Tundra — suas falhas e seus pontos fracos — são bem conhecidas pelos cientistas no Ocidente e provavelmente também pelos cientistas da Rússia.

Mas será que os conselheiros sabem disso? Ou ignoram? Os conselheiros informam ao presidente russo o que eles sabem — ou o que acham que sabem.

- Há vinte minutos, uma usina nuclear na Califórnia foi atingida por uma bomba nuclear.
- Há dez minutos, o Pentágono, a Casa Branca, o Congresso e toda a capital norte-americana foram destruídos por uma segunda bomba nuclear.
- Poucos minutos depois, os satélites Tundra registraram o lançamento de 100 ou mais ICBMs Minuteman de seus silos em Wyoming.
- Um ativo da GRU próximo a um desses silos de ICBM testemunhou o lançamento com seus próprios olhos.
- Os radares Serpukhov-15 confirmam 100 ou mais ICBMs se aproximando do Polo Norte.
- Há três minutos, os radares Voronezh em Barnaul e Irkutsk reportaram uma salva de mísseis lançados por um submarino, vindos do sul.
- Há dois minutos, Komsomolsk-on-Amur confirmou essas ogivas. Há centenas delas.
- A situação é a seguinte: o sistema de alerta registrou lançamentos de mísseis norte-americanos. Há centenas de ogivas atacando a Rússia, de dois lados diferentes. A previsão é que atinjam solo russo dentro de nove minutos.

Na estação de televisão via satélite que passa no bunker russo, um jornalista norte-americano da cidade de Truth or Consequences, no Novo México, interrompe os pensamentos do presidente russo. O âncora diz à audiência que ninguém no país sabe quem está atacando os Estados Unidos, o que está acontecendo ou quem está no comando — se é que há alguém no comando. O presidente não se dirigiu à nação, o que é aterrorizante e preocupante. Ele emprega a palavra "surreal".

E então o âncora indaga: *Será que é a Rússia?*

Ele faz a pergunta em voz alta, durante a transmissão, dirigindo-se a ninguém em particular.

Quem mais ousaria fazer algo assim? Quem seria capaz de tamanha brutalidade?

Lá no bunker russo, seis andares abaixo da superfície, o secretário do Conselho de Segurança diz ao presidente que ele dispõe de apenas noventa segundos para decidir que curso de ação seguir.

O presidente russo pergunta se o presidente norte-americano o procurou. A resposta é *нет*. Não.

O presidente russo pergunta quem o procurou da parte da Casa Branca. Um assessor se apresenta e faz a leitura de uma folha pautada.

- O conselheiro de segurança nacional dos Estados Unidos ligou.
- O secretário de Defesa ligou.
- A vice-presidente do Estado-Maior Conjunto ligou.

O presidente da Rússia confronta outras possibilidades mutuamente excludentes:

- Ou as centenas de ogivas se aproximando da Rússia em trajetórias balísticas têm a Rússia como alvo
- Ou as centenas de ogivas se aproximando da Rússia em trajetórias balísticas não têm a Rússia como alvo

Todos no bunker russo e na videoconferência via satélite no centro de comando de Moscou sabem que a Rússia não lançou bombas nucleares contra os Estados Unidos. E sabem que o sistema de radares de alerta precoce norte-americano tem uma precisão de dar inveja, o que faz com que estejam razoavelmente seguros de que o presidente norte-americano e seus generais saibam que o ataque não teve origem em solo russo. Mas também sabem que o presidente norte-americano — e possivelmente todos os líderes do mundo ocidental — despreza a liderança russa. E sabem que, como mostra a história, quando os Estados Unidos querem uma mudança de regime, eles recorrem à mentira.

Todos no bunker estão pensando no mesmo evento histórico. Palavras emergem de pensamentos e uma breve discussão se segue. Lembram como, em 2003, quando o presidente George W. Bush e o vice-presidente Dick Cheney queriam se livrar do presidente do Iraque, apresentaram uma narrativa sobre Saddam Hussein ter armas de destruição em massa, uma história cheia de detalhes vívidos como bolo amarelo de urânio vindo da África, e fizeram com que todo o Congresso dos Estados Unidos engolisse aquela mentira. O resultado foi um ataque total e a invasão da nação soberana do Iraque.

O ministro da Defesa diz ao presidente russo que ele tem trinta segundos restantes para tomar uma decisão.

Lançar ou não lançar armas nucleares contra os Estados Unidos.

Assim como nos Estados Unidos, lançar armas nucleares é uma decisão do presidente russo, dele e somente dele. O chefe do Estado-Maior-Geral lembra ao presidente que as condições de Lançamento sob Alerta foram cumpridas, e lembra ao presidente sua posição sobre o uso nuclear, de acordo com a entrevista no Kremlin em 2018.

O presidente da Rússia está furioso. O presidente dos Estados Unidos não entrou em contato com ele. Ele enxerga isso não apenas como um insulto, mas como um sinal de outra coisa. Como muitos líderes, o presidente da Rússia neste cenário também é propenso à paranoia. Ele agora acredita que seu país está sendo alvo de um ataque de decapitação por parte dos norte-americanos.

Esse medo é profundo, remontando aos tempos soviéticos.

David Hoffman, ex-chefe da sucursal de Moscou do *Washington Post*, fornece um exemplo assustador de como essa paranoia era grave durante a Guerra Fria.[165] Como os temerosos líderes soviéticos, acreditando que os Estados Unidos pretendiam lançar um ataque nuclear massivo e preventivo contra o Comando e Controle Nuclear russo, desenvolveram um sistema conhecido como Mão Morta para conter essa potencial ofensiva de decapitação. Um sistema para garantir que, se Moscou sofresse um ataque preventivo, a guerra nuclear não terminará até que todo o arsenal da Rússia seja zerado.

Chamado oficialmente de Perímetro, o Mão Morta funciona como um sistema de controle automático composto por sensores sísmicos capazes de detectar um ataque nuclear em solo russo. Caso o sistema perceba que perdeu a comunicação com os comandantes da Rússia, o Mão Morta pode, supostamente, lançar armas nucleares por conta própria. O projeto original era uma "espécie de máquina do Juízo Final que faria lançamentos sem nenhuma ação humana", diz Hoffman.[166] Um sistema mecanizado pré-programado para uma série final de ataques de retaliação nível Armagedom. Esses projetos foram supostamente refinados, mas o sistema permanece em uso. Ainda se desconhece se ele pode ou não fazer lançamentos sem intervenção humana real. Mas demonstra o quão paranoico um líder em posse de um arsenal capaz de destruir o mundo pode ser.

Après moi, le déluge.

A paranoia é um fenômeno psicológico, assim como a dissuasão. As consequências do medo de um ataque de decapitação preventivo que um líder paranoico pode ter são tão reais quanto as próprias armas nucleares. Verdade neste cenário. Verdade na vida real.

Neste cenário, não sabemos por que o líder norte-coreano escolheu lançar um ataque surpresa contra os Estados Unidos, mas a paranoia quase certamente desempenhou um papel. E agora a paranoia alimenta o presidente russo em sua decisão, que deve ser tomada sob a pressão dos segundos de um relógio.

Diante do que ele acredita serem centenas de ogivas nucleares direcionados a solo russo — lançadas por norte-americanos oportunistas em um ataque furtivo preventivo —, o presidente russo decide lançar.

O assessor militar abre a *Cheget*.[167]

O presidente russo escolhe a opção de ataque nuclear mais extrema do Livro Preto da Rússia. Ele lê os códigos de lançamento num documento que está no interior.

Como as dos Estados Unidos, as armas nucleares da Rússia podem levar apenas alguns minutos para serem lançadas.

O que está feito não pode ser desfeito.

45 MINUTOS
Dombarovski, Rússia

A 9.200 quilômetros da cidade de Washington, no complexo de ICBMs de Dombarovski no sudoeste da Sibéria, 30 quilômetros ao norte do Cazaquistão, um trecho coberto de neve brilha ao luar. É 0h48, horário local. Cercas de arame farpado e minas terrestres cercam a instalação, com anéis de lançadores automatizados de granadas e instalações de metralhadoras controladas remotamente mantendo guarda. Como nos campos de mísseis de Wyoming, existem escotilhas no solo. Tampas de silo feitas de aço rentes ao céu noturno.

Para os transeuntes, Dombarovski é um território florestal, onde fábricas de leite e papel fornecem empregos aos moradores locais. Para as forças nucleares russas, é o lar do ICBM mais poderoso e destrutivo do mundo. O míssil balístico Filho de Satã, como é conhecido no Ocidente.[168] A Rússia chama esses mísseis de RS-28 Sarmat, em homenagem a uma tribo de guerreiros cavaleiros do século V a.C. Da mesma forma, os Estados Unidos chamam seus ICBMs de Minutemen em homenagem à sua tribo de guerreiros cavaleiros da Guerra de Independência. A denominação ocidental de Filho de Satã para os ICBMs russos ajuda a promover a ideia de que eles são malignos.[169] Já os ICBMs Minutemen são soldados bons e valentes, projetados para defender e proteger.

Não importa a nomenclatura, esses dois arsenais de destruição em massa estão prontos e preparados para destruir o mundo. A loucura da Destruição Mútua Assegurada é que os dois lados são como um espelho. Como o mito de Narciso, mas com uma reviravolta bíblica: um louco olha para um lago, vê sua imagem na superfície da água e a confunde com a de seu inimigo. Sucumbindo à ilusão, ele ataca, escorrega na água e se afoga. Mas não antes de desencadear o Armagedom.

Os Estados Unidos têm 400 ICBMs enterrados em silos por todo o país. A Rússia tem 312, em silos e em lançadores rodoviários móveis. Ao contrário dos mísseis Minutemen de ogiva única dos Estados Unidos, alguns dos ICBMs da Rússia podem transportar até dez bombas de 500 quilotons em cada compartimento. Isso significa que um único RS-28 Sarmat pode transportar cerca de 5 megatons de destruição nuclear. Aproximadamente metade da potência do dispositivo termonuclear Ivy Mike, que obliterou uma ilha inteira no Pacífico, deixando para trás um buraco do tamanho de catorze Pentágonos.

A Rússia é, de longe, o maior país do mundo. Mais de 100 silos de ICBMs, como os aqui em Dombarovski, pontilham sua vasta paisagem, seus onze fusos horários. A Rússia tem onze ou doze divisões ICBM,[170] cada uma guarnecida com dois a seis regimentos — em Barnaul, Irkutsk, Kozelsk, Novosibirsk, Nizhny Tagil, Tatishchevo, Teykovo, Uzhur, Vypolsovo, Ioshkar-Ola e Dombarovski.

Hans Kristensen, diretor do Projeto de Informações Nucleares da Federação dos Cientistas Americanos, junto com os associados Matt Korda, Eliana Reynolds e outros, acompanha os arsenais de potências nucleares e libera essa informação anualmente no *Nuclear Notebook* do Boletim dos Cientistas Atômicos (*Bulletin of the Atomic Scientists*). Acordos de armas que buscavam estabelecer paridade entre as duas superpotências reduziram os estoques de seu ponto máximo, em 1986, quando havia quase 70 mil armas nucleares, somando-se ambos os países.[171]

Os números exatos de ogivas disponíveis para lançamento imediato são atordoantes. Além de mudarem a cada ano, as ogivas também podem ser contadas de formas diferentes, dependendo do modo como são reportadas — e por quem. No começo de 2024, os totais aceitos (no Ocidente) são os seguintes:

- Os 312 ICBMs nucleares da Rússia podem transportar até 1.197 ogivas nucleares, com "cerca de 1.090" em status de pronto lançamento.[172]
- Os Estados Unidos mantêm 400 armas nucleares carregadas em seus 400 ICBMs, todos prontos para lançamento.
- Os Estados Unidos mantêm a maior parte de suas armas nucleares carregadas em seus submarinos da classe Ohio, em um número que gira em torno de 970.
- A Rússia mantém "cerca de 640" de suas ogivas nucleares carregadas em mísseis balísticos lançados por submarinos.[173]

"Paridade" significa igualdade. "Paridade nuclear" significa uma equivalência relativa. A paridade ainda garante a aniquilação de todos nos dois lados.

"Podemos ser comparados a dois escorpiões em uma garrafa",[174] disse Robert Oppenheimer certa vez sobre a corrida armamentista entre os Estados Unidos e a Rússia, "cada um capaz de matar o outro, mas apenas colocando em risco a própria vida".

Os escorpiões, como espécie, provavelmente sobreviverão à guerra nuclear. Os aracnídeos com pulmão folhoso existem há centenas de milhões de anos. Surgiram antes dos dinossauros, sobreviveram à sua extinção e provavelmente sobreviverão à nossa. Após a Terceira Guerra Mundial nuclear, as cascas duras dos escorpiões os protegerão da radiação que matará a maioria dos humanos que conseguirem inicialmente sobreviver às bolas de fogo, à explosão e às consequentes tempestades ígneas.

Oppenheimer deixou de mencionar que nem toda batalha de escorpiões termina em morte dupla. Às vezes, há um vencedor. Esses predadores blindados também podem ser canibais. O escorpião vitorioso às vezes come o vencido, como um pugilista que faz uma refeição da vitória.

Aqui em Dombarovski, na instalação de lançamento nuclear escondida no subsolo, oficiais russos da 13ª Divisão de Foguetes da Bandeira Vermelha de Oremburgo se preparam para o lançamento. Paridade significa que os protocolos de lançamento da Rússia são quase idênticos aos protocolos de lançamento nos Estados Unidos.

O presidente russo envia códigos de lançamento nuclear pela cadeia de comando.

Os códigos de lançamento são recebidos em 38 ou 39 regimentos de mísseis em toda a Rússia.

Oficiais de lançamento armam seus mísseis.

Eles digitam as coordenadas do alvo. Giram as chaves.

Em toda a Rússia, portas de silos ICBM se abrem e seus mísseis são lançados, um após o outro. Lançadores móveis disparam seus mísseis, um após o outro.

Com poucas exceções, todos seguem em direção a alvos nos Estados Unidos — mil deles.[175]

A Rússia mantém mais de mil armas nucleares prontas para lançamento. Aqui, um Sarmat ICBM — também conhecido como "Filho de Satã" — é testado em um campo nevado na Rússia.
(Ministério da Defesa da Federação Russa)

45 MINUTOS E 1 SEGUNDO
Instalação de Dados Aeroespaciais, Colorado

No espaço, a 36 mil quilômetros acima da Terra, sensores do tamanho de carros, localizados em uma constelação de satélites de alerta precoce dos Estados Unidos, equivalente ao tamanho de um ônibus escolar, detectam centenas de ICBMs russos sendo lançados de silos e de lançadores rodoviários móveis.

Na Instalação de Dados Aeroespaciais, no Colorado, os dados começam a chegar nas telas de computador, como um soco na garganta.

Primeiro um, depois dez, depois cem, duzentos, trezentos.

Leva apenas alguns segundos para os pontinhos pretos de centenas de ICBMs preencherem as telas.

Só há um pensamento neste momento.

Só uma coisa a ser dita.

Os russos lançaram.

Do comandante aos analistas, aos engenheiros de sistemas, todos na arena de acesso altamente restrito sabem no mesmo instante que não há nada que se possa fazer para impedir que esses mísseis balísticos intercontinentais atinjam os Estados Unidos. Centenas de milhões de norte-americanos estão prestes a morrer.

Restam quarenta mísseis interceptadores dos Estados Unidos (dos 44 originais), 36 deles no Alasca, quatro na Base da Força Espacial de Vandenberg. Mesmo que cada um desses mísseis interceptadores desafiasse as probabilidades e derrubasse quarenta das ogivas que se aproximavam, implantadas por ICBMs russos, outras 960 ogivas ou mais passariam. O comandante da Instalação de Dados Aeroespaciais pega o telefone e envia uma série de mensagens de emergência criptografadas para o Avião do Juízo Final e para os Centros de Comando e Controle Nuclear que permanecem de pé.

- O Centro de Alerta de Mísseis em Cheyenne Mountain, no Colorado
- O Centro de Operações Globais sob a Base da Força Aérea de Offutt, em Nebrasca
- Sítio R, o Centro de Comando Militar Nacional Alternativo em Raven Rock Mountain, na Pensilvânia

Três instalações que são quase certamente os principais alvos para os ICBMs russos que se aproximam. Nas palavras do ex-vice-almirante Michael J. Connor, comandante das forças submarinas dos Estados Unidos, "qualquer coisa fixa é passível de ser destruída".[176] Todo o efetivo em cada uma dessas instalações deve se preparar para duas novas ocorrências simultâneas:

- Lançar um contra-ataque nuclear massivo contra a Rússia
- Resistir a um ataque direto de uma ou mais bombas nucleares

Mas quem vai permanecer em seu posto? Quem vai largar tudo e correr? Que diferença faz?

Parte IV

OS 24 MINUTOS SEGUINTES (E FINAIS)

48 MINUTOS
Complexo Cheyenne Mountain, Colorado

Dentro do tronco cerebral que é o Cheyenne Mountain, o comandante recebe os dados de rastreamento e prepara mensagens de emergência para o Sítio R, NORAD, NORTHCOM e STRATCOM, de forma semelhante ao que aconteceu quando tudo isso começou, há cerca de 48 minutos.

Em comunicações via satélite, de seus vários locais no ar e no solo, os comandantes do Sistema de Comando e Controle Nuclear dos Estados Unidos estão reunidos — sem aqueles que estavam no Pentágono e que agora estão mortos.

Do bunker sob o Sítio R, nas montanhas Blue Ridge, o secretário de Defesa e a vice-presidente do Estado-Maior Conjunto discutem. Com o lançamento de toda a força russa de ICBMs, o secretário de Defesa foi empossado como presidente interino.

Do centro de comando aéreo no interior do Avião do Juízo Final — ainda voando em círculos sobre o Meio-Oeste norte-americano — o comandante do STRATCOM aguarda ordens de lançamento do presidente interino. O Livro Preto permanece aberto na frente dele.

O resumo da avaliação do ataque é breve: há cerca de mil ogivas nucleares russas se encaminhando para os Estados Unidos.

Eles têm seis minutos para decidir qual contra-ataque executar, mas quanto mais rápido, melhor, dadas as circunstâncias. O ex-diretor da CIA, o general Michael Hayden, explica o porquê. O lançamento de uma guerra nuclear total é "projetado para ser uma decisão rápida e resoluta", diz Hayden.[1] "Não há margem para debate."

Além disso, há mais fogo do inferno por vir. Os temidos SLBMs da Marinha russa estão prestes a serem lançados.

48 MINUTOS E 10 SEGUNDOS
Perto do Arquipélago da Terra de Francisco José, oceano Ártico

No topo do mundo, onde o oceano Ártico encontra o mar de Barents, três submarinos russos abrem caminho por mais de 1,5 metro de gelo marinho flutuante, emergindo simultaneamente a uma distância de algumas dezenas de metros uns dos outros, exatamente como três submarinos russos fizeram impecavelmente em março de 2021,[2] durante um exercício militar.

Só que isso não é um exercício.

Dois dos três submarinos são K-114 Tula, nomeados pela OTAN como Delta-IV. Esses submarinos de mísseis balísticos com propulsão nuclear têm servido há muito tempo como um burro de carga da frota de submarinos russos. O terceiro é um submarino da classe Borei, mais novo, mais rápido e mais furtivo do que seus predecessores da era soviética.[3] Cada submarino porta dezesseis mísseis de ponta nuclear; cada míssil transporta quatro ogivas de 100 quilotons em cada compartimento, o que significa que esses três submarinos russos carregam 192 ogivas.

Três submarinos. Com uma carga útil de 19,2 megatons de potência explosiva.

A temperatura exterior é de -30°C. Os ventos chicoteiam as torres de comando dos submarinos a 112 km/h.

Os submarinos começam a lançar seus mísseis em intervalos de cinco segundos.[4]

Um míssil após o outro.

Cada SLBM sai do tubo do míssil e decola em voo motorizado. Cada submarino leva oitenta segundos para esvaziar toda a sua carga nuclear, da mesma forma que Ted Postol informou aos oficiais da Marinha dos Estados Unidos no Pentágono há mais de quarenta anos, usando seu desenho como uma ferramenta de instrução.

A trajetória de alguns dos SLBMs passa por cima do Polo Norte em direção ao território continental dos Estados Unidos. Para alvos predeterminados que constituem o Comando e Controle Nuclear.

Outros SLBMs viajarão para o sul, em uma trajetória que os levará para a Europa. Para alvos predeterminados que constituem o Comando e Controle Nuclear da OTAN e bases de bombardeiros com capacidade nuclear.

Mais ou menos na mesma hora, milhares de quilômetros a sudoeste, outras duas torres de comando surgem, desta vez no oceano Atlântico. Esses dois submarinos russos vêm à tona a apenas algumas centenas de quilômetros da costa leste dos Estados Unidos, em locais que a Marinha norte-americana já havia rastreado em patrulhas. Nos últimos tempos, os submarinos russos têm chegado tão assustadoramente perto da costa leste dos Estados Unidos[5] que o Departamento de Defesa incluiu em sua Solicitação de Orçamento do Ano Fiscal de 2021 ao Congresso um mapa dos alarmantes dados de rastreamento de submarinos russos e chineses.

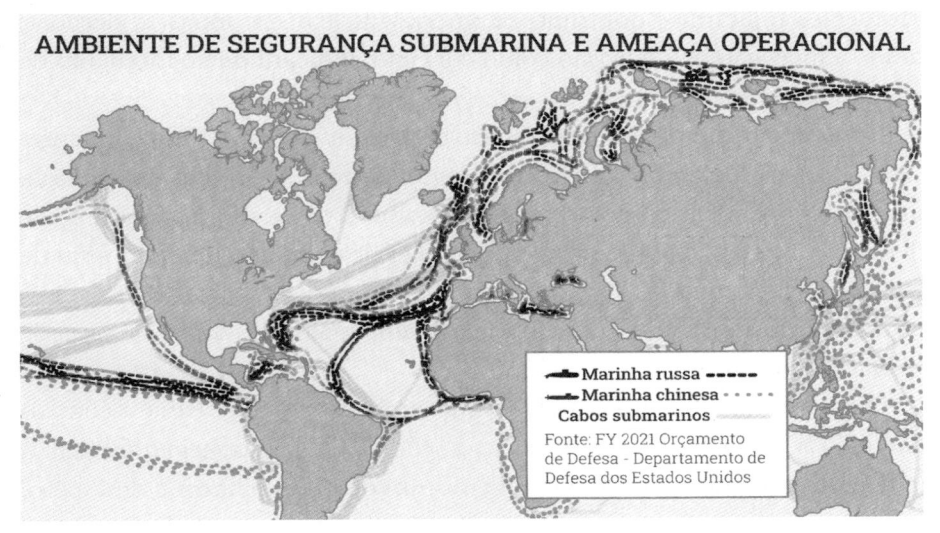

Submarinos inimigos patrulham perigosamente perto da costa dos Estados Unidos. (Departamento de Defesa dos Estados Unidos; imagem redesenhada por Michael Rohani)

É a velocidade estarrecedora com que os submarinos de mísseis balísticos podem lançar armas nucleares e atingir múltiplos alvos de modo quase simultâneo que os transforma em servos do apocalipse. Repetidas vezes, jogos de guerra nuclear tornados públicos demonstraram que, se a dissuasão falhar, é assim que tudo termina.[6] Com o Armagedom. Com a destruição da civilização.

Os submarinos no oceano Atlântico disparam seus mísseis balísticos, depois afundam sob a água e desaparecem.

Ao norte, na lâmina de gelo flutuante próxima do arquipélago da Terra de Francisco José, no oceano Ártico, três torres escuras de submarinos russos voltam a desaparecer sob a brancura da água.

49 MINUTOS
Complexo de Raven Rock Mountain, Pensilvânia

Para o Comando e Controle Nuclear dos Estados Unidos, não há o que debater em relação ao lançamento de armas nucleares. Todos os protocolos militares e doutrinas de guerra nuclear em todas as décadas, desde a invenção da dissuasão como conceito, indicam que o momento de lançar é agora.

Exceto pelo fato de que o secretário de Defesa — empossado como presidente interino e ainda sofrendo de cegueira nuclear — tem um ponto a discutir. Neste cenário, sentado em uma cadeira de escritório de couro, ele defende seu ponto de vista dentro do bunker de comando no Complexo de Raven Rock Mountain.

Secretário de Defesa: *Como presidente interino, sou responsável por qualquer decisão de lançamento.*

O que é tecnicamente verdade. O que também é verdade é que o comandante do STRATCOM está de posse do código de desbloqueio universal.

Dentro do bunker, o clima é uma mistura de choque, furor e desespero.

"Não é um lugar que se queira ocupar", o ex-secretário de Defesa Leon Panetta nos conta.[7] "Aquele em que você pode ser chamado para o meio de uma montanha para lidar com uma guerra nuclear." Panetta também serviu como diretor da CIA e, antes disso, chefe de gabinete da Casa Branca. "Existem livros, procedimentos, etapas", explica Panetta sobre um momento como este, "listas que instruem o que fazer em uma crise. Mas ninguém se prepara para uma guerra nuclear".

A dissuasão falhou. Assim como todas as estratégias teóricas de guerra — passivamente em vigor há décadas — para promover a ideia de que as armas nucleares tornam o mundo um lugar mais seguro. Políticas eufemísticas como "restaurar a dissuasão", "escalar para desescalar" e "decidir para conter". Políticas que, neste cenário, são reveladas como bombas-relógio nucleares. Políticas que parecem destinadas a falhar. A ideia de que estratégias nucleares como "dissuasão sob medida" e "retaliação flexível" — políticas que prometiam que a guerra nuclear poderia ser interrompida depois que começasse — são tão despropositadas quanto a própria dissuasão.

O desespero que toma conta de certas mentes no bunker do Sítio R vem da terrível realidade que é intuitivamente conhecida por muitos há décadas. Que a única maneira de uma guerra nuclear terminar é em holocausto. E, agora, é apenas uma questão de minutos até o fim.

O comandante do STRATCOM não vê necessidade de discutir. Ele diz ao ex-secretário de Defesa, agora presidente, que, como comandante em chefe, ele tem cinco minutos para agir.

E que a ação que ele precisa tomar é abrir o Livro Preto.

49 MINUTOS E 30 SEGUNDOS
Avião do Juízo Final, acima de Utah

Dentro do Avião do Juízo Final, o comandante do STRATCOM analisa as opções de ataque no Livro Preto. Ele espera que o secretário de Defesa autorize o lançamento, mas só por formalidade.

O comandante do STRATCOM tem o código de desbloqueio universal diante de si. Ele pode, e vai, lançar ataques retaliatórios contra a Rússia.

O comandante do STRATCOM controla todas as armas nucleares restantes no arsenal do Departamento de Defesa.

Como o comandante do STRATCOM Charles Richard disse ao Congresso, em uma situação como essa, "a força pronta para combate do STRATCOM está preparada para entregar uma resposta decisiva em qualquer lugar do globo, em todos os domínios...".[8]

Para ser claro, "entregar uma resposta decisiva" significa que o Comando Estratégico dos Estados Unidos está preparado para liberar toda a força da tríade nuclear se receber notícias de um ataque russo. Isso significa:

- Lançar os ICBMs que se encontram em silos de mísseis nos Estados Unidos.
- Lançar os SLBMs em submarinos da classe Ohio em patrulha no Atlântico e no Pacífico.
- Carregar os bombardeiros e dispará-los para soltar bombas nucleares (de gravidade) e autorizar o lançamento de mísseis de cruzeiro lançados do ar (air-launch cruise missiles, ALCMs).

- Carregar os caças da OTAN e colocá-los no ar, para lançar bombas nucleares (de gravidade).⁹

A velha estratégia de "use-os ou perca-os" vem para o primeiro plano.

Em aproximadamente oito minutos, centenas de SLBMs e ICBMs russos com armas nucleares começarão a atacar os Estados Unidos. Presume-se que as instalações de Comando e Controle Nuclear estão no topo da lista de alvos da Rússia.

"Use-os ou perca-os" significa que os Estados Unidos lançarão imediatamente tudo na tríade nuclear antes que seus alvos militares fixos sejam destruídos no ataque nuclear que se aproxima.

Enquanto as decisões estão sendo tomadas sobre a opção de contra-ataque para atingir a Rússia, o ex-secretário de Defesa, agora presidente interino, confessa uma crise de consciência.

49 MINUTOS E 30 SEGUNDOS
Complexo de Raven Rock Mountain, Pensilvânia

Falando de dentro do Sítio R por meio da constelação de satélites de Frequência Extremamente Alta Avançada, o secretário de Defesa apresenta sua ideia, levando em conta o benefício maior da humanidade. Ele diz que talvez não haja nenhum sentido em matar centenas de milhões de pessoas do outro lado do mundo, na Rússia. Que, só porque centenas de milhões de norte-americanos inocentes estão prestes a morrer, talvez a outra metade da humanidade — tão inocente quanto — não precise morrer.

A sugestão é descartada sem nem sequer ser considerada.

Nas palavras do especialista em sistemas complexos Thomas Schelling, a "racionalidade da irracionalidade"¹⁰ já se consolidou. A Regra N.º 1 na guerra nuclear é a dissuasão: que cada nação com arsenal nuclear prometa nunca usar suas armas a menos que seja obrigada. A dissuasão é fundamentalmente baseada na rejeição de qualquer ideia pelo benefício maior da humanidade.

"Toda capacidade do Departamento de Defesa é sustentada pelo fato de que a dissuasão estratégica se manterá", insiste o Comando Estratégico dos Estados Unidos em declarações públicas. Até certo ponto de 2022, essa promessa estava fixada no *feed* público do Twitter do STRATCOM, quando foi retirada de lá. Mas, para uma audiência privada nos Laboratórios Nacionais Sandia mais tarde, naquele mesmo ano, o vice-diretor do STRATCOM, tenente-general Thomas Bussiere, admitiu o perigo da dissuasão. "Tudo se desmantela se essas coisas não forem verdadeiras."[11]

Esse desmantelamento ocorreu.

Na guerra nuclear, não existe capitulação.

Não existe rendição.

A única coisa que resta a fazer é decidir qual opção de contra-ataque em massa escolher do Livro Preto.

É por meio do ex-oficial de lançamento de ICBM e especialista em armas nucleares Bruce Blair que sabemos como realmente seria um contra-ataque em massa dos Estados Unidos contra a Rússia. O colega de Blair na Universidade de Princeton, o físico Frank von Hippel, explica.

"Até sua morte prematura em julho de 2020, Bruce Blair, mais do que qualquer outro *outsider*, gozava da confiança de ex-líderes dos Estados Unidos e dos comandos estratégicos russos."[12] Isso permitiu que Blair relatasse, em uma monografia de 2018, "as informações mais detalhadas disponíveis publicamente" sobre o planejamento de guerra nuclear dos Estados Unidos, explica Von Hippel.[13] Sobre "pontos de mira primários e secundários", também conhecidos como alvos, em diferentes países com armas nucleares que os Estados Unidos encaram como adversários em potencial.

Blair escreveu: "Existem 975 [alvos] na Rússia[14] espalhados em três categorias: 525 para instalações nucleares e outras armas de destruição em massa, 250 para indústrias bélicas [convencionais] e 200 para liderança." E que "muitos alvos em todas as três categorias estão localizados em [...] áreas urbanas russas densamente povoadas; simplesmente cem desses pontos de mira estão posicionados na região metropolitana de Moscou".

O relógio está correndo. O secretário de Defesa deve decidir qual opção de contra-ataque em massa escolher no Livro Preto.

O secretário de Defesa escolhe a opção mais extrema: Alfa.

São 975 alvos na Rússia.[15]

"A Rússia provavelmente tem um conjunto similar de alvos nos Estados Unidos", lembra Von Hippel.

Um conflito nuclear em grande escala está prestes a começar. "Combate máximo", nas palavras de Bruce Blair.[16]

O começo e o fim.

50 MINUTOS
Avião do Juízo Final, acima de Utah

No Avião do Juízo Final, o comandante do STRATCOM retransmite informações de lançamento para a tríade nuclear, embora fosse fazer isso de qualquer maneira. Um contra-ataque nuclear massivo e total em resposta aos mísseis russos que se aproximam.

Por todo o país, em campos de mísseis ICBM[17] em Montana, Wyoming, Dakota do Norte, Nebrasca e Colorado, os oficiais de lançamento recebem dezenas de conjuntos de códigos de autorização. Em questão de minutos, 350 silos se abrirão com um estrondo e 350 Minuteman com ogivas nucleares serão lançados. Todos eles dirigidos para alvos na Rússia.

Na Base da Força Aérea de Minot, na Dakota do Norte, e na Base da Força Aérea de Barksdale, na Louisiana, os bombardeiros nucleares B-52 se preparam para decolar. Os aviadores nas pistas correm para dar partida nos enormes motores — todos usando o método de partida por cartuchos explosivos (ou Cart-Start). Isso envolve inserir uma pequena carga explosiva controlada em dois de cada um dos oito motores dos B-52s, permitindo assim que as aeronaves decolem do solo mais rápido do que a hora ou mais que levariam em circunstâncias normais. Uma fumaça preta se levanta. Todos os motores restantes são ligados. Um a um, os bombardeiros se juntam à procissão ameaçadora pela pista. Um a um, eles ganham velocidade e decolam.

Na Base da Força Aérea de Whiteman, no Missouri, os bombardeiros nucleares B-2 se preparam para sair de seus hangares, taxiar pelas pistas e decolar.

Faltam os *boomers*. Os submarinos com armas nucleares e propulsão nuclear. As máquinas de pesadelo. As servas do apocalipse. As embarcações da morte. Impossíveis de localizar por mísseis russos e, portanto, impossíveis de deter. Armados até os dentes com armas nucleares.

A Marinha controla uma frota de catorze deles, doze dos quais estão em operação permanente nos oceanos Atlântico e Pacífico, enquanto dois são mantidos em manutenção em docas secas: um na costa leste, na base naval em Kings Bay, na Georgia, outro na costa oeste, na base naval em Bangor, Washington. Neste momento, há dez submarinos no mar.

"Quatro ou cinco deles estariam em 'alerta forte'", relatam Kristensen e Korda. Outras "quatro ou cinco embarcações poderiam ser colocadas em status de alerta em algumas horas ou dias".[18]

Cada indivíduo, em cada instalação de Comando e Controle Nuclear nos Estados Unidos, se prepara para o que está prestes a acontecer.

Eles não estão se preparando para a guerra.

Eles estão se preparando para aniquilar o adversário. E para suas próprias, quase certamente, mortes iminentes.

A FEMA não enviará mais nenhuma mensagem.

Os mais de 332 milhões de cidadãos norte-americanos ficarão completamente no escuro.

51 MINUTOS
Bases aéreas da OTAN, Europa

No minuto 51 deste cenário, nas bases aéreas da OTAN em toda a Europa — na Bélgica, na Alemanha, nos Países Baixos, na Itália e na Turquia —, os pilotos que estavam esperando dentro de abrigos reforçados de aeronaves, prontos para o combate, agora recebem ordens para lançar.

"O alarme especial soa",[19] diz o piloto de F-16 da Força Aérea coronel Julian Chesnutt, anteriormente baseado na base nuclear da OTAN em Aviano, Itália. "A ordem de embarque é dada. A ordem que alerta os pilotos sobre a missão nuclear."

Os SLBMs russos estão vindo atrás deles. Em questão de minutos, eles atacarão.

As bombas nucleares da OTAN saem dos cofres WS3.[20] São carregadas em aeronaves da OTAN.

"Os pilotos da OTAN sabem que suas bases são alvos preferenciais",[21] nos conta o jornalista de aviação (e ex-segundo-tenente da Força Aérea italiana) David Cenciotti. "Eles sabem que precisam decolar depressa." Sabem também que têm o que equivale a "missões suicidas".

"Os pilotos de missões nucleares têm um único alvo, com talvez um alvo secundário", diz Chesnutt, que já foi premiado com a Estrela de Prata por bravura em combate. E cada piloto nuclear sabe tudo sobre a própria rota. "Você treina e treina. Memoriza cada característica digna de nota.

Você presume que estragaram seu GPS e trabalha com base inteiramente na navegação inercial e na sua memória."

Sobrevoar a Rússia para lançar uma bomba nuclear de gravidade[22] significa enfrentar os sistemas de radar russos (as aeronaves da OTAN não são furtivas como o bombardeiro B-2). "Os radares russos podem ver você", diz Chesnutt, "podem te rastrear e provavelmente vão te abater. E, como não há como derrotar o radar russo, você tem que voar muito baixo". Isso significa a poucas centenas de metros do chão.

Os pilotos da OTAN são treinados para a guerra nuclear.

Chesnutt descreve uma tática da Guerra Fria. "A apenas alguns quilômetros do alvo, você aparece e libera sua arma [nuclear]. Há um paraquedas preso a ela, que desacelera a queda" e dá ao piloto da OTAN um tempinho extra para tentar escapar da área, "para tentar vencer a onda de explosão nuclear". Bombas nucleares de modelos mais recentes planam até o alvo sem paraquedas.

"Eles precisam chegar extremamente perto do alvo real", esclarece Cenciotti.

A maioria dos pilotos da OTAN aceita que, realisticamente, há poucas esperanças de retorno.

"Gasta-se muito combustível em baixa altitude", explica Chesnutt, "milhares de quilos de gás por hora. Então, quando você chega ao alvo, o combustível está acabando".

Não haverá nenhum avião-tanque da Força Aérea dos Estados Unidos disponível para reabastecimento aéreo. "Você presume que seu avião-tanque foi abatido."

A guerra nuclear é final, diz Chesnutt.

"Além do mais", acrescenta ele, "depois de despachar uma arma nuclear, é preciso se perguntar: ainda há algo para o qual realmente se possa voltar?"

Com ordens de lançamento do primeiro-ministro do Reino Unido e agora também do presidente interino dos Estados Unidos, por toda a Europa, os pilotos da OTAN correm pelas pistas e decolam.

52 MINUTOS
Pyongyang, Coreia do Norte

As 32 ogivas nucleares lançadas por submarinos dos Estados Unidos, transportadas por mísseis Trident MIRV e guiadas por observação de estrelas, chegam aos seus alvos na Coreia do Norte pouco mais de catorze minutos após emergirem do fundo do Pacífico, em algum lugar ao norte da ilha Tinian. A destruição de Pyongyang, capital da Coreia do Norte, é absoluta. A maior parte dos 3 milhões de moradores da cidade é incinerada.

Cada ogiva nuclear W88 atinge seu alvo designado com uma precisão da qual os Laboratórios Nacionais Sandia no Novo México se gabam publicamente há décadas.[23] "[A ogiva] sempre funciona quando queremos e nunca quando não queremos", afirma a gerente de projetos Dolores Sanchez sobre a W88. "O conjunto de armamento, detonação e disparo [é] o cérebro da ogiva", e uma ogiva Sandia é muito inteligente.[24]

As ogivas W88 têm uma potência de 455 quilotons cada. A bomba que destruiu Hiroshima tinha 15 quilotons;[25] a de Nagasaki, 21 quilotons. A quantidade de poder explosivo que atinge a Coreia do Norte neste cenário é quase demais para a compreensão humana. Como o presidente Kennedy comentou certa vez após um relatório sobre prováveis números de mortos em um cenário de destruição nuclear: "E nós nos chamamos de raça humana."[26]

MIRV (*Multiple Independently Targetable Reentry Vehicle*) significa Veículo de Reentrada Múltiplo Independentemente Direcionado, o que não diz muito para a maioria das pessoas — e com certeza nada para os milhões de pessoas que serão mortas por eles —, e ainda assim ele significou muito para planejadores de guerra nuclear e analistas de defesa nas últimas décadas.

Um MIRV, como sua sigla afirma, é um sistema de armas que carrega várias ogivas nucleares em seu compartimento — cada uma capaz de atingir um alvo independente, mesmo a centenas de quilômetros de distância. As minúcias do MIRV podem parecer detalhes demais para se levar em conta quando o mundo está prestes a acabar, mas são importantes porque ajudam a explicar a rapidez com que a guerra nuclear global se desenrola. Como é trágico e irônico que os seres humanos tenham se desenvolvido de forma lenta e contínua ao longo de centenas de milhares de anos, culminando na criação de civilizações vastas e complexas, apenas para serem obliterados em uma guerra que leva menos de algumas horas do começo ao fim.

Desde a década de 1960, quando os MIRVs surgiram, estima-se que centenas de bilhões de dólares foram gastos projetando, desenvolvendo, expandindo e aperfeiçoando a tecnologia. Na industrialização e produção em massa de MIRVs. Então, após as discussões sobre redução de armamentos da década de 1980, os especialistas nucleares do mundo decidiram que os MIRVs estavam "desestabilizando" a paz mundial. E assim, dezenas de bilhões de dólares dos contribuintes dos Estados Unidos foram gastos desarmando-os. "Este passo", proclamou o Departamento de Defesa dos Estados Unidos em uma de suas Revisões de Postura Nuclear, "aumentará a estabilidade do equilíbrio nuclear ao reduzir os incentivos para que qualquer um dos lados ataque primeiro".[27]

Depois que milhares de ICBMs com MIRVs foram projetados, construídos, armazenados em silos e apontados para outro lado, foi decidido que um míssil MIRV num silo subterrâneo era um alvo "lucrativo" demais. A lógica funcionava assim: se um ICBM em, digamos, Wyoming contivesse dez ogivas em sua coifa, esse silo era (ou poderia ser) visto como um alvo altamente tentador por um inimigo num ataque nuclear preventivo.

Depois de muitas discussões, os MIRVs foram desarmados, desmontados, desconstruídos, descartados; alguns foram destruídos. Mas apenas os MIRVs em terra. Nos submarinos, considerou-se aceitável que os mísseis nucleares permanecessem com MIRVs, segundo a estranha lógica que alegava que um submarino nuclear não é realmente um alvo porque não pode ser localizado, ficando escondido sob o mar. E, assim, mísseis em submarinos da classe Ohio permaneceram com MIRVs.

E agora é uma legião desses Tridents com MIRVs que ataca a Coreia do Norte no primeiro contra-ataque nuclear dos Estados Unidos contra a nação que, neste cenário, de forma tola e imprudente — e por motivos que simplesmente desconhecemos —, começou a Terceira Guerra Mundial nuclear.

Nas palavras de John Rubel, um evento de extinção em massa está em andamento.

As primeiras bombas nucleares a chegarem à Coreia do Norte atingem as residências conhecidas do líder supremo em Pyongyang e arredores. Esses palácios e mansões[28] funcionam como quartéis-generais militares e, portanto, são considerados pelos planejadores de guerra dos Estados Unidos componentes centrais do Comando e Controle Nuclear da Coreia do Norte.

A residência n.º 55, a Mansão Central de Luxo no distrito de Ryongsong, é atingida. A estação de trem particular do líder, os lagos artificiais e os locais antiartilharia que guardam o palácio são vaporizados na explosão da bomba nuclear. O mesmo vale para os cavalos nos estábulos e as crianças nadando na piscina. Tudo em um diâmetro de quase 5 quilômetros é ceifado, todas as pessoas incineradas, todos os objetos em chamas. Esse horror acontecerá mais 81 vezes nos próximos minutos.

A residência n.º 15, em Jungsung-dong, é atingida. A bola de fogo destrói o Comitê Central do Partido, ao lado, com sua caverna de túneis e seus bunkers subterrâneos. A residência n.º 85, em Pyongyang Oriental, é atingida. Seus campos de veados domesticados e tanques de pesca estão lá em um instante e desaparecem no outro. A residência n.º 16, no distrito central, é destruída, assim como o Centro de Pesquisa do Partido, ao lado, e todos que trabalham lá. As residências Ryokpo e Samsok nos subúrbios ocidentais desaparecem em fogo e estrondo, assim como aquela à beira do lago em Kangdong, um retiro de verão 30 quilômetros ao norte da Praça Kim Il-Sung.

Nuvens em formato de cogumelo brotam sobre a cidade e se fundem em uma densa massa de partículas.[29] De matéria orgânica e inorgânica. Partículas de seres humanos, edifícios, pontes e carros, todos cremados onde estavam. Entre as bolas de fogo, a explosão e os ventos de centenas de quilômetros por hora, a cidade é arrasada de ponta a ponta. Ao cair da noite, todos os 2 mil quilômetros quadrados de Pyongyang, conhecida localmente como a Capital da Revolução, serão engolidos por um megaciclone de fogo que queimará sem parar até que não haja mais nada para queimar.

Acabou-se a arquitetura de estilo russo da cidade, seus prédios altos de apartamentos, sua rede de ruas organizada. Acabaram-se as pessoas de Pyongyang em bicicletas, a pé, em carros. Pessoas em pé, dormindo, descansando, escovando os dentes — estão todas mortas num clarão nuclear de fogo e explosão. Armas nucleares destroem todos e tudo na Praça Kim

Il-Sung, no Salão de Assembleias de Mansudae, no Estádio Primeiro de Maio, na Torre Juche, no Arco do Triunfo, no Hotel Ryugyong (também conhecido como Construção 105), o arranha-céu inacabado em forma de pirâmide de 105 andares projetado como um desafio ao Ocidente. Ao cair da noite, tudo, do Aeroporto Internacional de Sunan até o Golfo da Coreia, será reduzido a solo árido e fumegante.

Assim como em Washington, milhões de pessoas em Pyongyang foram incineradas, derretidas em ruas e superfícies, sugadas por furacões de fogo. Pessoas foram empaladas por estilhaços voadores[30] e esmagadas sob prédios. Por toda parte, seres humanos estão gritando, queimando e sangrando até a morte. A destruição, a dor e o sofrimento são idênticos deste e do outro lado do mundo. E é preciso aceitar — e entender — que isso é apenas o começo parte da carnificina que se seguirá em todo o planeta.

Em toda a Coreia do Norte, mais vinte bombas atingem as instalações nucleares do país.[31] O Centro de Pesquisa Científica Nuclear de Yongbyon, no centro-noroeste, explode em uma bola de fogo. Esse lugar abriga um laboratório radioquímico, uma usina de enriquecimento de urânio e dois reatores. O que aconteceu há cerca de trinta minutos em Diablo Canyon se repete aqui: materiais do núcleo nuclear se fundem. O Cenário do Diabo.

Atacar um reator nuclear com qualquer arma explosiva viola a Norma 42 do Comitê Internacional da Cruz Vermelha. Mas não há regras na guerra nuclear.

Se você vencer, não precisa se explicar.

Com o colapso do núcleo em andamento e com as barras de combustível usado da instalação expelindo um veneno radioativo, a terra aqui também se tornou inabitável por um período indeterminável.

Ao longo da costa noroeste do país, a Estação de Lançamento de Satélites de Sohae e sua instalação de teste de motor para ICBMs são atingidas por bombas nucleares. Sohae, localizada cerca de 110 quilômetros a noroeste de Pyongyang, fica a menos de 50 quilômetros de Dandong, na China, cidade com 2 milhões de habitantes. Se a China pretendia ficar fora deste conflito, a súbita morte ou os ferimentos de centenas de milhares de cidadãos chineses arrastará o país e seu arsenal de 410 armas nucleares para esta guerra absoluta e veloz.

Os 24 minutos seguintes (e finais)

Na região norte da Coreia do Norte, uma bomba nuclear atinge o local de testes nucleares de Punggye-ri, onde testes subterrâneos conduzidos entre 2006 e 2017 permitiram que a Coreia do Norte transformasse planos nucleares comprados ou roubados no amplo programa de armamentos que deu início a esta guerra. Punggye-ri fica a 180 quilômetros da fronteira russa, com a cidade portuária russa de Vladivostok a apenas 140 quilômetros ao norte. Kangson, um local de enriquecimento de urânio clandestino ao longo da via expressa Pyongyang-Nampo, é atingido. Assim como Sino-ri, uma base de mísseis não declarada nas montanhas. Os locais de lançamento de mísseis Sangnam-ni e Musudan-ri, nas imediações da fronteira russa, são atingidos em rápida sucessão. Em mais alguns minutos, mais cinquenta ICBMs atingirão a Coreia do Norte, os cinquenta ICBMs que a Rússia confundiu como sendo cem ou mais vindo em sua direção.

Em questão de minutos, 82 ogivas nucleares matam milhões de cidadãos norte-coreanos inocentes, que, assim como os norte-americanos que foram mortos minutos antes na cidade de Washington e nos arredores da Diablo Canyon, não fizeram nada pessoalmente para prejudicar aqueles que agora sofrem do outro lado do mundo.

Os mísseis Trident lançados por submarinos dos Estados Unidos constituem um sistema de armas feroz. Seu homônimo, o tridente, é uma ferramenta de três pontas criada por humanos para pesca submarina ou para combate contra outros humanos — não há como saber o que veio primeiro. Ninguém sabe também há quantos anos ele foi concebido. É pré-histórico, com certeza. A capacidade científica dos humanos ajudou-os a refinar o morticínio. Ela nos ajudou a evoluir do combate corpo a corpo ao apertar de um botão ou virar de uma chave para matar milhões de pessoas do outro lado do mundo.

O que será da humanidade depois da guerra nuclear? Os dinossauros habitaram este planeta durante 165 milhões de anos. Eles surgiram, dominaram, evoluíram. Então um asteroide os atingiu e eles foram extintos (a não ser por seus descendentes, os pássaros). Nenhum vestígio dos répteis assassinos foi encontrado por ninguém, que se saiba, por 66 milhões de anos. Até alguns séculos atrás, em 1677, quando o diretor do museu Ashmolean de Oxford, Robert Plot, encontrou um fêmur de dinossauro na paróquia de Cornwell, em Oxfordshire, e desenhou-o para uma revista científica, supondo erroneamente se tratar do osso de um gigante.

Depois da guerra nuclear, será que ainda haverá alguém para saber que estivemos por aqui?

52 MINUTOS
Montanha Baekdu, Coreia do Norte

O líder da Coreia do Norte não está perto de Pyongyang. Ele está em um bunker subterrâneo, 580 metros sob a montanha Baekdu no condado de Samjiyon. Um bunker que é considerado tão próximo de ser à prova de bombas nucleares quanto qualquer um dos existentes na Rússia ou nos Estados Unidos.

A montanha Baekdu é um estratovulcão ativo que entrou em erupção pela última vez mais de mil anos atrás. Sua caldeira de água cor de esmeralda, chamada lago do Céu, há muito tempo está entrelaçada com a propaganda estatal, em histórias que exigem que os norte-coreanos finjam que seus governantes são semidivinos. Neste cenário, é *nesse* bunker abaixo da montanha de lago do Céu que o líder supremo da Coreia do Norte pretende sobreviver à guerra nuclear. Ele talvez morra no processo, mas essa é a vida de um rei louco. *Après moi, le déluge.*

Por décadas, os líderes da Coreia do Norte construíram vastas instalações subterrâneas (ou UGFs, *underground facilities*, no jargão militar norte-americano)[32] para se esconderem antes, durante e após um confronto nuclear. "O programa UGF da Coreia do Norte é o maior e mais fortificado do mundo", relatou a Agência de Inteligência de Defesa em 2021. "Estima-se que consista em milhares de UGFs e bunkers projetados para resistir às bombas destruidoras de bunkers dos Estados Unidos." Diz-se que essa rede de construções subterrâneas está conectada internamente por ferrovias e estradas, algumas com pontes controladas remotamente e portões móveis. "A nação inteira deve ser transformada em uma fortaleza",[33] proclamou publicamente o líder supremo Kim Il-sung em 1963. "Devemos cavar para nos proteger."

Desertores contam histórias de passarelas de mármore polido, escotilhas de escape e túneis interligando esses labirintos subterrâneos. Dizem que a liderança da Coreia do Norte tem comida, água e suprimentos médicos suficientes para se esconder no subsolo por anos ou mesmo décadas.

Os 24 minutos seguintes (e finais)

Os bunkers supostamente dispõem de geradores de reserva e sistemas de circulação de ar para permitir que o regime permaneça vivo, isolado de um mundo pós-guerra nuclear, pelo tempo que for necessário. Dizem ainda que o líder supremo mantém com ele uma máquina de perfuração de túneis,[34] para que ele possa escolher quando, onde e como eventualmente se desenterrará de sob os escombros nucleares.

Durante a Guerra Fria, quando a Rússia era a principal benfeitora do país, os cientistas soviéticos compartilharam com seus companheiros comunistas as técnicas de engenharia que tornaram possível toda essa construção de túneis. Isso permitiu que a Coreia do Norte erigisse algumas das melhores fortalezas subterrâneas do mundo. Na década de 1960, os cientistas soviéticos usaram como métrica o fato de que um bombardeiro norte-americano, carregando uma bomba B-53 com 9 megatons de potência, poderia destruir uma instalação construída a 575 metros de profundidade, "em solo úmido ou rocha macia úmida".[35] O que pode explicar por que o bunker sob a montanha Baekdu foi construído a 580 metros.

São 4h55, horário local, aqui na montanha Baekdu. O líder supremo é informado por seus conselheiros sobre o que está acontecendo nos Estados Unidos. Que a capital, Washington, foi destruída, que o Cenário do Diabo está em andamento na costa da Califórnia, e quantas pessoas morreram. Como o presidente da Rússia, dizem que o líder da Coreia do Norte tem o costume de assistir de forma obsessiva ao noticiário do mundo ocidental na TV via satélite. Agora — com apenas 52 minutos passados neste cenário —, muitos canais nos Estados Unidos cessaram a transmissão, o que significa que o acesso do líder à informação é limitado. O exército norte-coreano não tem um sistema de alerta precoce próprio, nem no ar nem no solo.[36] "A comunicação dentro e fora da montanha Baekdu depende inteiramente de um sistema telefônico incorporado",[37] nos conta Michael Madden, "como os antigos telefones fixos. O líder supremo só sabe o que está acontecendo em seu próprio país com base no que seus conselheiros, o Secretariado Pessoal, dizem que está acontecendo".

Mesmo assim, a destruição de Pyongyang em um contra-ataque nuclear massivo já era levada em conta. E o líder ainda não terminou de causar estragos. Ele tem uma carta na manga que pretende usar. Bombas nucleares causam outros tipos de destruição em massa quando usadas com criatividade. E, agora, o líder da Coreia do Norte pretende fazer um acerto de contas.

Já faz quase uma década desde que o Ocidente divulgou uma imagem noturna da península coreana à noite. Aquela em que a metade norte (Coreia do Norte) parece escura e ameaçadora, com pouquíssima luz elétrica, enquanto a metade sul (Coreia do Sul) desponta, clara e luminosa. Para um rei louco, essa imagem comparativa foi como um tapa na cara. Durante semanas após a divulgação da imagem, no noticiário internacional, o Ocidente ridicularizava a Coreia do Norte como sendo um país "carente de eletricidade", "com déficit em energia". O que vai acontecer a seguir é uma vingança por esse insulto.

O líder supremo da Coreia do Norte está em posse de uma arma nuclear projetada para tirar a energia dos Estados Unidos. Para mostrar ao mundo o que "carente de eletricidade" realmente significa. Por décadas, a Comissão PEM dos Estados Unidos — formalmente conhecida como Comissão para Avaliar a Ameaça aos Estados Unidos de Ataque de Pulso Eletromagnético (PEM) — vem alertando o Congresso sobre os perigos catastróficos de uma arma nuclear explodida no espaço aéreo diretamente acima do país, na atmosfera superior ou no espaço. A Comissão PEM afirmou, por décadas, que um ataque de pulso eletromagnético de alta altitude iria danificar ou destruir toda a rede elétrica dos Estados Unidos.

O grau de perigo representado por essa arma tem sido o tema de debates virulentos. "Esse é o pesadelo favorito de um pequeno grupo formado por pessoas muito dedicadas",[38] disse um comentarista na NPR, em 2017. Em uma audiência do Congresso no mesmo ano, intitulada "Ameaça vazia ou perigo sério? Avaliando o risco da Coreia do Norte para a pátria", a Comissão reforçou sua advertência,[39] enviando um depoimento escrito intitulado "Ataque PEM nuclear da Coreia do Norte: uma ameaça existencial".

O dr. Peter Pry, ex-oficial da CIA e chefe de gabinete de longa data da Comissão PEM, disse, em uma entrevista para este livro, pouco antes de sua morte em 2022: "Se a Coreia do Norte resolver detonar um PEM de alta altitude sobre os Estados Unidos, será o Armagedom elétrico."[40]

Se.

52 MINUTOS E 30 SEGUNDOS
Redstone Arsenal, Huntsville, Alabama

Na sede do Comando de Defesa Espacial e de Mísseis do Exército em Redstone Arsenal 1, perto de Huntsville, Alabama — lugar de nascimento do ICBM norte-americano —, o comandante observa a movimentação de um satélite norte-coreano na tela de um radar. Neste cenário, o satélite é semelhante a um que foi lançado pela Coreia do Norte em 6 de fevereiro de 2016 e é conhecido como KMS-4 (Kwangmyongsong-4), ou Estrela Brilhante-4. No Ocidente, o identificador KMS-4 era NORAD 41332, o que permitiu que as partes interessadas rastreassem sua órbita ao redor da Terra, o que as pessoas fizeram até 30 de junho de 2023, quando ele saiu da órbita e decaiu.

NORAD ID: 41332[41]
Código Internacional: 2016-009A
Perigeu: 421,1 km
Apogeu: 441,4 km
Inclinação: 97,2°
Período: 93,1 minutos
Semieixo maior: 6.802 km
SCR: Desconhecido
Data de lançamento: 7 de fevereiro de 2016
Origem: Coreia do Norte (NKOR)
Local de lançamento: Yunsong, DPRK (YUN)

Enquanto o comandante aqui em Redstone observa a tela do radar, ele e todos os outros nesta sala temem estar prestes a assistir à explosão desse satélite. Ou melhor, a assistir à detonação do satélite. Temem que estejam a poucos momentos de testemunhar o artefato sobre o qual a Comissão PEM vem alertando vários comitês do Senado e da Câmara desde seu primeiro relatório em 2004. Temem que esse tipo de satélite pode não ser um satélite de reconhecimento ou comunicações, como a Coreia do Norte alegou, mas uma pequena arma nuclear orbitando a Terra, pronta para receber um comando e detonar na ionosfera sobre os Estados Unidos, destruindo toda a rede elétrica do país.

Foi em 2012 que temores em relação a um ataque com pulso eletromagnético de alta altitude se ampliaram além da comissão e se tornaram populares. Foi quando um cientista da NASA que virou consultor espacial da NBC News chamado Jim Oberg visitou a Coreia do Norte para investigar se o país estava desenvolvendo uma arma PEM. A princípio, Oberg estava cético sobre o que tinha ouvido. "[Havia] temores expressos de que a Coreia do Norte pudesse usar um satélite para levar uma pequena ogiva nuclear para a órbita da Terra e então detoná-la sobre os Estados Unidos em um ataque PEM",[42] escreveu Oberg na *Space Review*.

Treinado como engenheiro de armas nucleares, Oberg diz que inicialmente pensou que "essas preocupações pareciam extremas e exigiriam uma escala astronômica de irracionalidade por parte do regime". Mas depois de viajar à Coreia do Norte para examinar as instalações de controle de satélite e o *hardware*, Oberg relatou que tinha mudado de ideia. Convenceu-se de que o que ele havia visto, de fato, representava uma ameaça existencial aos Estados Unidos.

Oberg chamou a situação de Cenário do Juízo Final.

"O aspecto mais assustador", Oberg escreveu sobre o que testemunhou, "é que exatamente essa escala de insanidade é agora evidente no resto do 'programa espacial' [da Coreia do Norte]. Esse Cenário do Juízo Final [...] tornou-se plausível o suficiente para obrigar os Estados Unidos a tomar medidas efetivas" para impedir uma coisa dessas. Para garantir que um satélite norte-coreano, capaz de transportar uma pequena ogiva nuclear, nunca "tenha permissão de alcançar a órbita e sobrevoar os Estados Unidos".

Mas nenhuma ação foi tomada, e em fevereiro de 2016 a Coreia do Norte lançou com sucesso um satélite desses no espaço — um satélite com carga útil grande o suficiente para transportar uma pequena ogiva nuclear. Autoridades norte-coreanas insistiram que ele estava carregando uma carga útil de rádio UHF de 470 megahertz em órbita, projetada apenas para transmitir canções patrióticas para seus cidadãos. E talvez fosse verdade. Mas a órbita do satélite era incomum, de sul para norte,[43] o que lhe permitia voar diretamente sobre os Estados Unidos, incluindo as cidades de Washington e Nova York. No ano seguinte, a Coreia do Norte publicou um artigo técnico chamado "O Poder PEM das Armas Nucleares",[44] fazendo cair por terra a ideia de que o país não possuía a intenção militar que lhe estava sendo atribuída.

O Cenário do Juízo Final de Oberg estava se mostrando possível.[45]

A portas fechadas, funcionários da Comissão PEM voltaram a informar o Congresso. "Rússia, China e Coreia do Norte agora têm a capacidade de conduzir um ataque nuclear PEM contra os Estados Unidos.[46] Todos praticaram ou descreveram planos de contingência para fazê-lo", alertaram os comissários. Essa tecnologia agora estava sendo tratada na literatura de código aberto como "'Superarmas PEM".[47]

Escrevendo no *Cipher Brief* (um meio de comunicação com ex-diretores da CIA, DIA, NSA e outros), Pry foi mais específico. Os satélites da Coreia do Norte, ele escreveu, "lembram uma arma secreta russa desenvolvida durante a Guerra Fria chamada Sistema de Bombardeio Orbital Fracionado (*Fractional Orbital Bombardment System*, FOBS)",[48] um sistema "que usaria um satélite com armas nucleares para fazer um ataque de pulso eletromagnético surpresa contra os Estados Unidos". Na função de presidente da Comissão PEM, Pry estava a par de informações reunidas em um relatório confidencial no qual dois "generais russos muito graduados" alertavam que o "conhecimento de Super-PEM tinha sido transferido para a Coreia do Norte", como disse ao Congresso.[49]

O embaixador Henry Cooper, ex-diretor da Agência de Defesa contra Mísseis dos Estados Unidos, registrou seus medos do pior cenário em relação a um pulso eletromagnético de alta altitude detonado sobre os Estados Unidos: "O resultado pode ser o desligamento da rede elétrica por um período indefinido, levando à morte de até 90% de todos os norte-americanos no decorrer de um ano."[50]

Em 2021, o Comando Estratégico dos Estados Unidos conduziu mais de 360 exercícios de comando e controle nuclear e jogos de guerra.[51] É confidencial quantos envolveram guerra nuclear com a Coreia do Norte. Também é confidencial quantos envolveram armas PEM de alta altitude, assim como todos os relatórios da Comunidade de Inteligência sobre ameaças de Super-PEM.[52] Mas sabemos por Richard Garwin — arquiteto da primeira arma termonuclear e um dos conselheiros mais antigos do Departamento de Defesa — que a lógica do rei louco preocupa o Comando e Controle Nuclear dos Estados Unidos.

Segundo a lógica do rei louco,[53] neste cenário, o líder supremo da Coreia do Norte quer incapacitar os Estados Unidos em um ato de vingança. Quer fazer o país voltar a um tempo antes de haver eletricidade, antes de existirem sistemas de armas modernos. Antes de os Estados Unidos terem armas de destruição em massa e poderem realizar guerras com um aperto de botão ou um virar de chave.

No presente cenário, o rei louco pretende fazer os Estados Unidos voltarem a tempos pré-elétricos.[54] Quando deixavam os outros países em paz. Quando reis do mundo inteiro dispunham de vastos exércitos e enfrentavam os vizinhos em conflitos diretos por terras conquistadas. Tudo sem a ameaça do envolvimento dos Estados Unidos.

O objetivo declarado da Coreia do Norte desde a década de 1950 tem sido a reunificação com a Coreia do Sul, através da força. E agora, de dentro de um bunker sob a montanha Baekdu, o rei louco se prepara para detonar uma arma PEM de alta altitude já voando em órbita sobre os Estados Unidos. Ele deve esperar mais alguns minutos para que o satélite espacial entre na posição exata.

Enquanto isso, neste cenário, o rei louco ataca Seul.

53 MINUTOS
Base Aérea de Osan, República da Coreia (Coreia do Sul)

Dentro de um bunker de comando subterrâneo na Base Aérea de Osan na Coreia do Sul, o comandante norte-americano observa imagens de satélite e transmissões de vídeo de drones de vigilância que supervisionam a fronteira com o Norte, a menos de 80 quilômetros de distância.

Do lado de fora, na pista de Osan,[55] a maioria dos F-16 Fighting Falcons e A-10 Thunderbolts aguardam combate. Alguns já estão no ar, voando sobre o mar Amarelo. Outros permanecem alinhados na pista, esperando a autorização de lançamento. Esperando até que os mísseis nucleares Trident e os ICBMs ofensivos terminem seu trabalho contra a Coreia do Norte.

O comandante observa a tela. É sabido pelos militares norte-americanos que a Coreia do Norte esconde seus caças a jato em bases subterrâneas no terreno montanhoso e que faz o mesmo com veículos de lançamento

Os 24 minutos seguintes (e finais)

rodoviário móvel. As forças terrestres[56] norte-coreanas "operam milhares de sistemas de artilharia e foguetes de longo alcance ao longo de toda a extensão da zona desmilitarizada", escreveram analistas da Agência de Inteligência de Defesa em uma monografia de 2021. Eles sabem que essa é uma ameaça existencial sempre presente. "Coletivamente, essa capacidade mantém os cidadãos da Coreia do Sul e um grande número de instalações militares norte-americanas e sul-coreanas em situação de risco", alertou a agência de inteligência do Pentágono. "O Norte poderia empregar essa capacidade para infligir danos severos e incontáveis baixas ao Sul em um piscar de olhos."

E, neste cenário, está prestes a fazer isso.

Em uma salva bem ensaiada, dezenas, depois centenas, de veículos de lançamento norte-coreanos saem de suas bases camufladas.[57] Eles se posicionam, param e começam a disparar centenas, e depois milhares, de foguetes pequenos e médios.

Em áreas florestais próximas, vagões param em seus trilhos.[58]

Os painéis do teto deslizam e se abrem.

Dezenas de mísseis de curto alcance Hwasong-9 (Scud-ER/Scud-D) são disparados por esses lançadores móveis sobre trilhos, em uma trajetória para o sul. Todos de uma vez. Todos concentrados em três alvos: a Base Aérea de Osan, a guarnição de Camp Humphreys e o centro de Seul.

Mais de 10 mil projéteis de artilharia e foguetes de 240 milímetros voam em direção à Coreia do Sul em um ataque colossal, coordenado, para provocar muitas baixas.

As armas de destruição em massa carregadas nesses pequenos foguetes não são nucleares; são químicas. "A Coreia do Norte tem um programa de guerra química que pode compreender vários milhares de toneladas de armas químicas,[59] com capacidade de afetar o sistema nervoso e causar erupções cutâneas, hemorragia e asfixia", alertaram os analistas da Agência de Inteligência de Defesa em seu relatório de 2021.

O comandante dos Estados Unidos em Osan observa o que está acontecendo em tempo real. Do lado de fora, em um anel ao redor da Base Aérea de Osan, o sistema de Defesa Terminal de Área de Alta Altitude (THAAD) de bilhões de dólares detecta essa chuva de mísseis que se aproxima. Seus sistemas alertam e reagem. Os mísseis antimísseis do THAAD disparam, mas em vão.

Está além de sua capacidade enfrentar mais de 10 mil projéteis vindos do norte. Os sistemas THAAD localizam alguns dos Scuds e conseguem derrubar vários. Mas os foguetes menores, disparados dos lançadores norte-coreanos de 240 milímetros,[60] têm apenas 24 centímetros de diâmetro, o tamanho de um prato. Pequenos demais para o THAAD identificar com precisão ou responder de forma massiva.

O THAAD falha. Repetidamente.

"O THAAD pode lidar apenas com um ou alguns mísseis de cada vez",[61] conta o historiador militar Reid Kirby. Mas Osan, Camp Humphreys e Seul estão sendo alvos de milhares de projéteis cheios de sarin, um composto que afeta o sistema nervoso. Em um artigo para o *Bulletin of the Atomic Scientists*, Kirby fez as contas do que aconteceria no que ele chama de ataque "mar de sarin", baseando as taxas de baixas "em uma aplicação generalizada, da forma como as armas químicas operam".[62] Usando uma "provável taxa geral de [...] 10.800 tiros a cada 15 minutos", Kirby calcula, juntamente com o fato de que "a carga útil de sarin de cada foguete de 240 milímetros é conhecida por ser de 8 quilos por foguete", e ao mesmo tempo levando em consideração "falhas de ignição e outros problemas", Kirby afirma que um ataque de 240 toneladas de sarin contra a Coreia do Sul causaria uma taxa de 25% de baixas em Seul. Os números de vítimas são terríveis: entre 650 mil e 2,5 milhões de civis mortos, com outros 1 a 4 milhões de feridos.

Mesmo para quem sobrevive a um ataque com uma arma química que ataca o sistema nervoso, o resultado é horrível. "Um número razoável de pessoas pode entrar em um estado vegetativo persistente devido à anoxia", ou falta de oxigênio, diz Kirby.

54 MINUTOS
Boyds, Maryland

Nos Estados Unidos, na comunidade rural de Boyds, Maryland, o presidente está caído no chão da floresta, se esvaindo em sangue, impotente e desesperado. Os riachos na área inundam nesta época do ano, e ele pode ouvir a correnteza e o fluxo de água nas proximidades.

A terra ao redor dele está fria e úmida. Ele perdeu o controle da bexiga por conta do trauma e choque.

Será que alguém o encontrará aqui?

O presidente ouve, ou pensa que ouve, as pás do rotor de um helicóptero de força de reação rápida circulando acima, à sua procura.

Mas as árvores ao redor dele são frondosas, com copas densas. Os helicópteros não podem, e não vão, vê-lo.

Em livros sobre o Vietnã, soldados e aviadores presos em uma posição semelhante à que ele está agora — ou seja, presos entre as árvores nas selvas do Vietnã e Laos — eram frequentemente resgatados por ousados pilotos e tripulações de helicóptero.[63] Não foi apenas a sorte que salvou esses homens, embora ela pudesse às vezes desempenhar um papel poderoso. Homens em combate no Vietnã foram orientados a sempre carregar consigo um espelhinho — um meio de pedir ajuda caso se separassem ou se perdessem dos outros soldados. O presidente não está equipado com nada parecido. Desde John F. Kennedy, nenhum presidente dos Estados Unidos viu combate. Os presidentes do século XXI se acostumaram a ser cuidados por equipes de pessoas que satisfazem todas as suas necessidades.

O presidente grita na floresta, mas ninguém pode ouvi-lo.

55 MINUTOS
Redstone Arsenal, Huntsville, Alabama

Em Huntsville, Alabama, o comandante está de pé, observando o que acontece na tela do radar à sua frente. É ali que ele se encontra quando um satélite — semelhante ao satélite KMS-4 Estrela Brilhante-4 — explode de repente.

Só há uma coisa a pensar neste momento. Só uma coisa a dizer.

A Coreia do Norte acaba de detonar um Super-PEM.

Há um pico de eletricidade, e então a luz cai. Esta é uma instalação militar, o que significa que os geradores de reserva entram em ação sem interrupção.

Mas todos aqui sabem que os geradores funcionam com combustível, e que o bombeamento elétrico do combustível chegou a um fim permanente e fatal.

55 MINUTOS E 10 SEGUNDOS
O Cenário do Juízo Final

Dentro do bunker sob a montanha Baekdu, o líder supremo da Coreia do Norte é informado de que a arma Super-PEM detonou conforme planejado. Como uma espada de Dâmocles nuclear pairando no alto,[64] ela estava escondida em um satélite de reconhecimento sobrevoando os Estados Unidos em uma órbita sul-norte todo esse tempo.

A arma explodiu sobre os Estados Unidos, a uma altitude de 480 quilômetros. Acima de Omaha, Nebrasca.

O Cenário do Juízo Final aconteceu.

Uma arma de pulso eletromagnético detonada na ionosfera não causa danos a pessoas, animais ou plantas no solo. É silenciosa. No espaço, não há atmosfera para transportar som. Uma arma PEM não causa danos estruturais. Para os milhões de norte-americanos abrigados nos porões de suas casas, se as bombas nucleares não tivessem destruído Washington e Diablo Canyon, a situação poderia parecer, a princípio, apenas mais uma queda de energia. Mas não é isso.

Steven Wax, cientista-chefe da Agência de Redução de Ameaças de Defesa (uma organização que começou como parte do Projeto Manhattan), alertou em 2016: "Uma detonação nuclear a uma altitude de 500 quilômetros sobre Omaha, Nebrasca, geraria um PEM capaz de atingir toda a massa terrestre contígua dos Estados Unidos."[65]

O Super-PEM causa uma onda de choque eletromagnético trifásico (E1, E2 e E3) tão poderosa que dispositivos de supressão contra picos e para-raios de nível industrial projetados para bloquear picos de alta tensão são inutilizados de uma só vez. "O pulso passa por todos, exceto os dispositivos de segurança de nível militar mais reforçados, como se nem estivessem lá", diz Jeffrey Yago, engenheiro elétrico, consultor militar e conselheiro do dr. Peter Pry, chefe da Comissão PEM.

"Um PEM de explosão aérea seria um golpe devastador",[66] conta o ex-chefe de segurança cibernética dos Estados Unidos, o brigadeiro-general aposentado Gregory J. Touhill. E poucas pessoas conseguem realmente compreender a realidade devastadora porque não têm acesso às informações confidenciais do governo. "Há 26 anos, escrevi uma monografia sobre um evento PEM", diz Touhill. "Ainda está sob sigilo."

A arma PEM de alta altitude que acabou de explodir sobre o Nebrasca neste cenário danifica ou destrói grandes porções de todas as três redes elétricas dos Estados Unidos — a rede da costa oeste, a rede da costa leste e a rede do Texas —, todas de uma vez. E, como resultado, um após o outro, o sistema nacional de transformadores interconectados de voltagem extra-alta começa a falhar.[67] "[Quando] o pulso atinge, ele deixa o equipamento fora de controle. Fora de sincronia", explica Touhill. "São os efeitos colaterais do PEM [que] são o problema."[68]

Em todos os Estados Unidos, esses efeitos colaterais são apocalípticos. O Armagedom elétrico é desencadeado.

Os Estados Unidos do século XXI são compostos de um sistema complexo de sistemas alimentados por eletricidade e projetados com chips de microprocessamento. As aproximadamente 11 mil usinas elétricas de grande porte,[69] 22 mil geradores e 55 mil subestações do país sofrem uma massiva e calamitosa falha em cascata. Grandes faixas de mais de 1 milhão de quilômetros de linhas de transmissão de alta tensão nos Estados Unidos e seus 10 milhões de quilômetros de linhas de distribuição começam a entrar em pane.[70]

O sistema nacional de transporte é paralisado quase simultaneamente. Dos 280 milhões de veículos registrados, "10% dos veículos nas estradas de repente param de funcionar",[71] alertou o comissário do PEM, dr. William Graham, ao Comitê das Forças Armadas do Senado em 2008 — muito antes de carros e caminhões norte-americanos serem projetados com tantos componentes eletrônicos de microprocessamento.

Sem direção hidráulica nem freios elétricos, os veículos param ou colidem uns com os outros ou em prédios e muros. Veículos enguiçados e batidos bloqueiam faixas de tráfego em estradas e pontes em todos os lugares, não apenas naqueles onde as pessoas estavam fugindo de bombas nucleares, mas em túneis e viadutos, em grandes avenidas e pequenas estradas de terra, em calçadas e estacionamentos por todo o país. Há um pandemônio generalizado. Os Estados Unidos já estão sob ataque nuclear. Não há como fugir. Não há como escapar. Ficar preso em um engarrafamento em escala nacional, sem energia elétrica, é um pesadelo para milhões de viajantes. Mas uma sequência de eventos muito mais devastadora está em andamento e não pode ser interrompida: a arquitetura do sistema de controle do país começa a desmoronar.

"O verdadeiro problema [...] com o PEM", o arquiteto do dispositivo termonuclear Ivy Mike e físico Richard Garwin conta, é a queda dos sistemas SCADA (o artigo seminário de 1954 de Garwin sobre PEM ainda está sob sigilo).[72]

SCADA significa Sistemas de Supervisão e Aquisição de Dados (do inglês, *Supervisory Control and Data Acquisition*), uma arquitetura de sistema de controle com interface humana computadorizada que reúne e analisa informações de equipamentos industriais em todos os setores de infraestrutura crítica dos Estados Unidos e, em seguida, distribui essas informações às pessoas que trabalham no sistema, permitindo que realizem suas tarefas. "A queda do SCADA se torna um pesadelo fora de controle instantâneo", diz Yago. "Os sistemas SCADA supervisionam os controladores lógicos que fazem interface com o maquinário em todos os principais e pequenos complexos industriais nos Estados Unidos." Os sistemas SCADA controlam roteadores ferroviários, comportas elevatórias em barragens, transmissões de refinarias de gás e petróleo, linhas de montagem, controle de tráfego aéreo, instalações portuárias, fibra óptica, sistemas GPS, materiais perigosos, toda a base industrial da indústria de defesa.

Sem os sistemas SCADA, instala-se um pandemônio.[73] Os sistemas SCADA regulam tudo, desde a pressão da caldeira em fábricas até a mistura de produtos químicos em instalações de tratamento de água em todo o país. Os sistemas SCADA controlam sistemas de ventilação e filtragem, abrem e fecham válvulas, controlam grandes motores e bombas, ligam e desligam circuitos eletrônicos. Com a falha, milhares de trens de metrô,[74] trens de passageiros e trens de carga viajando em todas as direções, muitos nos mesmos trilhos, colidem, batem em muros e barreiras ou descarrilam. Os elevadores param entre os andares ou aceleram até o solo e caem. Os satélites (incluindo a estação espacial internacional) perdem o controle e começam a cair. As 53 usinas nucleares restantes nos Estados Unidos,[75] todas agora operando em sistemas de backup, começam a se esgotar.

No ar, os efeitos são indiscutivelmente aterradores. É o horário de pico da operação de aeronaves comerciais nos Estados Unidos. Milhares de aviões que usam sistemas de controle por cabo elétrico (*fly-by-wire*)[76] perdem os controles de asa e cauda, sofrem despressurização da cabine e do trem de pouso e ficam sem os sistemas de pouso por instrumentos enquanto despencam em queda livre. Uma classe de aeronaves de passageiros é misericordiosamente poupada — os 747s de modelos mais antigos, usados pelo Departamento de Defesa para os Aviões do Juízo Final. "Os pilotos do 747 ainda usam um pedal e um manche, mecanicamente ligados às superfícies de controle", Yago nos informa:[77] "Não há nenhuma tecnologia de sistema de controle por cabo elétrico neles."

Os sistemas de infraestrutura crítica no solo falham em sucessão. Sem os sistemas SCADA controlando os mais de 4,2 milhões de quilômetros de oleodutos pelos quais os produtos de petróleo e gás dos Estados Unidos fluem, milhões de válvulas se rompem e explodem. Sensores de combustão em sistemas de caldeiras a carvão recebem a mistura errada de ar e combustível, fazendo com que entrem em ignição e explodam. Com as válvulas motorizadas nos sistemas de distribuição de água fora de controle, bilhões de litros de água que atravessam os aquedutos se acumulam sem controle. Represas estouram. Inundações em massa começam a varrer infraestrutura e centros populacionais.

Não haverá mais água potável. Nem vasos sanitários para dar descarga. Não haverá saneamento. Não haverá postes de luz, nem luzes nos túneis, nem luz alguma, apenas velas, até que não haja mais vela alguma para queimar. Não haverá bombas de gasolina nem combustível. Não haverá caixas eletrônicos nem saques em dinheiro. Não haverá acesso a dinheiro. Não haverá celulares nem linhas fixas. Não haverá chamadas telefônicas. Nem ligações para números de emergência ou qualquer outro sistema de comunicação de emergência, exceto alguns rádios de alta frequência (HF). Não haverá serviços de ambulância nem equipamentos hospitalares funcionais. O esgoto vaza para todos os lados. Leva menos de quinze minutos para que insetos vetores de doenças se aglomerem. Para se alimentarem de pilhas de dejetos humanos, de lixo, de mortos.

O complexo sistema dos sistemas norte-americanos sofre uma parada repentina e apocalíptica. Em meio ao medo e caos que se seguem, as pessoas voltam aos seus instintos mamíferos mais básicos. A usar seus cinco sentidos, mãos e pés. Pessoas em todos os lugares sentem o perigo iminente ao redor. Sentem que, o que quer que tenha acontecido, é o começo da selvageria, não o fim.

As pessoas abandonam seus veículos e começam a fugir a pé. Saem de prédios, descem escadas correndo em direção ao ar livre. Pessoas em metrôs e ônibus, em cabines de elevadores parados, se esforçam para abrir portas e saídas de emergência. Elas rastejam, andam e correm para se salvar.

O instinto humano mais básico é a sobrevivência. A evolução nos trouxe até aqui. De caçadores-coletores a homens na Lua. De pescadores com arpões a pessoas que cantam "Parabéns para você" pelo Zoom, cada uma em um continente diferente.

Os humanos são programados para avançar. Fazem o que for preciso.

A guerra nuclear, no entanto, zera tudo.

As armas nucleares reduzem todo o brilhantismo e a engenhosidade, o amor e o desejo, a empatia e o intelecto dos seres humanos a cinzas.

Neste momento, a parte mais horripilante do choque e do desespero é a revelação de como será a vida deste segundo em diante. Seguida pela dura percepção de que ninguém fez nada relevante para evitar a Terceira Guerra Mundial nuclear. Que isto não precisava acontecer.

E agora é tarde demais.

AULA DE HISTÓRIA Nº 9

Macacos em uma esteira ergométrica

Um dia, em 1975, a revista *Foreign Policy* publicou um ensaio escrito por um oficial de Defesa que se tornou um defensor do desarmamento nuclear chamado Paul C. Warnke. Esse ensaio, chamado "Macacos em uma esteira ergométrica"[78], permanece presciente até hoje. Nele, Warnke criticou não apenas como as armas nucleares são insanamente perigosas, mas também como a corrida armamentista é — e sempre foi — um desperdício de recursos. Ele chamou isso de um "fenômeno 'macaco vê, macaco faz'", em que todos os participantes copiam os movimentos agressivos uns dos outros, sem chegar a lugar nenhum, como animais irracionais.

Pior ainda, apontava Warnke, era que os participantes nessa corrida pareciam não perceber que não havia como uma pessoa, ou qualquer grupo, realmente vencer. Que somos todos macacos em uma esteira ergométrica, gastando nossas energias. A imagem ficou marcada na mente das pessoas e o artigo desapareceu de vista.

Então, em 2007, escrevendo na publicação oficial da Academia Nacional de Ciências dos Estados Unidos, *Proceedings of the National Academy of Sciences*, um grupo de jovens cientistas inadvertidamente trouxe uma nova e fascinante reviravolta à ideia dos macacos em uma esteira ergométrica.[79] Os cientistas estavam explorando o bipedalismo, a teoria de que nossos ancestrais aprenderam a andar de pé porque isso consumia menos energia do que andar em quatro apoios, apoiados nos nós dos dedos. Para corroborar essa hipótese, equiparam cinco chimpanzés e quatro seres humanos com máscaras de oxigênio e os colocaram em esteiras. Os cientistas coletaram dados sobre o uso de oxigênio nos macacos e nos humanos para ver o que poderiam descobrir. Queriam saber se o gasto de energia poderia explicar por que alguns símios evoluíram para desenvolver o intelecto dos humanos de hoje, enquanto outros ficaram para trás, bestas não esclarecidas nas selvas.

Ao reunir os dados, uma anedota inesperada veio à tona, uma que lança luz sobre o ensaio de Warnke. Os cientistas acabaram por descobrir que alguns dos chimpanzés se recusaram a participar do experimento da esteira. O antropólogo David Raichlen, um dos cientistas envolvidos, contou ao jornalista da *Reuters*, Will Dunham, o que ele observou nos macacos:

"Esses caras [os macacos] são inteligentes o suficiente para apertar o botão de parada na esteira quando cansam",[80] disse Raichlen. Em outras palavras, se um macaco não quisesse continuar naquela corrida para lugar nenhum, "ele simplesmente apertava o botão de parada ou pulava fora".

Uma pergunta permanece: Se os macacos sabem como sair dessa corrida inútil, por que nós não sabemos?

57 MINUTOS
O Advento das Servas do Apocalipse

A sede do Comando Estratégico é a primeira a ser atingida, por uma saraivada de ogivas nucleares lançadas por submarinos russos que emergiram na costa leste minutos antes. As ogivas atingem a Base da Força Aérea de Offutt, em Nebrasca, com o objetivo de destruir o Centro de Operações Globais subterrâneo do STRATCOM. Esse bunker de Comando e Controle Nuclear foi projetado para suportar um impacto direto de uma única arma nuclear de 1 megaton,[81] não necessariamente um bombardeio catastrófico por várias ogivas de 100 quilotons — quase simultaneamente. Décadas atrás, cientistas de Defesa calcularam que uma bomba com potência de 1 megaton destrói de 210 a 260 quilômetros quadrados (sem contar os enormes incêndios posteriores), enquanto dez bombas menores, com 100 quilotons cada, destroem uma área de mais do dobro desse tamanho.

A luz ao redor de cada uma das explosões superaquece o ar a milhões de graus, criando imensas bolas de fogo nucleares que se expandem em diâmetro a milhões de quilômetros por hora, o calor tão intenso que todas as superfícies de concreto explodem, o metal derrete, seres humanos se transformam em carbono em combustão.

Algumas pessoas no subsolo morrerão assadas aos poucos, enquanto outras serão carbonizadas instantaneamente, dependendo de onde estiverem quando as bombas detonarem. A Base da Força Aérea de Offutt, assim como toda a grande área de Omaha, em Nebrasca — berço do modelador de cachos e do sorvete Butter Brickle —, e a grande maioria das quase meio milhão de pessoas que vivem ali é incinerada.

Quase ao mesmo tempo, outra torrente de ogivas de 100 quilotons atinge o Complexo de Raven Rock Mountain, na Pensilvânia. A potência da carga útil não significa mais muita coisa — 100, 400 ou 500 quilotons, 1 ou 2 megatons, com ou sem MIRVs. Tudo no Sistema de Comando e Controle Nuclear está em processo de destruição sistemática. Os planos originais de construção de Raven Rock foram desenhados pelo mesmo engenheiro que projetou o bunker de Hitler sob Berlim. No final daquela guerra, não foi o poder de fogo dos Aliados que matou Hitler. Ele atirou na própria cabeça.

O Complexo de Raven Rock Mountain deveria funcionar como uma peça central dos Planos de Continuidade de Operações dos Estados Unidos, para manter o governo federal executando "funções essenciais", mesmo após uma guerra nuclear. Mas, assim como o STRATCOM, o Sítio R foi projetado para suportar um impacto direto de uma arma de 1 megaton, não uma chuva de ogivas dizimando tudo ao redor até onde os olhos podem ver. O presidente dos Estados Unidos — caído no chão da floresta cerca de 70 quilômetros a sudeste dali — se torna uma das vítimas desse dilúvio nuclear. Seu corpo é incinerado e ele morre carbonizado.

Os próximos alvos atingidos por uma saraivada de mísseis balísticos lançados por submarinos russos estão no Colorado, no Centro de Alerta de Mísseis dentro de Cheyenne Mountain, na sede do NORAD, na Base da Força Espacial de Peterson, em Colorado Springs, e na Base da Força Espacial Buckley em Aurora. Essas instalações de combate nuclear e todas as construções que lhes dão apoio são atingidas por várias ogivas russas MIRV de uma só vez. Para mais de 1 milhão de pessoas que vivem aqui, no sopé oriental das montanhas Rochosas, é como se o mundo inteiro tivesse pegado fogo.

Outro fluxo de ogivas de 100 quilotons atinge diferentes alvos militares em vários estados. A intenção é destruir todos os componentes redundantes do Comando e Controle Nuclear em questão de minutos. Na Louisiana, a Base da Força Aérea Barksdale é atingida. A outrora poderosa sede do Comando de Ataque Global, lar dos bombardeiros de longo alcance B-52 com armas nucleares, não existe mais.

Em Montana, a Base da Força Aérea Malmstrom é aniquilada por ogivas nucleares. Malmstrom é a base que opera, mantém e supervisiona 150 ICBMs Minuteman III. Todos os ICBMs Minuteman III foram lançados de seus silos e agora estão em uma trajetória balística para atacar a Rússia. Retribuição pela decisão da Rússia de lançar as suas armas nucleares. Na Dakota do Norte, a Base da Força Aérea de Minot — lar de outro arsenal de ICBMs Minuteman III — é destruída de forma semelhante. O mesmo vale para a Base da Força Aérea F. E. Warren, no Wyoming.

Na costa leste, na cidade costeira de Cutler, Maine (de 500 habitantes), a instalação do transmissor VLF, que fornece comunicações unidirecionais para os submarinos de mísseis balísticos da Marinha, é atingida e destruída. O mesmo ocorre com a Estação de Rádio Naval Jim Creek, nos arredores de Arlington, no estado de Washington, e com uma terceira instalação em Lualualei, Havaí, um grande vale costeiro em O'ahu, cujo nome se traduz como "o amado poupado".[82]

Enquanto essa *blitzkrieg* final de ogivas SLBM ataca e destrói seus alvos, tudo o que resta do Comando e Controle Nuclear dos Estados Unidos são seus Aviões do Juízo Final que permanecem no ar e seus submarinos Trident no mar.

Como previa o Plano Operacional Integrado Único de 1960 para a Guerra Nuclear Geral, a guerra agora é apenas uma questão de números.

Uma questão de plano de extermínio em massa que mata bilhões de seres humanos.

58 MINUTOS
Base Aérea de Aviano, Itália

Alvos em toda a Europa são atingidos ao mesmo tempo.

Uma série de SLBMs russos lançados do oceano Ártico atingiu bases da OTAN em toda a Europa. Em uma enxurrada de explosões nucleares devastadoras, bases aéreas na Bélgica, na Alemanha, nos Países Baixos, na Itália e na Turquia são consumidas pelo fogo e obliteradas pelo impacto.

Ogivas nucleares dentro de ICBMs russos com MIRV voam em trajetórias deprimidas e atingem Londres, Paris, Berlim, Bruxelas, Amsterdã, Roma, Ancara, Atenas, Zagreb, Tallinn, Tirana, Helsinque, Estocolmo, Oslo, Kiev e outros alvos em uma onda de extermínio em massa. Todos inimigos da Rússia, do ponto de vista dos militares russos.

A devastação neste caos não dizima apenas milhões de pessoas que vivem, trabalham e visitam esses lugares, mas também dezenas de obras-primas da engenharia e da civilização: o Coliseu em Roma, a Notre Dame em Paris, Hagia Sophia, Stonehenge, o Partenon. Representações icônicas da engenhosidade e imaginação humanas desaparecem em uma sucessão de bolas de fogo nucleares: o Museu Estatal de Amsterdã, a Mesquita de Banya Bashi na Bulgária, a Biblioteca Nacional da Finlândia, o Castelo de Toompea da Estônia, o Templo de Augusto em Ancara, o Big Ben em Londres. Como tudo em Washington, num momento todo esse patrimônio existia, e então, segundos depois, não existia mais.

59 MINUTOS
Oceano Atlântico

Os Estados Unidos não terminaram de lançar seus mísseis nucleares. Os submarinos Trident recebem ordens finais de lançamento dos Aviões do Juízo Final que sobrevoam o oceano, conforme planejado durante a Guerra Fria. Essas mensagens finais de lançamento permitem que aeronaves dos Estados Unidos se comuniquem com sistemas de mísseis balísticos subterrâneos mesmo depois que a rede elétrica tiver entrado em pane. Depois que o Comando e Controle Nuclear se desfizer e falhar.

Essas últimas ordens de lançamento são realizadas usando o sistema de frequência muito baixa, que transmite de 15 a 60 quilohertz, também conhecido como sistema de comunicações de baixa frequência sobrevivente AN/FRC-117.

Voando em círculos sobre o oceano Atlântico, o último dos aviões E-6B da Frota do Juízo Final emprega suas antenas de 5 milhas de comprimento.[83] Esse cabo longo e fino sai por uma abertura na parte traseira do avião até que se estabilize com um pequeno paraquedas de estabilização.

O avião E-6B faz uma curva acentuada, como uma espiral, enviando suas mensagens finais de lançamento nuclear, um dígito de cada vez.[84] A largura de banda VLF tem uma taxa de transferência de dados muito baixa, apenas 35 caracteres alfanuméricos por segundo. Isso é mais lento do que os modems *dial-up* de primeira geração, mas rápido o suficiente para transmitir Mensagens de Ação de Emergência para submarinos Trident a milhares de quilômetros de distância.

Mensagens que, por sua vez, permitem que os Tridents desfiram um golpe nuclear final como um golpe complementar de toda a tríade nuclear dos Estados Unidos que está atualmente a caminho de alvos na Rússia.

Os comandos são recebidos.

Levará mais quinze minutos, mais ou menos, para o último dos mísseis Trident iniciar seu lançamento.

Ninguém nos Estados Unidos, incluindo as tripulações dos submarinos, saberá se esses mísseis atingiram os alvos, se é que atingiram alguma coisa.

A épica e existencial tragédia é que essas últimas e finais manobras de batalha numa guerra nuclear deixam de contar no placar dos envolvidos.

Todos perdem.
Todos.

72 MINUTOS
Estados Unidos da América

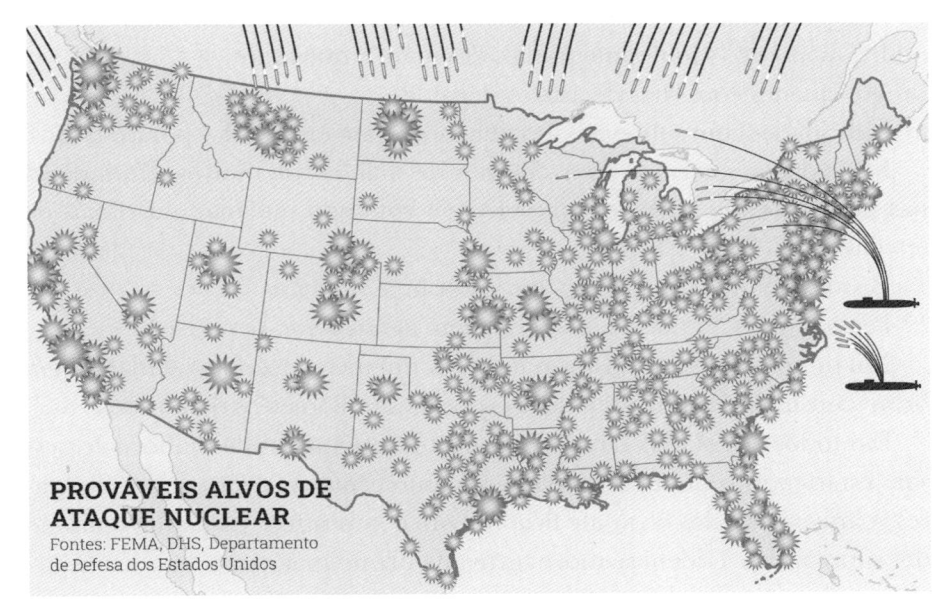

PROVÁVEIS ALVOS DE ATAQUE NUCLEAR
Fontes: FEMA, DHS, Departamento de Defesa dos Estados Unidos

*Prováveis alvos de ataque nuclear nos Estados Unidos continentais.
(FEMA, DHS, Departamento de Defesa dos Estados Unidos; imagem de Michael Rohani)*

No minuto 72 de um conflito que começou às 15h03 (horário da costa leste dos Estados Unidos), mil ogivas nucleares russas começam a atingir os Estados Unidos em uma chuva de vinte minutos de fogo nuclear infernal. Mil ogivas nucleares atingem uma nação já dizimada por 192 ogivas de SLBM russas e duas bombas termonucleares norte-coreanas. O terceiro e último ICBM da Coreia do Norte — lançado da instalação subterrânea de Hoejung-ni no condado de Hwapyong, Coreia do Norte — falhou na reentrada.

A enxurrada de mil armas nucleares atinge uma nação já desprovida de eletricidade e coberta dos cadáveres das vítimas de explosões, de envenenamento por radiação, de acidentes de avião, trem, metrô e automóvel, de explosões químicas, de enchentes por barragens estouradas.

Há mil clarões, superaquecendo o ar em cada marco zero a 100 milhões de graus Celsius.

Mil bolas de fogo, cada uma com mais de 1,5 quilômetro de diâmetro.

Mil ondas de explosão violentas.

Mil paredões de ar comprimido, acompanhados por ventos de centenas de quilômetros por hora, que derrubam tudo e todos no caminho.

Mil cidades norte-americanas onde todas as estruturas em um raio de 8 a 11 quilômetros são desintegradas, desabam e queimam.

Mil cidades com ruas de asfalto derretido.

Mil cidades com sobreviventes que morreram empalados por destroços.

Mil cidades soterradas por dezenas de milhões de mortos. Com dezenas de milhões de infelizes sobreviventes sofrendo queimaduras fatais de terceiro grau.

Pessoas nuas, esfarrapadas, que sangram e sufocam.

Pessoas que não mais se parecem nem agem como pessoas.

Mil marcos zero se transformando em mil megaincêndios, cada um em breve consumindo uma área de 260 ou mais quilômetros quadrados.

Em todos os Estados Unidos e na Europa, centenas de milhões de pessoas estão mortas ou moribundas, enquanto centenas de aeronaves militares voam em círculos no ar até ficarem sem combustível; enquanto o último dos submarinos Trident se move furtivamente no mar, patrulhando em círculos até que as tripulações fiquem sem comida; enquanto os sobreviventes se escondem em bunkers até ousarem sair ou ficarem sem ar.

Sobreviventes esses que acabarão, inevitavelmente, emergindo desses bunkers para enfrentar o que Nikita Khrushchov previu ao dizer: "Os sobreviventes invejarão os mortos."[85]

A primeira explosão nuclear do mundo aconteceu em 16 de julho de 1945, num lugar na planície da Linha de Bombardeamento de Alamogordo, conhecido na região como Jornada del Muerto.

A história das armas nucleares terminará como começou.

Jornada del Muerto. A jornada do morto.

Parte V

OS 24 MESES SEGUINTES E O QUE VEM DEPOIS

(OU PARA ONDE VAMOS DEPOIS

DE UM CONFLITO NUCLEAR)

O DIA ZERO: DEPOIS QUE AS BOMBAS PARAM
Estados Unidos

O inverno nuclear é frio e escuro. (Imagem de Achilleas Ambatzidis)

Faz muito frio. Está muito escuro.[1] As bombas nucleares lançadas de todos os lados finalmente param. As explosões terrestres e aéreas de alta potência por fim cessam.

Por todo o país, tudo continua a queimar. Metrópoles, subúrbios, cidades, florestas. A fumaça produzida pelos arranha-céus e outros edifícios altos incendiados gera uma poluição nociva das toxinas derivadas das combustões.[2] A queima de materiais de construção, incluindo fibra de vidro e isolamento, expelem cianetos, cloreto de vinila, dioxinas e furanos na atmosfera. Essa névoa de fumaça e gases letais mata sobreviventes e envenena ainda mais a terra queimada.[3]

Enormes círculos de fogo, com raio de 150 a 320 quilômetros, se espalham a partir de cada um dos mil marcos zero por todo o país. A princípio, parece não haver fim à vista para a destruição causada por esses incêndios em massa. Sem água para apagá-los, as chamas criam novos focos de incêndio, prendendo e matando pessoas que conseguiram sobreviver ao extermínio em massa inicial que acompanhou o conflito nuclear em grande escala.

Em áreas menos densamente povoadas do país, principalmente nos estados do oeste, incêndios florestais assolam. Coníferas,[4] em particular, não conseguem lidar com a precipitação radioativa. Morrem e tombam, fornecendo pilhas gigantescas de lenha para os incêndios subsequentes. As intensas tempestades ígneas criam mais condições apocalípticas com consequências em cascata. Suprimentos de petróleo e gás natural, veios de carvão e turfeiras queimam por meses a fio.[5] Como um subproduto de todas essas cidades e florestas queimando tão intensamente e por tanto tempo por todo o país — por toda a Europa, Rússia e partes da Ásia também —, cerca de 150 Tg (cerca de 150 milhões de toneladas) de fuligem[6] são lançadas na troposfera superior e na estratosfera. Essa fuligem preta e fina bloqueia o sol. Seus raios cálidos desaparecem.[7]

"A densidade da fuligem reduziria as temperaturas globais em aproximadamente 2,78°C", explica o climatologista Alan Robock.[8] "Nos Estados Unidos, essa queda se aproximaria de 4,44°C, um pouco menos perto dos oceanos."

A Terra mergulha em um novo horror chamado inverno nuclear.[9]

O conceito de inverno nuclear chamou a atenção do mundo pela primeira vez em outubro de 1983, quando a revista *Parade*[10] (na época lida por mais de 10 milhões de norte-americanos) apresentou em sua capa uma imagem assustadora de uma Terra escurecida e notícias de uma "reportagem especial", escrita por um dos cientistas mais famosos do mundo, Carl Sagan. "Será que a guerra nuclear seria o fim do mundo?", perguntava Sagan, e respondia: "Em um 'confronto' nuclear, mais de 1 bilhão de pessoas seriam mortas em um instante. Mas as consequências a longo prazo podem ser muito piores." Consequências que Sagan, seus ex-alunos, James B. Pollack e O. Brian Toon, e os meteorologistas Thomas P. Ackerman e Richard P. Turco expuseram em detalhes aterrorizantes em um artigo publicado dois meses depois, na revista *Science*.[11]

O artigo foi atacado por outros cientistas e pelo Departamento de Defesa.[12] "Eles disseram que o inverno nuclear era uma preocupação irrelevante", lembra o professor Brian Toon, um dos autores originais. "Eles chamaram de desinformação soviética."[13] Mas, a portas fechadas e em escritos que só recentemente vieram à luz,[14] aqueles no coração do complexo de armas nucleares sabiam que a ameaça do inverno nuclear era real. O resultado de um confronto nuclear em larga escala, escreveram cientistas da Agência Nuclear de Defesa, seria um "trauma atmosférico"[15] — com "sério potencial para consequências severas" para "o clima e o tempo" da Terra.

"É claro que há incertezas com cenários de inverno nuclear", nos conta hoje o físico Frank von Hippel.[16] "Mas não há incerteza quando se trata de injetar tanta fuligem na atmosfera após uma guerra nuclear [em grande escala]." No artigo original sobre o inverno nuclear, os autores reconheceram que sua modelagem tinha limitações. Era 1983. Os computadores ainda eram incipientes. Agora, décadas depois, sistemas de modelagem de última geração mostram que o trauma atmosférico do inverno nuclear será, de fato, ainda mais severo.[17] "Nossos primeiros modelos [em 1983] diziam que o inverno nuclear duraria cerca de um ano", explica Toon. "Novos dados sugerem que o tempo de recuperação do planeta seria mais próximo de dez anos."[18] Que os raios quentes do Sol serão reduzidos em mais ou menos 70%.[19]

Toda a vida depende do Sol. Sol é vida. As plantas precisam de luz solar para crescer. Os animais precisam de plantas para se alimentar. Isso inclui o *Homo sapiens* no solo, os pássaros no ar, os vermes na terra, os peixes no mar. A energia do Sol comanda o ecossistema da Terra, o complexo sistema biológico de organismos interagentes no qual todos nós vivemos. Com bilhões de toneladas de partículas de fuligem lançadas na atmosfera após uma guerra nuclear, a estrutura da troposfera muda.[20]

Após um confronto nuclear em grande escala, a atmosfera da Terra mudará.
(Administração Oceânica e Atmosférica Nacional)

A troposfera é a primeira (e mais baixa) camada da atmosfera terrestre,[21] estendendo-se em média a uma altura de 11 quilômetros. É aqui que acontece a maior parte do clima da Terra. A troposfera contém todo o ar de que as plantas precisam para a fotossíntese e de que os animais precisam para respirar. Ela contém 99% do vapor de água da Terra. Após a guerra nuclear, por causa da alteração da troposfera, o clima muda da noite para o dia.

É assim que o mundo se torna tão frio e tão escuro.

As temperaturas despencam.[22] Baixas temperaturas severas e prolongadas tomam conta do planeta. A região mais afetada é a das latitudes médias, a parte do Hemisfério Norte entre 30 e 60 graus de latitude. Isso inclui os Estados Unidos e o Canadá, a Europa, o leste da Ásia e a Ásia Central. Com essas quedas extremas de temperatura, o clima de verão se torna como o inverno. Toon diz: "Novos dados mostram que, em lugares como Iowa e Ucrânia, a temperatura não passará de zero por seis anos."[23]

Neste cenário, a Terceira Guerra Mundial nuclear começou em 30 de março, no início da primavera. Em Los Angeles, a temperatura cai para abaixo de zero. Geadas mortais dizimam a vida vegetal tropical e destroem plantações em toda a região. Em lugares como Dakota do Norte, Michigan e Vermont, onde as temperaturas médias ficavam na casa dos -10°C, o inverno nuclear significa temperaturas abaixo de -32°C por períodos prolongados. Corpos de água doce ficam sepultados sob grossas camadas de gelo.[24] No extremo norte, o gelo do Ártico se expande em 10,4 milhões de quilômetros quadrados, uma área mais de 50% superior à atual. Regiões costeiras que normalmente não tinham gelo congelam, levando ao que os geofísicos modernos chamam de "Pequena Era do Gelo Nuclear".[25]

O clima e os elementos não são a única sentença de morte que paira sobre os sobreviventes. À medida que as semanas e meses do pós-guerra passam, as pessoas que lutam contra o frio intenso adoecem com o envenenamento por radiação. Estrôncio-90, iodo-131, trítio, césio-137, plutônio-239 e outros produtos radioativos varridos pelas nuvens de cogumelo e espalhados por todo planeta sob a forma de precipitação radioativa continuam a contaminar o meio ambiente. O envenenamento por radiação é uma forma torturante de morrer. À medida que vômitos agudos e diarreia seguem seu curso, a medula óssea e a destruição intestinal se instalam. O revestimento dos órgãos das vítimas se rompe e sofre hemorragias.

O interior dos corpos das pessoas se liquefaz à medida que os vasos sanguíneos se desfazem. São sintomas penosos de suportar em um hospital, quase impossíveis de superar no frio e na escuridão, fugindo de tempestades de fogo e fumaça tóxica.[26]

Aqueles que ainda vivem sofrem danos cromossômicos e cegueira.[27] Muitos se tornarão estéreis ou quase,[28] com a capacidade reprodutiva reduzindo-se cada vez mais com o passar do tempo. Não há comida e água limpos o suficiente. Os seres humanos lutam por esses recursos. Apenas os implacáveis sobrevivem.

Por 10 ou 12 mil anos, os seres humanos modernos dependeram da agricultura para sobreviver. A agricultura depende do ecossistema da Terra para produzir alimentos e fornecer água doce para pessoas, animais e plantas. Meses de frio e de pouca luz solar após a Terceira Guerra Mundial nuclear desencadeiam outra série de ataques fatais ao ecossistema da Terra. A precipitação é reduzida em 50%.[29] Isso significa a morte da agricultura. A morte das fazendas. A morte das plantações. Após 10 mil anos de plantio e colheita, os humanos voltam a ser caçadores-coletores.

Antes da guerra, carne e hortaliças vinham de fazendas, enviadas pela cadeia de suprimentos para centros de distribuição, supermercados, lojas e feiras. Leguminosas e cereais estavam entre os alimentos básicos armazenados localmente em cidades e vilas. Quando o transporte parou, quando não havia combustível para impulsionar e nenhum veículo para dirigir, a distribuição de alimentos cessou. O que estava armazenado localmente queimou, ficou radioativo, congelou ou apodreceu. As pessoas que sobreviveram aos efeitos das explosões, dos ventos e do fogo da guerra nuclear inicial, que sobreviveram ao envenenamento por radiação e ao frio intenso, começam a morrer de fome.[30]

Em todo o hemisfério norte, geadas mortais e temperaturas abaixo de zero destroem as plantações.[31] Os animais congelam até a morte ou morrem de sede ou fome. Os humanos não conseguem começar comunidades agrícolas em áreas rurais longe dos marcos zero porque pouco sobrou para ser plantado. As tempestades ígneas que duraram meses superaqueceram o solo a ponto de deixá-lo estéril. Sementes dormentes estão danificadas ou mortas.³² Sobreviventes gravemente desnutridos catam raízes e insetos para comer, não muito diferente dos cidadãos famintos da Coreia do Norte antes da guerra.

A busca por água não contaminada rivaliza com a busca por alimentos. A queda radical da temperatura provoca o congelamento de corpos de água doce na zona temperada do norte, em alguns lugares formando uma camada de gelo de mais de 30 centímetros.³³ Obter água da superfície se torna uma tarefa quase impossível para a maioria dos seres humanos.³⁴ Para muitos animais, isso também significa morte.

Lagos não congelados sob camadas profundas de gelo foram contaminados com resíduos químicos. Quando finalmente descongelarem, ficarão ainda mais contaminados por milhões de cadáveres.³⁵ Os sistemas de água em todos os lugares estão em ruínas. Entre as explosões nucleares e os megaincêndios subsequentes, as instalações de armazenamento de petróleo e gás dos Estados Unidos se romperam e explodiram; centenas de milhões de galões de produtos químicos foram despejados nos rios e córregos, envenenando a água e matando a vida aquática.³⁶ As toxinas penetram na terra e se infiltram no lençol freático. As áreas costeiras, saturadas por precipitação radioativa extrema, estão repletas de vida marinha morta.

Tempestades com força de furacão assolam o oceano, o resultado de mudanças extremas de temperatura entre as massas de ar terrestre e marítima. Sobreviventes que chegam à beira da água em busca de comida não têm como sair para o mar para pescar. Os moluscos³⁷ que se alimentam por filtração em águas rasas — mexilhões, búzios e amêijoas — foram, em sua maioria, mortos por envenenamento por radiação. Os que ainda estão vivos são letais, impróprios para o consumo.

Em riachos, lagos, rios e lagoas, uma extinção em massa está em andamento. A luz reduzida devasta a vida vegetal aquática microscópica.³⁸ À medida que o fitoplâncton morre, o oxigênio se esgota e a cadeia alimentar marinha se interrompe,³⁹ destruindo ainda mais o ecossistema. Após a guerra nuclear e o inverno nuclear, a fotossíntese não consegue mais manter o metabolismo das plantas. As plantas começam a morrer.

Isso aconteceu há 66 milhões de anos, depois que um asteroide atingiu a Terra e bloqueou o sol. "Mais de 70% das espécies do planeta (que conhecemos) morreram, incluindo todos os dinossauros", diz Toon. "Eles morreram de fome ou de frio",⁴⁰ e "uma guerra nuclear teria muitos dos mesmos fenômenos que os dinossauros experimentaram". As plantas precisam de luz solar para obter energia para desenvolver brotos e frutas. Os herbívoros comem as plantas. Os carnívoros comem os herbívoros e uns aos outros. Tudo na Terra vive e morre, se decompõe, criando um novo solo no qual novos seres vivos crescem. Essa é a cadeia alimentar. Mas não é mais assim.

Após o inverno nuclear, a cadeia alimentar é interrompida.

Nada de novo cresce no frio e na escuridão.

Neste cenário, a fome generalizada atinge toda a Terra, exceto uma pequena região do hemisfério sul (incluindo Austrália, Nova Zelândia, Argentina e partes do Paraguai).[41]

A conclusão tirada em 2022 — por dez cientistas de quatro continentes trabalhando em conjunto em um artigo para a *Nature Food* — é sucinta: "Mais de 5 bilhões podem morrer em uma guerra [nuclear] entre os Estados Unidos e a Rússia."[42]

Depois de muitos meses, o frio e a escuridão se tornam menos severos. Os efeitos intensos da névoa e neblina radioativas diminuem. A poluição tóxica se dissipa. A luz do sol brilha sobre a Terra mais uma vez. E, com a luz do sol, vem mais um conjunto de consequências letais da guerra nuclear.[43]

Os raios de luz do Sol são raios ultravioleta assassinos.

Por milhões de anos, a camada de ozônio protegeu todos os seres vivos dos raios ultravioleta nocivos do Sol,[44] agindo como um escudo suave. Não é o caso depois da guerra nuclear. Explosões e tempestades ígneas subsequentes injetam grandes quantidades de óxidos nitrosos na estratosfera. Como resultado, mais da metade da camada de ozônio foi destruída. Um estudo de 2021 sobre "Perda Extrema de Ozônio Após Guerra Nuclear", conduzido com suporte computacional pela Fundação Nacional da Ciência, descobriu que, após um período de quinze anos, o ozônio perderia até 75% de seu poder de proteção em todo o mundo.[45] Os sobreviventes precisam se abrigar sob a terra. Na escuridão e na umidade. Em espaços infestados de aranhas e insetos sugadores de sangue, como piolhos.

Acima do solo, quando a luz do sol nasce, as coisas são tão vis quanto abaixo. Neste novo sol de primavera, um grande degelo começa. Isso inclui o degelo de milhões de cadáveres congelados que agora apodrecem no sol sem filtros. Primeiro houve frio e fome, agora há luz solar implacável, patógenos e peste.

Há enxames de insetos. O clima quente após o inverno nuclear se torna um terreno fértil para doenças. Um estudo do Comitê Científico das Nações Unidas sobre os Efeitos da Radiação Atômica[46] descobriu que os insetos são muito menos sensíveis à radiação do que os vertebrados, devido à sua fisiologia e ciclos de vida curtos. Hordas de insetos alados e cheios de pernas estão por toda parte e se multiplicam. Muitos de seus predadores naturais, como os pássaros, foram mortos, principalmente pelo frio e pela escuridão. O retorno dos raios do sol traz consigo surtos massivos e epidemias de doenças transmitidas por insetos,[47] como encefalite, raiva e tifo.

Uma grande mudança evolutiva está em andamento.

Como depois dos dinossauros.

Neste mundo pós-nuclear, as espécies de corpos minúsculos e reprodução rápida prosperam, enquanto os animais de corpos grandes — incluindo humanos — lutam à beira da extinção.

A questão permanece:[48] As armas nucleares trarão o fim da espécie que as fabricou?

Só o tempo dirá se nós, humanos, sobreviveremos.

24 MIL ANOS DEPOIS
Estados Unidos

Anos se passam. Centenas de anos. Milhares de anos.
A capacidade de sustentação da vida do ambiente terrestre, muito reduzida no início, é revitalizada e rejuvenescida. As temperaturas retornam às condições pré-guerra.[49] Novas espécies se desenvolvem e prosperam.

Tanta coisa foi danificada, mas o planeta Terra sempre tem uma maneira de se recuperar e se reparar, pelo menos até agora. O solo revive, assim como a água. Os raios ultravioleta que enviaram os sobreviventes humanos para o subsolo se suavizaram e voltaram a ser propícios à vida.

Se os seres humanos sobreviverem, como recomeçarão? E esses novos humanos do futuro se tornarão arqueólogos? Será que saberão que estivemos aqui?

Dez mil... Vinte mil...

Vinte e quatro mil anos se passam.

Aproximadamente o dobro do tempo aproximado que levou para os humanos evoluírem de caçadores-coletores até os dias de hoje. O envenenamento por radiação da Terceira Guerra Mundial nuclear decaiu naturalmente.

Os humanos do futuro encontrarão algum vestígio de nós? Das sociedades que construímos, desenvolvemos e fizemos prosperar?[50]

Se for assim, talvez essa descoberta seja como a história da descoberta do arqueólogo alemão Klaus Schmidt e de um jovem estudante de pós-graduação chamado Michael Morsch.

Um dia, em outubro de 1994, Schmidt fez uma descoberta numa área remota da Turquia que reescreveu a linha do tempo da civilização, mudando em milhares de anos o que pensávamos saber. Essa descoberta permanece envolta em enigmas e mistérios. Mas o lugar existe como uma metáfora para todos nós, enquanto povos civilizados. Para tudo o que sabemos e, ao mesmo tempo, para tudo o que não sabemos, sobre nosso futuro e passado coletivos.

Göbekli Tepe, sítio neolítico na Turquia, foi redescoberto por arqueólogos depois de ficar enterrado por quase 12 mil anos. (Fotografia do dr. Oliver Dietrich)

Klaus Schmidt estava familiarizado com a área devido a uma escavação arqueológica em que ele trabalhava na época, e ficou curioso com uma história que ouvira nas aldeias ao redor da cidade vizinha de Sanliurfa. Dizia-se que havia uma colina, em um vale não muito distante, em que uma abundância de pedra de sílex era encontrada saindo da terra.

A pedra de sílex, uma rocha sedimentar, foi usada pelos primeiros humanos para fazer ferramentas de pedra e acender fogueiras na Idade da Pedra.

Schmidt perguntou nas aldeias se alguém estava familiarizado com este lugar, que, décadas antes, aparentemente havia sido identificado erroneamente por um arqueólogo norte-americano chamado Peter Benedict como uma espécie de cemitério medieval. Erroneamente identificado, depois esquecido.

Isto é, até que um idoso em Örencik, Şavak Yildiz, disse a Schmidt que sim,[51] ele conhecia o lugar. Os moradores locais o chamavam de Göbekli Tepe Ziyaret, ou o Sítio de Peregrinação da Colina Barriguda. A maneira de encontrar o local, disse Yildiz, era procurar uma árvore solitária no topo de uma colina. E como a árvore era a única coisa que crescia em uma vasta extensão de terreno desolado, dizia-se que ela tinha poderes mágicos.

Era chamada de árvore dos desejos[52] e as pessoas iam até lá, segundo Yildiz relatou a Schmidt, "para fazer desejos importantes aos galhos e, por consequência, ao vento". Em seu livro *Göbekli Tepe: A Stone Age Sanctuary in South-Eastern Anatolia*, Schmidt relembrou como Yildiz ajudou a providenciar um motorista de táxi para levá-lo àquele local misterioso e um adolescente local para fazer as vezes de guia. Acompanhando Schmidt na jornada naquele dia estava o estudante de pós-graduação em arqueologia Michael Morsch.

Morsch conta como a área fora da movimentada cidade de Sanliurfa era um deserto vasto e árido. "Centenas de quilômetros quadrados de terra marrom-avermelhada coberta de pedras e grama seca", relembra Morsch.[53] Muito pouco poderia florescer na paisagem, ou assim parecia. Era como se ninguém jamais tivesse vivido ali.

Eles dirigiram por 13 quilômetros até que a estrada acabou. O grupo saiu do táxi e começou a caminhar por uma trilha de cabras em direção ao que seria o local em questão, de acordo com os rumores.

"Nós nos deslocamos por uma paisagem bizarra de blocos de pedra cinza-escuros que repetidamente formavam [pequenas] barreiras", escreveu Schmidt, "obrigando-nos a mudar nosso curso para a esquerda e para a direita", ziguezagueando, como se por um labirinto de pedra natural que batia na altura dos tornozelos.[54] Finalmente, o grupo chegou ao fim do estranho terreno, que se abria para uma ampla extensão de terra onde era possível ver por muitos quilômetros, até o horizonte.

Ao observar a área, Schmidt sentiu-se desapontado. "Em nenhum lugar [havia] o menor vestígio arqueológico, apenas aqueles de rebanhos de ovelhas e cabras que eram levados para seus prados áridos, todos os dias", lamentou.

Então ele viu a árvore.

"Era quase uma imagem de cartão-postal", escreveu Schmidt. A árvore dos desejos, sozinha, "no pico mais alto do monte, obviamente marcando um Ziyaret".

*A árvore dos desejos em Göbekli Tepe, em 2007. Hoje é um Patrimônio Mundial da UNESCO.
(Fotografia do dr. Oliver Dietrich)*

Claro, pensou Morsch. *Um local de peregrinação.*

"Nós havíamos encontrado Göbekli Tepe", diz Morsch, relembrando aquele momento.

Mas o que havia ali? Com seu olhar de cientista, Schmidt questionava. "Que poderes da natureza poderiam ter criado aquela pilha de terra na parte mais alta do cume de calcário?"

Em outras palavras, o que — ou quem — teria feito aquela colina?

Um geólogo poderia dizer que a colina foi criada pelo movimento das placas tectônicas. Um religioso invocaria Deus. Schmidt, um arqueólogo, reconheceu imediatamente que o que ele estava olhando era um *tel* feito pelo homem.

Um *tel* é uma característica topográfica artificial que consiste em material deixado para trás por gerações de humanos que viveram lá. Ele se empolgou. Como viria a ser constatado, Schmidt havia descoberto uma civilização perdida. Perdida por quase 12 mil anos. Mas não apenas isso. Klaus Schmidt havia encontrado algo que mudaria a própria definição moderna de civilização.[55] De como o próprio conceito humano de sistemas de ciência e tecnologia teria surgido.

Schmidt e uma equipe de arqueólogos começaram a escavar a colina. Descobriram cacos de cerâmica e muros de pedra. Descobriram enormes pedaços de pedra extraída, esculpida com animais selvagens como raposas, abutres e garças. Descobriram pilares gigantes em forma de T, com quase 6 metros de altura. Mas, o mais importante de tudo, descobriram um vasto sistema de cômodos, corredores e auditórios ao ar livre. Espaços com bancos e altares cuidadosamente esculpidos dessa mesma pedra, trazida misteriosamente de uma pedreira localizada a muitos quilômetros de distância.

Antes dessa descoberta, a visão geral dos cientistas sobre a civilização era que a ciência e a tecnologia nasceram após a agricultura. Que foi somente depois que os humanos aprenderam a domesticar plantas e animais que fizeram a transição dos caçadores-coletores nômades que eram e se tornaram civilizados. E construíram comunidades e sociedades. Projetaram e criaram sistemas complexos de coisas.

Göbekli Tepe abalou essa antiga ideia fundamental.

O local foi construído por arquitetos, construtores e engenheiros pré-históricos. Arquitetos que existiam antes da agricultura e da pecuária. Humanos caçadores-coletores que idealizaram esse projeto científico conhecido por nós hoje como Göbekli Tepe. Aqueles humanos organizaram grupos de trabalho para realizar o que precisavam ter mapeado de forma cuidadosa e sistemática, ou imaginado, em suas mentes. Eram humanos caçadores-coletores que lidavam com um complexo sistema de sistemas, com uma compreensão elegante de uma arquitetura de sistemas, de comando e de controle hierárquico.

Até o início de 2024, nenhum alojamento foi encontrado em Göbekli Tepe. Nenhum cemitério, tampouco ossos. Em outras palavras, ao que parece, as pessoas não viviam ali, mas ali se reuniram — por centenas, talvez até milhares de anos.

Por quê? Não sabemos. Para fazer o quê? Não sabemos.

E então, de forma ainda mais misteriosa, o registro arqueológico sugere que, ao longo de um período relativamente curto de tempo, milhares de anos atrás, alguma catástrofe desconhecida aconteceu em Göbekli Tepe. Não foi natural, como um terremoto, um meteoro ou uma inundação. Em vez disso, de repente, o lugar inteiro acabou. Fim. Desativado. Preenchido com terra e pedra.

Se isso foi causado por intenção ou por um desastre, os cientistas ainda não conseguiram discernir. As escavações continuam, e o mistério permanece. Daquele momento enigmático em diante, Göbekli Tepe se tornou uma cápsula do tempo enterrada. Ficou escondida sob a terra por milhares de anos.

O que aconteceu ali? O que fez com que aqueles seres humanos de repente encontrassem seu fim? Michael Morsch não tem resposta para esse enigma.

"Podemos dizer o que eles comiam", diz Morsch, referindo-se à capacidade surpreendente do homem moderno de coletar DNA de plantas a partir de fogareiros e fossos usados há 12 mil anos.[56] "Podemos dizer quais animais caçavam, mas não podemos dizer o que pensavam. Ou o que aconteceu com eles."

Conosco, milênios após um conflito nuclear em grande escala, poderia acontecer o mesmo. Os humanos do futuro poderiam encontrar vestígios de nossa civilização atual e se perguntar: *Como foi que ela desapareceu? O que aconteceu com eles?*

No alvorecer da era nuclear, perguntaram a Albert Einstein o que pensava sobre a guerra nuclear, ao que ele teria respondido: "Não sei com que armas a Terceira Guerra Mundial será travada, mas a Quarta Guerra Mundial será travada com paus e pedras."

Era com pedras presas a paus (ou lanças) que se travavam guerras na Idade da Pedra. Aquele vasto período pré-histórico que durou vários milhões de anos, quando humanos usavam pedras para fazer ferramentas, terminou há cerca de 12 mil anos, bem na época em que se acredita que os caçadores-coletores construíram Göbekli Tepe.

Albert Einstein temia que armas nucleares pudessem dar fim à civilização avançada que a humanidade criou nos últimos 12 mil anos. Einstein temia que os humanos pudessem se tornar caçadores-coletores outra vez, tudo por causa de uma arma terrível desenvolvida por humanos supostamente civilizados para ser usada em guerras contra outros humanos civilizados.

A história que você acabou de ler imagina exatamente isso. Uma história em que 12 mil anos de civilização são reduzidos a escombros numa questão de horas ou minutos. Esta é a realidade da guerra nuclear. Enquanto a guerra nuclear existir como possibilidade, ela ameaçará a humanidade com o Apocalipse. A sobrevivência da espécie humana está em jogo.

Os 24 meses seguintes e o que vem depois

Após um conflito nuclear em grande escala, os sobreviventes da guerra e do inverno nuclear se encontrariam em um mundo selvagem totalmente irreconhecível para qualquer pessoa viva hoje, alertou Carl Sagan. À exceção de algumas tribos na Amazônia ou de sobrevivencialistas com treinamento militar, quase ninguém vivo hoje tem as habilidades dos caçadores-coletores de sobrevivência real. Após uma guerra nuclear, mesmo os sobreviventes mais corajosos teriam grande dificuldade de se orientar em um mundo envenenado por radiação, desnutridos e cheios de doenças, vivendo grande parte do tempo no subsolo, enfrentando o frio e a escuridão. "O tamanho da população de *Homo sapiens* poderia ser reduzido a níveis pré-históricos ou ainda menores", escreveu Sagan.[57]

Pequenos grupos de pessoas se reproduziriam entre si para sobreviver, produzindo descendentes geneticamente comprometidos, alguns cegos. Tudo o que foi aprendido por todos nós, tudo que foi passado a nós por nossos ancestrais, se tornaria mito.

Com o tempo, após uma guerra nuclear, todo o conhecimento atual desaparecerá. Inclusive o conhecimento de que o inimigo nunca foi a Coreia do Norte, a Rússia, os Estados Unidos, a China, o Irã ou qualquer outro vilipendiado como nação ou grupo.

O inimigo de todos nós eram as armas nucleares. O tempo todo.[58]

AGRADECIMENTOS

A guerra nuclear é uma insanidade. Cada pessoa que entrevistei para este livro sabe disso. Cada uma delas. Toda a premissa de usar armas nucleares é insana. É irracional. E, ainda assim, aqui estamos. O presidente russo Vladimir Putin declarou não faz muito tempo que "não está blefando" sobre a possibilidade de usar armas de destruição em massa. A Coreia do Norte acusou recentemente os Estados Unidos de ter "uma intenção sinistra de provocar uma guerra nuclear". Todos nós estamos no fio da navalha. E se a dissuasão falhar? "A humanidade está a apenas um mal-entendido, um erro de cálculo de distância da aniquilação nuclear", alertou o secretário-geral das Nações Unidas, António Guterres, no outono de 2022. "Isso é loucura", diz ele. "Precisamos reverter o curso." Como é verdade! A ideia fundamental por trás deste livro é demonstrar, nos mais assustadores detalhes, como uma guerra nuclear seria horrível.

Como é apropriado, devo primeiro agradecer aos mortos. Alfred O'Donnell (1922–2015) me ensinou sobre bombas nucleares. Em nossas entrevistas, ao longo de quatro anos e meio, ele compartilhou comigo informações que não eram apenas extraordinárias, mas inigualáveis. Como membro do grupo de armamento de quatro homens da EG&G (responsável pelas verificações finais de conexão antes de todos os testes nucleares), O'Donnell ligou, armou e/ou disparou cerca de 186 armas nucleares atmosféricas, subaquáticas e espaciais dos Estados Unidos, incluindo as da Operação Crossroads. Colegas chamavam O'Donnell de "o homem do gatilho".

Ralph "Jim" Freedman (1927–2018), também da EG&G, fotografou milhares desses testes de bombas nucleares, na Área de Testes de Nevada e nas Ilhas Marshall. Eu registro seu relato de testemunha ocular da detonação da bomba Castle Bravo de 15 megatons no livro *The Pentagon's Brain*.

O dr. Albert D. "Bud" Wheelon (1929–2013) compartilhou comigo histórias de sua lendária carreira cheia de "primeiras vezes". Ele ajudou a desenvolver o primeiro míssil balístico intercontinental dos Estados Unidos (o Atlas), o primeiro satélite espião dos Estados Unidos (de codinome Corona), e serviu como o primeiro diretor da Diretoria de Ciência e Tecnologia (DS&T) da CIA. Ele também foi o "prefeito da Área 51" (nas palavras dele). Sua vida foi dedicada a prevenir a Terceira Guerra Mundial, Wheelon me contou.

O coronel Hervey S. Stockman (1922–2011) viveu uma vida extraordinária. Ele lutou contra os nazistas na Segunda Guerra Mundial e voou em um P-51 Mustang em 68 missões. Foi o primeiro a voar sobre a União Soviética em um avião espião U-2. Ele voou em corridas de amostragem de radiação em meio a nuvens de bombas termonucleares de megatons nas Ilhas Marshall. Participou de missões na Guerra do Vietnã até ser abatido, cair, ser capturado e torturado e se tornar prisioneiro de guerra por quase seis anos. Após sua libertação, em março de 1973, Hervey insistiu em usar seu uniforme de prisioneiro de guerra nas cerimônias de medalhas, para grande desgosto do Pentágono. "Os convites pararam de chegar", disse-me. "Eles queriam heróis de guerra, não ex-prisioneiros."

Charles H. Townes (1915–2015), vencedor do Prêmio Nobel em 1964, causou um impacto profundo na minha forma de pensar (sobre a qual escrevo no livro *Phenomena*). O conceito de tecnologia de dupla utilização — ciência que pode ser usada para ajudar ou prejudicar — é um paradoxo. A invenção de Townes, o laser, fez muito para beneficiar a humanidade, de cirurgias a laser até impressoras, mas o programa confidencial de armas a laser do Pentágono está fomentando um novo tipo de corrida armamentista.

Dr. Walter Munk (1917–2019), geofísico e oceanógrafo, trabalhou em guerra antissubmarina e hidroacústica para a Marinha. Ele generosamente compartilhou comigo histórias de experimentos científicos oceânicos que conduziu durante testes de bombas nucleares no Pacífico. Aconselhou presidentes, ocupou o título de secretário da Cátedra de Pesquisa em Oceanografia da Marinha e revolucionou a compreensão do homem sobre o mar. Colegas o chamavam de "Einstein dos Oceanos".

Edward Lovick Jr. (1919–2017), o avô da tecnologia *stealth* e funcionário de longa data da Lockheed Skunk Works, me ensinou muitas coisas ao longo de dez anos de entrevistas. Suas opiniões sobre revelações científicas não têm preço. Lovick desbloqueou a busca de longa data pela tecnologia

Agradecimentos

stealth, segundo explicou, enquanto trocava a fralda do filho. Seu momento "eureca!" veio quando ele percebeu que o segredo era a absorção.

Paul S. Kozemchak (1948–2017), o funcionário mais antigo da DARPA, compartilhou uma história chocante comigo em uma entrevista de 2014, que plantou uma semente para este livro. "Adivinhe quantos mísseis nucleares foram detonados durante a Crise dos Mísseis de Cuba?", ele perguntou, retoricamente. "Posso dizer que a resposta não é 'nenhum'. A resposta é 'vários': quatro." Dois pelos Estados Unidos (em 20 e 26 de outubro de 1962) e dois pela União Soviética (em 22 e 28 de outubro de 1962), todos explodindo no espaço. Disparar testes de armas nucleares em um ambiente de DEFCON 2 era testar a sorte.

Marvin L. "Murph" Goldberger (1922–2014), fundador do grupo consultivo Jason, projetou muitos sistemas de armas para o Pentágono. Ele compartilhou comigo seu vasto conhecimento sobre tecnologia de sensores e seu papel no comando e controle. Também compartilhou um arrependimento. Goldberger me disse que gostaria de ter passado mais tempo fazendo ciência pela ciência e não fazendo ciência para a guerra. "Quando está no fim da vida, você pensa sobre essas coisas", disse ele.

Dr. Jay W. Forrester (1918–2016), pioneiro em engenharia da computação e criador da Dinâmica de Sistemas, me ensinou um conceito fundamental que sustenta o comando e controle nuclear: é um sistema de sistemas. Uma máquina gigante feita de muitas partes móveis. Saber disso, e saber que todas as máquinas mais cedo ou mais tarde quebram, é um pensamento assustador.

Pesquisar, organizar, escrever e publicar um livro requer uma quantidade enorme de ajuda, de engenhosidade e generosidade de muitas pessoas, além do bom e velho trabalho árduo. Algumas pessoas que eu gostaria de agradecer aqui são: John Parsley, Steve Younger, Sloan Harris, Matthew Snyder, Tiffany Ward, Alan Rautbort, Frank Morse, Jake Smith-Bosanquet, Sarah Thegeby, Stephanie Cooper, Nicole Jarvis, Ella Kurki e Jason Booher. Agradeço a Claire Sullivan, editora de produção, e a Rob Sternitzky, editor de texto, por permanecerem atentos até o fim.

Muitas fontes me ajudaram nos bastidores, ou nos bastidores profundos, como dizemos no ramo, algumas remontando a dez ou doze anos atrás. Obrigada a todos. E um enorme "obrigada" a todos os ousados e corajosos que falaram de forma não anônima e me permitiram citá-los neste cenário.

Em particular, gostaria de agradecer a Glen McDuff e Ted Postol, que leram os primeiros (e desorganizados) rascunhos do manuscrito e apontaram onde eu precisava me aprofundar mais e relatar certas coisas com mais detalhes. Obrigada a Jon Wolfsthal e ao tenente-general Charles Moore (aposentado), por lerem as provas mais próximas da versão final com um detalhismo raro que vem com a experiência de décadas a serviço da nação. Obrigada a Hans Kristensen por ler e revisar os números de ogivas nucleares e sistemas de armas com uma experiência (e um nível de paciência) inigualável. Ben Kalin verificou fatos com excelência. Obrigada a John Tyler Moore, nos Arquivos do Laboratório Nacional de Los Alamos (*Los Alamos National Laboratory Archives*), Max Howell, arquivista de manuscritos nos Arquivos e Biblioteca de Niels Bohr (*Niels Bohr Library and Archives*), e a todos nos Arquivos Nacionais e Administração de Documentos (*National Archives and Records Administration*) ao longo dos anos, mas particularmente a Richard Peuser, David Fort e Tom Mills. Obrigada a Cynthia Lazaroff por sua percepção a respeito dos perigos nucleares, e a Paulina Sokolovsky, Julia Grinberg e Nathan Sokolovsky por me ajudarem com as traduções do russo. Quero agradecer a Shane Salerno da The Story Factory por me dar a ideia para este livro e por trabalhar comigo no manuscrito. Agradeço aos arqueólogos dr. Oliver Dietrich e dr. Jens Notroff, que trabalham há anos em Göbekli Tepe e compartilharam comigo suas percepções sobre aquele lugar notável e misterioso.

É preciso uma aldeia para realizar qualquer coisa que vale a pena. Minha aldeia inclui: Tom Soininen (a pessoa de quem herdei o bastão da fala), Alice Soininen (sinto sua falta, mãe), Julie Soininen Elkins, John Soininen, Kathleen e Geoffrey Silver, Rio e Frank Morse, Kirston Mann, Ellen Collett, Nancie Claire, Judith Edelman. E, claro, nada que eu faça acontece sem o brilhantismo e as ideias infinitamente inspiradoras que recebo de Kevin, Finley e Jett; vocês são meus melhores amigos.

NOTAS

ABREVIAÇÕES USADAS NAS NOTAS

CRS Serviço de Pesquisa do Congresso (*Congressional Research Service*), coleção digital
CSIS Centro de Estudos Estratégicos e Internacionais (*Center for Strategic and International Studies*), coleção digital
DIA Agência de Inteligência de Defesa (*Defense Intelligence Agency*), coleção digital
DoD Departamento de Defesa dos Estados Unidos (*U.S. Department of Defense*), coleção digital
DSOH Departamento de Estado, Gabinete do Historiador (*U.S. Department of State, Office of the Historian*), coleção digital
DNI Diretor de Inteligência Nacional (*Director of National Intelligence*), coleção digital
GAO Controladoria do Governo dos Estados Unidos (*Government Accountability Office*), coleção digital
FAS Federação de Cientistas Americanos (*Federation of American Scientists*), coleção digital
FEMA Agência Federal de Gestão de Emergências (*Federal Emergency Management Agency*), coleção digital
ICAN Campanha Internacional para a Abolição de Armas Nucleares (*International Campaign to Abolish Nuclear Weapons*), coleção digital
IDA Instituto de Análise de Defesa (*Institute for Defense Analyses*), coleção digital
LANL Laboratório Nacional de Los Alamos (*Los Alamos National Laboratory*), coleção digital
LANL-L Laboratório Nacional de Los Alamos (*Los Alamos National Laboratory*), biblioteca de pesquisa
LM Lockheed Martin, coleção digital
MDA Agência de Defesa contra Mísseis (*Missile Defense Agency*), coleção digital
NARA Arquivos Nacionais e Administração de Documentos (*National Archives and Records Administration*), College Park, MD
NASA Administração Nacional da Aeronáutica e Espaço (*National Aeronautics and Space Administration*), coleção digital
NA-R Arquivos Nacionais, Biblioteca Ronald Reagan (*National Archives, Ronald Reagan Library*), coleção digital
NA-T Arquivos Nacionais, Biblioteca Harry S. Truman (*National Archives, Harry S. Truman Library*), coleção digital
NAVY Marinha dos Estados Unidos (*U.S. Navy*), coleção digital

NOAA Administração Oceânica e Atmosférica Nacional (*National Oceanic and Atmospheric Administration*)
NRC Comissão Reguladora Nuclear dos Estados Unidos (*Nuclear Regulatory Commission*), coleção digital
NRO Escritório Nacional de Reconhecimento (*National Reconnaissance Office*), coleção digital
NSA-GWU Arquivo de Segurança Nacional (*National Security Archive*), Universidade George Washington, coleção digital
OSD Escritório da Secretaria de Defesa (*Office of the Secretary of Defense*), coleção digital
OSTI Departamento de Energia, Escritório de Informação Técnica e Científica (*Department of Energy, Office of Scientific and Technical Information*), coleção digital
RTX Raytheon, coleção digital
SIPRI Instituto Internacional de Pesquisa para a Paz de Estocolmo (*Stockholm International Peace Research Institute*), coleção digital
SNL Laboratórios Nacionais Sandia (*Sandia National Laboratories*), coleção digital
STRATCOM Comando Estratégico dos Estados Unidos (*U.S. Strategic Command*), coleção digital
USSF Força Espacial dos Estados Unidos (*U.S. Space Force*), coleção digital
WH Casa Branca (*White House*), coleção digital

NOTA DA AUTORA

1. "Atomic Weapons Requirements Study for 1959 (SM 129-56)", Comando Aéreo Estratégico, 15 de junho de 1956 (Informações restritas com nível supersecreto, tornado público em 26 de agosto de 2014), NARA; "SIOP Briefing for Nixon Administration", XPDRB-4236-69, Conselho de Segurança Nacional, Estado-Maior Conjunto, 27 de janeiro de 1969, LANL-L. Mais exemplos são observados ao longo do texto.
2. Entrevista com Andrew Weber. Ver também, dr. Peter Vincent Pry, "Surprise Attack: ICBMs and the Real Nuclear Threat", Força-Tarefa sobre Segurança Nacional e Interna, 31 de outubro de 2020. "O ataque surpresa é o cenário nuclear mais provável por causa das vulnerabilidades dos Estados Unidos, da postura estratégica adversária e da cultura estratégica paranoica, e da cultura estratégica dos Estados Unidos, que considera a guerra nuclear, e especialmente o ataque surpresa nuclear, como 'impensável'."
3. "Admiral Charles A. Richard, Commander, U.S. Strategic Command, Holds a Press Briefing", transcrição, DoD, 22 de abril de 2021. "Tornamos improvável o *Bolt out of the Blue*. Submarinos com mísseis balísticos, a capacidade de resposta do componente intercontinental, nossas posturas, nossas políticas, a forma como executamos. A razão pela qual um *Bolt out of the Blue* é improvável é porque provavelmente não funcionaria, certo?" O cenário deste livro começa onde as posturas e políticas do STRATCOM falham, e o ataque *Bolt out of the Blue* acontece.
4. Entrevista com Robert Kehler.

Notas

PRÓLOGO: O INFERNO NA TERRA

1. Os efeitos de armas nucleares neste cenário derivam de Samuel Glasstone e Philip J. Dolan, eds., *The Effects of Nuclear Weapons*, 3ª ed. (Washington: Departamento de Defesa e Departamento de Energia [anteriormente Comissão de Energia Atômica]), 1977. O livro de 653 páginas também é conhecido como "Panfleto N.º 50-3 do Departamento do Exército". Minha cópia do autor, adquirida durante uma viagem de pesquisa ao Laboratório Nacional de Los Alamos em 2021, veio com um "Computador de Efeitos de Bomba Nuclear", desenvolvido pelo Lovelace Biomedical and Environmental Research Institute Inc., enfiado em uma capa na parte de trás. Essa régua de cálculo circular permite cálculos pessoais relativos aos efeitos das bombas nucleares — coisas como a que distância de uma explosão nuclear uma queimadura de terceiro grau provavelmente ocorrerá em um ser humano, e, portanto: "necessidade de enxerto de pele". Os efeitos horríveis que as bombas nucleares têm nas pessoas e nas cidades são baseados em dados das bombas atômicas lançadas pelos militares dos Estados Unidos em Hiroshima e Nagasaki, em agosto de 1945. Os dados foram originalmente compilados pelo DoD e pela AEC em *The Effects of Atomic Weapons*, publicado em 1950, quando as energias explosivas das bombas nucleares estavam na casa dos milhares de toneladas de TNT, ou seja, alcance de quilotons. Essas armas foram projetadas para destruir cidades inteiras. Com o desenvolvimento da bomba termonuclear (de hidrogênio) na década de 1950, as energias explosivas das armas nucleares avançaram para milhões de toneladas, ou melhor, megatons. Essas armas foram projetadas para destruir nações inteiras. Em edições posteriores de *Effects*, foram incluídos dados novos de testes atmosféricos conduzidos no Pacífico e nos Estados Unidos. As armas nucleares em geral e seus efeitos, em particular, foram relatados numa ampla variedade de formas. "Há dificuldades inerentes em fazer mensurações precisas dos efeitos das armas", escreve Glasstone. "Os resultados costumam depender de circunstâncias que são difíceis, e às vezes impossíveis, de controlar mesmo em testes, e seriam imprevisíveis, no evento de um ataque." Assim, este cenário retira informações de dados incluídos em *Effects* e também efeitos prováveis que cientistas e acadêmicos passaram décadas compilando, e referenciados em todo o livro — muitos dos quais entrevistados por mim. "[D]uas armas com projetos diferentes podem ter o mesmo rendimento de energia explosiva, mas diferir marcadamente em seus efeitos reais", Glasstone deixa claro. Um exemplo atual da falta de precisão nos números relacionados a armas nucleares, no passado e no presente, vem de Richard L. Garwin, o físico norte-americano que desenhou os planos físicos para o primeiro dispositivo termonuclear do mundo (ou seja, o Super), a quem entrevistei inúmeras vezes para este livro. Essa arma, chamada Ivy Mike, é relatada como tendo um rendimento explosivo de 10,4 megatons. No entanto, Garwin se refere a ela como sendo de 11 megatons. Ele disse isso para mim (repetidamente, em entrevistas gravadas no Zoom) e também para David Zierler em uma história oral de 2020 para o Centro de História da Física do Instituto Americano de Física (AIP, na sigla em inglês), cuja transcrição está disponível on-line. Eu uso 10,4 megatons na minha

narrativa não para "demonstrar" que Garwin está certo ou errado, mas porque relatá-lo neste livro como 11 megatons quase certamente gerará respostas corretivas. Isso não é para menosprezar os esforços do curioso pesquisador do Google, mas para ressaltar a natureza complexa da certeza em relação às armas nucleares e seus efeitos. "Os números devem ser vistos como evocativos, não definitivos", diz o historiador de armas nucleares Alex Wellerstein. Para imaginar os prováveis efeitos de uma arma nuclear sobre sua cidade ou vila, incentivo os leitores a visitarem o NUKEMAP (alexwellerstein.com), um mapa interativo projetado e programado por Wellerstein com base em dados tornados públicos da *Effects* e Mapbox API. "[É] um caso raro de uma ferramenta do século XXI sobre uma tecnologia controversa que permitiu que pessoas de opiniões diferentes pelo menos concordassem sobre as dimensões técnicas básicas do problema", diz ele. Para mais leituras sobre efeitos nucleares, veja: Harold L. Brode, "Fireball Phenomenology", RAND Corporation, 1964; Escritório de Avaliação de Tecnologia, *The Effects of Nuclear War*, maio de 1979; Theodore Postol, "Striving for Armageddon: The U.S. Nuclear Forces Modernization Program, Rising Tensions with Russia, and the Increasing Danger of a World Nuclear Catastrophe Symposium: The Dynamics of Possible Nuclear Extinction", Academia de Medicina de Nova York, 28 de fevereiro – 1º de março de 2015, cópia da autora; Lynn Eden, *Whole World on Fire: Organizations, Knowledge, and Nuclear Weapons Devastation* (Ithaca, NY: Cornell University Press, 2004), capítulo 1: "Complete Ruin"; Steven Starr, Lynn Eden, Theodore A. Postol, "What Would Happen If an 800-Kiloton Nuclear Warhead Detonated above Midtown Manhattan?", em *Bulletin of the Atomic Scientists*, 25 de fevereiro de 2015.
2. Theodore A. Postol, "Possible Fatalities from Superfires Following Nuclear Attacks in or Near Urban Areas", em *The Medical Implications of Nuclear War*, eds. F. Solomon e R. Q. Marston (Washington: National Academies Press, 1986), 15.
3. Glasstone e Dolan, *The Effects of Nuclear Weapons*, 276.
4. Glasstone e Dolan, *The Effects of Nuclear Weapons*, 38; Theodore Postol, "Striving for Armageddon: The U.S. Nuclear Forces Modernization Program, Rising Tensions with Russia, and the Increasing Danger of a World Nuclear Catastrophe Symposium: The Dynamics of Possible Nuclear Extinction", Academia de Medicina de Nova York, 28 de fevereiro – 1º de março de 2015, slide 12, cópia da autora; entrevista com Ted Postol.
5. Glasstone e Dolan, *The Effects of Nuclear Weapons*, "Characteristics of the Blast Wave in Air", 80-91.
6. "Nuclear Weapons Blast Effects: Thermal Effects: Ignition Thresholds", LANL, 9 de julho de 2020; Glasstone e Dolan, *The Effects of Nuclear Weapons*, 277.
7. Eden, *Whole World on Fire*, 25-36.
8. NUKEMAPS, explosão aérea/alvo de 1 MT. O Pentágono estima cerca de 500 mil mortos, com 1 milhão de feridos a mais. Observando que há 2,6 milhões de pessoas na faixa de explosão de quase 40 quilômetros de diâmetro (1 psi) neste cenário, metade das quais terá queimaduras de terceiro grau que exigirão amputação, os prováveis mortos e moribundos neste cenário são de 1 a 2 milhões.

9. Eden, *Whole World on Fire*, 17.
10. Toni Sandys, "Photos from the Washington Nationals' 2023 Opening Day", *Washington Post*, 31 de março de 2023.
11. Escritório de Avaliação de Tecnologia, *The Effects of Nuclear War*, 21. "Uma explosão de 1 Mt pode causar queimaduras de terceiro grau (que destroem o tecido da pele) a distâncias de até 5 milhas [8 quilômetros]. Queimaduras de terceiro grau em mais de 24% do corpo, ou queimaduras de segundo grau em mais de 30% do corpo, resultarão em choque grave e provavelmente serão fatais, a menos que haja atendimento médico especializado e imediato disponível." Observe como as avaliações variam: "Nuclear Weapon Blast Effects", (ver: *Thermal Effects: Ignition Thresholds*) LANL, 9 de julho de 2020, 12–14. Queimaduras de terceiro grau, 1 megaton, 12 quilômetros.
12. R. D. Kearns *et al.*, "Actionable, Revised (v.3) and Amplified American Burn Association Triage Tables for Mass Casualties: A Civilian Defense Guideline", *Journal of Burn Care & Research* 41, n.º 4 (3 de julho de 2020): 770–79.
13. Para cientistas de defesa, ver: Escritório de Avaliação de Tecnologia, *The Effects of Nuclear War*, tabela 2: "Summary of Effects, Immediate Deaths". Para cientistas civis, veja: William Daugherty, Barbara Levi e Frank von Hippel, "Casualties Due to the Blast, Heat, and Radioactive Fallout from Various Hypothetical Nuclear Attacks on the United States", Academia Nacional de Ciências, 1986.
14. "Mortuary Services in Civil Defense", Technical Manual, TM-11-12, Defesa Civil dos Estados Unidos, 1956.
15. Visita da autora à Base Conjunta Anacostia-Bolling.
16. Glasstone e Dolan, *The Effects of Nuclear Weapons*, 277. O comprimento do pulso depende do tamanho da bomba.
17. O arquivista é Chris Griffith, do Arquivo Atômico, coleção digital.
18. Entrevista com Ted Postol. Veja também Steven Starr, Lynn Eden, Theodore A. Postol, "What Would Happen If an 800-Kiloton Nuclear Warhead Detonated above Midtown Manhattan?", em *Bulletin of the Atomic Scientists*, em 25 de fevereiro de 2015.
19. Glasstone e Dolan, *The Effects of Nuclear Weapons*, 38.
20. "Sandy Storm Surge & Wind Summary", Relatório Climático Nacional, NOAA, outubro de 2012. Os ventos de 407 km/h foram medidos em Barrow Island, Austrália, 10 de abril de 1996.
21. Glasstone e Dolan, *The Effects of Nuclear Weapons*, 27.
22. Entrevista com Ted Postol; Glasstone e Dolan, *The Effects of Nuclear Weapons*, 29, 82, 85.
23. Glasstone e Dolan, *The Effects of Nuclear Weapons*, 28–33, tabela 2.12.
24. Ehrlich *et al.*, *The Cold and the Dark*, 9.
25. Eden, *Whole World on Fire*, 25.
26. Escritório de Avaliação de Tecnologia, *The Effects of Nuclear War*, 21.
27. Entrevista com Al O'Donnell, que testemunhou isso durante testes nucleares.
28. Entrevista com Craig Fugate.

PARTE I: OS ANTECEDENTES (OU COMO CHEGAMOS ATÉ AQUI)

1. "History of the Joint Strategic Target Planning Staff: Background and Preparation of SIOP-62", Divisão de História e Pesquisa, Sede do Comando Aéreo Estratégico. (Dados Restritos de altíssima confidencialidade, tornados públicos em 13 de fevereiro de 2007), 1.
2. Ellsberg, *The Doomsday Machine*, 3.
3. Rubel, *Doomsday Delayed*, 23-24.
4. *Ibid.*, 24-30.
5. *Ibid.*, 27.
6. *Ibid.*, 24.
7. *Ibid.*, 25.
8. *Ibid.*
9. Para saber mais sobre como o público veio a saber sobre o SIOP-62, veja William Burr, ed., "The Creation of SIOP-62: More Evidence on the Origins of Overkill", Electronic Briefing Book N.º 130, NSA-GWU, 13 de julho de 2004; Kaplan, *The Wizards of Armageddon*, 262-72; Ellsberg, *The Doomsday Machine*, 2-3.
10. George V. LeRoy, "The Medical Sequelae of the Atomic Bomb Explosion", *Journal of the American Medical Association* 134, n.º 14 (agosto de 1947): 1143-48. McDuff cita números diferentes: "Killed at Hiroshima, 64,500 by mid-November. Killed at Nagasaki, 39.214 by end of November". A. W. Oughterson *et al.*, "Medical Effects of Atomic Bombs: The Report of the Joint Commission for the Investigation of Effects of the Atomic Bomb in Japan", vol. 1, Army Institute of Pathology, 19 de abril de 1951, 12.
11. Sekimori, *Hibakusha: Survivors of Hiroshima and Nagasaki*, 20-39.
12. Setsuko Thurlow, "Vienna Conference on the Humanitarian Impact of Nuclear Weapons", Ministério Federal, República da Áustria, 8 de dezembro de 2014; Testemunho de Setsuko Thurlow, "Disarmament and Non-Proliferation: Historical Perspectives and Future Objectives", Royal Irish Academy, Dublin, 28 de março de 2014.
13. John Malik, "The Yields of the Hiroshima and Nagasaki Explosions", LA-8819, UC-34, LANL, setembro de 1985.
14. Como membro do comitê de seleção de alvos, Von Neumann decidiu quais cidades japonesas seriam escolhidas como alvos atômicos. A Medalha de Mérito do presidente dada a ele citou "devoção ao dever" e "entusiasmo constante".
15. Setsuko Thurlow, "Setsuko Thurlow Remembers the Hiroshima Bombing", Associação de Controle de Armas, julho/agosto de 2020 (aqui e depois).
16. John Malik, "The Yields of the Hiroshima and Nagasaki Nuclear Explosions", LA-8819, UC-34, LANL, setembro de 1985, 1. Nagasaki é listada como 21 quilotons.
17. Setsuko Thurlow, "Setsuko Thurlow Remembers the Hiroshima Bombing", Associação de Controle de Armas, julho/agosto de 2020.
18. Hachiya, *Hiroshima Diary*, 2.
19. *Ibid.*

20. William Burr, ed., "The Creation of SIOP-62: More Evidence on the Origins of Overkill", Electronic Briefing Book N.º 130, NSA-GWU, 13 de julho de 2004.
21. William Burr, ed., "The Atomic Bomb and the End of World War II", Documento 87, transcrição telefônica do general Hull e do general Seaman — 1325 — 13 de agosto de 1945, Electronic Briefing Book N.º 716, NSA-GWU, 7 de agosto de 2017.
22. Entrevista com Glen McDuff (aqui e depois).
23. Entrevista com Al O'Donnell, que ajudou a conectar as bombas como engenheiro da EG&G.
24. "Enclosure 'A'. The Evaluation of the Atomic Bomb as a Military Weapon: The Final Report of the Joint Chiefs of Staff Evaluation Board for Operation Crossroads", Estado-Maior Conjunto, NA-T, 30 de junho de 1947, 10-14.
25. Ibid., 10.
26. Ibid., 13. "Os Estados Unidos não têm alternativa senão continuar a fabricação e o estoque de armas [e] em tais quantidades, e em tal taxa de produção, que lhe dará a capacidade de sobrepujar rapidamente qualquer inimigo em potencial."
27. Glen McDuff e Alan Carr, "The Cold War, the Daily News, the Nuclear Stockpile and Bert the Turtle", LAUR-15-28771, LANL.
28. Ibid., slide 100.
29. "Enclosure 'A'. The Evaluation of the Atomic Bomb as a Military Weapon: The Final Report of the Joint Chiefs of Staff Evaluation Board for Operation Crossroads", Representantes do Estado-Maior Conjunto, NA-T, 30 de junho de 1947, 10.
30. "What Happens If Nuclear Weapons Are Used?" ICAN.
31. Entrevista com Richard Garwin (aqui e depois, a menos que indicado).
32. Enrico Fermi e I. I. Rabi, "The General Advisory Committee Report of October 30, 1949, Minority Annex: An Opinion on the Development of the 'Super'", DSOH, 30 de outubro de 1949.
33. Quando perguntei a Garwin se ele gostaria de nunca ter projetado a Super, ele respondeu: "Gostaria que não pudesse ter sido construída. Eu sabia que era perigoso. Realmente não me preocupei com a maneira que essas coisas seriam usadas."
34. "Operation Ivy: 1952", United States Atmospheric Nuclear Weapons Tests, Nuclear Test Personnel Review, Defense Nuclear Agency, DoD, OSTI, 1º de dezembro de 1982, 1.
35. Ibid.,188.
36. Entrevista com Glen McDuff; Glen McDuff e Alan Carr, "The Cold War, the Daily News, the Nuclear Stockpile and Bert the Turtle", LAUR-15-28771, LANL, slides 19, 31, 60.
37. "Size of the U.S. Nuclear Stockpile and Annual Dismantlements (U)", Classification Bulletin WNP-128. Departamento de Energia dos Estados Unidos, 6 de maio de 2010.
38. Comando Estratégico dos Estados Unidos, histórico, ficha informativa, STRATCOM.
39. "History of the Joint Strategic Targeting Planning Staff: Background and Preparation of SIOP-62", Divisão de História e Pesquisa, Sede do Comando Aéreo Estratégico.

(Dados restritos de altíssima confidencialidade, tornados públicos em 13 de fevereiro de 2007), Documento 1, 28.
40. Rubel, *Doomsday Delayed*, 24–27, 62; Ellsberg, *The Doomsday Machine*, 2–3, 6–8.
41. "Atomic Weapons Requirements Study for 1959 (SM 129-56)", Comando Aéreo Estratégico, 15 de junho de 1956 (Dados restritos de altíssima confidencialidade, tornados públicos em 2014), LANL-L.
42. Entrevista com Ted Postol.
43. Rubel, *Doomsday Delayed*, 26.
44. *Ibid.* 27. Rubel escreve que "alguém" numa das fileiras de trás interrompeu para perguntar: "E se essa não for a guerra da China? E se for apenas uma guerra com os soviéticos? É possível mudar o plano?" O general respondeu: "Podemos mudar, mas espero que ninguém pense nisso, porque ia realmente estragar o plano." Fred Kaplan atribui a pergunta a Shoup. Kaplan, *The Wizards of Armageddon*, 270.
45. Entrevista com Fred Kaplan.
46. "Coordinating the Destruction of an Entire People: The Wannsee Conference", National WWII Museum, 19 de janeiro de 2021, cópia da autora.
47. Rubel, *Doomsday Delayed*, 27.
48. Ellsberg, *The Doomsday Machine*, 3.
49. Hans M. Kristensen e Matt Korda, "Nuclear Notebook: United States Nuclear Weapons, 2023", *Bulletin of the Atomic Scientists* 79, n.º 1 (janeiro de 2023): 33. Do documento original: com rebaixamento parcial de confidencialidade executado por Daniel L. Karbler, major-general, Exército dos Estados Unidos, chefe do Estado-Maior, Comando Estratégico, "USSTRATCOM OPLAN 8010-12 Strategic Deterrence and Force Employement (U)", 30 de julho de 2012.
50. *Ibid.*, 28–52. Além das 1.770 implantadas, os Estados Unidos têm 1.938 ogivas em reserva e outras 1.536 ogivas aposentadas e esperando para serem desmontadas.
51. Hans M. Kristensen, Matt Korda e Eliana Reynolds, "Nuclear Notebook: Russian Nuclear Weapons, 2023", *Bulletin of the Atomic Scientists* 79, n.º 3 (maio de 2023): 174–99. Além de 1.674 implantadas, a Rússia tem 2.815 ogivas estratégicas e não estratégicas em armazenamento e outras 1.400 aposentadas (em grande parte intactas) e esperando para serem desmontadas. Em uma entrevista com Hans Kristensen, ele esclareceu que os números não são apenas fluidos, mas que não há como saber com certeza o que os russos têm sob alerta.
52. Katie Rogers e David E. Sanger, "Biden Calls the 'Prospect of Armageddon' the Highest Since the Cuban Missile Crisis", *New York Times*, 6 de outubro de 2022.

PARTE II: OS PRIMEIROS 24 MINUTOS

1. Josh Smith, "Factbox: North Korea's New Hwasong-17 'Monster Missile'", *Reuters*, 19 de novembro de 2022.
2. James Hodgman, "SLD 45 to Support SBIRS GEO-6 Launch, Last Satellite for Infrared Constellation", Força Espacial, 3 de agosto de 2022.

3. "National Reconnaissance Office, Mission Ground Station Declassification 'Questions and Answers'", NRO, 15 de outubro de 2008, 1.
4. Nenhum ex-oficial da Força Aérea e/ou do Comando Espacial quis falar sobre instalação comigo. Boa parte do OSINT vem de "Aerospace Data Facility-Colorado/ Denver Security Operations Center Buckley AFB, Colorado", do ex-cientista da CIA Allen Thomson, versão de 28/11/2011, FAS, uma compilação de 230 páginas de documentos tornados públicos e informações de domínio público.
5. "National Reconnaissance Office, Mission Ground Station Declassification, 'Questions and Answers'", NRO, 15 de outubro de 2008, 2.
6. Entrevista com Doug Beason.
7. Entrevista com Richard Garwin.
8. "FactSheet: Defense Support Program Satellites", USSF.
9. "United States Space Command, Presentation to the Senate Armed Services Committee, U.S. Senate", Declaração do general James H. Dickinson, comandante, Comando Espacial dos Estados Unidos, 9 de março de 2023. "Atualmente, há 8.225 satélites em órbita terrestre baixa e quase mil satélites em órbita geossíncrona (GEO)." Números diferentes abundam. Em abril de 2022, o Índice de Objetos do Espaço Sideral, do Escritório das Nações Unidas para Assuntos do Espaço Sideral, numerou 8.261 — dos quais 4.852 satélites estão ativos — com um aumento de 11,84% em relação ao ano anterior.
10. Sandra Erwin, "Space Force tries to Turn Over a New Leaf in Satellite Procurement", *Space News*, 20 de outubro de 2022.
11. "Russia to Keep Notifying U.S. of Ballistic Missile Launches", *Reuters*, 30 de março de 2023.
12. Mari Yamaguchi e Hyung-Jin Kim, "North Korea Notifies Neighboring Japan It Plans to Launch Satellite in Coming Days", *Associated Press*, 29 de maio de 2023.
13. Entrevista com Joseph Bermudez Jr. "A Coreia do Norte não anuncia testes militares de lançamento."
14. Michael Behar, "The Secret World of NORAD", *Air & Space*, setembro de 2018.
15. O bunker quase nunca é fotografado e raramente mencionado. Uma exceção envolve o ex-presidente Trump. Após uma visita em 2019, o presidente em exercício quebrou o protocolo e falou sobre sua visita, comparando o centro de comando nuclear do Pentágono a um cenário de filme e descrevendo os generais que trabalhavam lá como sendo "mais bonitos que Tom Cruise e mais fortes". Trump disse que falou aos generais: "Esta é a melhor sala que já vi."
16. "National Military Command Center (NMCC)", Agência Federal de Gestão de Emergências, Instituto de Gerenciamento de Emergências, FEMA.
17. General Hyten: "Imagens que vemos na tela me dirão exatamente onde o míssil está, sua altitude, velocidade, previsão do ponto de impacto. Todos esses tipos de problemas acontecem em questão de minutos, em poucos minutos." Conversa com Barbara Starr (reportado com Jamie Crawford), "Exclusive: Inside the Base That Would Oversee a US Nuclear Strike", CNN, 27 de março de 2018.

18. Rachel Martinez, "Daedalians Receive First-Hand Account of National Military Command Center on 9/11", Base Conjunta McGuire-Dix-Lakehurst, *News*, 9 de abril de 2007.
19. "Fact Sheet: Defense Support Program Satellites", MDA.
20. NORAD é uma organização binacional dos Estados Unidos e do Canadá encarregada de alerta aeroespacial, controle aeroespacial e proteção para a América do Norte; o NORTHCOM é encarregado de proteger o território e os interesses nacionais dos Estados Unidos (incluindo Porto Rico, Canadá, México, Bahamas), bem como abordagens aéreas, terrestres e marítimas. Em tempos de guerra, o NORTHCOM seria designado o principal defensor contra uma invasão dos Estados Unidos. O STRATCOM é responsável por Dissuasão Estratégica, Operações Nucleares, Operações Empresariais de Comando, Controle e Comunicações Nucleares (NC3), Operações Conjuntas de Espectro Eletromagnético, Ataque Global, Análise e Escolha de Alvo e Avaliação de Ameaça de Mísseis.
21. "Fact Sheet: Long Range Discrimination Radar (LRDR), Clear Space Force Station (CSFS), Alaska", MDA, 23 de agosto de 2022.
22. Zachariah Hughes, "Cutting-Edge Space Force Radar Installed at Clear Base", *Anchorage Daily News*, 6 de dezembro de 2021. Existem outros radares concentrados em alerta precoce (como o TACMOR) sendo implantados.
23. Entrevista com Ted Postol.
24. Michael Behar, "The Secret World of NORAD", *Air & Space*, setembro de 2018; "Fact Sheet: Cheyenne Mountain Complex", DoD.
25. Entrevista com William Perry (aqui e em outros lugares, exceto quando indicado).
26. Randy Roughton, "Beyond the Blast Doors", *Airman*, 22 de abril de 2016.
27. É digno de nota que os números relatados variam; 1 megaton é comum. No artigo de Behar de 2018, baseado na visita oficial ao complexo, ele é descrito como "um bunker capaz de suportar uma explosão nuclear de 30 quilotons".
28. "US Strategic Command's New $1.3B Facility Opening Soon at Offutt Air Force Base", *Associated Press*, 28 de janeiro de 2019.
29. Jamie Crawford e Barbara Starr, "Exclusive: Inside the Base That Would Oversee a US Nuclear Strike", CNN, 27 de março de 2018.
30. Declaração de Charles A. Richard, comandante, Comando Estratégico dos Estados Unidos, perante o Comitê das Forças Armadas da Câmara, 1º de março de 2022. Veja também "Nuclear Matters Handbook 2020", OSD.
31. Comitê das Forças Armadas do Senado, sabatina com o general Anthony J. Cotton, Força Aérea dos Estados Unidos, indicado para nomeação no cargo de comandante, Comando Estratégico dos Estados Unidos, 15 de setembro de 2022, 3. "A Seção 162(b) do título 10, Código dos Estados Unidos, prevê que a cadeia de comando vai do presidente ao secretário de Defesa e do secretário de Defesa aos comandos combatentes. A Seção 163(a) do título 10 prevê ainda que o presidente pode direcionar comunicações aos comandantes combatentes por meio do presidente do

Estado-Maior Conjunto." Como observo aqui, isso se torna tênue quando é quase certo que o presidente do Estado-Maior Conjunto esteja prestes a morrer.
32. "Reflections and Musings by General Lee Butler", blog *General Lee Speaking*, 17 de agosto de 2023.
33. General Hyten com Barbara Starr, "Exclusive: Inside the Base That Would Oversee a US Nuclear Strike", CNN, 27 de março de 2018, 3:30. (Citações baseadas no áudio de Hyten, não na transcrição da CNN.)
34. "U.S. Strategic Command's New $1.3B Facility Opening Soon at Offutt Air Force Base", Associated Press, 28 de janeiro de 2019.
35. Michael Behar, "The Secret World of NORAD", *Air & Space*, setembro de 2018.
36. "Nuclear Matters Handbook 2020", OSD, 21. A constelação de satélites AEHF, que recentemente substituiu o sistema MILSTAR (com mais de 25 anos), "foi projetada para operar no caso de pulso eletromagnético e cintilação nuclear. É resistente a travamentos". Outros sistemas incluem: Advanced Beyond Line-of-Sight Terminals (FAB-T), Global Aircrew Strategic Network Terminal (Global ASNT), Minuteman Minimum Essential Emergency Communications Network Program Upgrade (MMPU) e Presidential and National Voice Conferencing (PNVC).
37. Visita da autora ao Pentágono.
38. "The Evolution of U.S. Strategic Command and Control and Warning, 1945–1972: Executive Summary (Report)", Vol. Study S-467, IDA, 1.º de junho de 1975, 117–19.
39. Entrevista com Marvin "Murph" Goldberger, cofundador do Jason.
40. Relatório ODR&E, "Assessment of Ballistic Missile Defense Program", PPD 61–33, 1961, York Papers, Biblioteca Geisel.
41. *Ibid.*
42. Entrevista com Ted Postol. "A Fase Terminal começa quando o movimento da ogiva começa a ser alterado pela fina alta atmosfera da Terra, a altitudes de 80 a 96 quilômetros [...]. A Fase Terminal termina quando a ogiva detona no alvo."
43. Entrevista com Joseph Bermudez.
44. Para estatísticas sobre nações com armas nucleares e seus arsenais, veja: "Nuclear Weapons Worldwide: Nuclear Weapons Are Still Here", e They're Still an Existential Risk", Union of Concerned Scientists, n.d.
45. Zachary Cohen e Barbara Starr, "Air Force 'Doomsday' Planes Damaged in Tornado", CNN, 23 de junho de 2017; Jamie Kwong, "How Climate Change Challenges the U.S. Nuclear Deterrent", Carnegie Endowment for International Peace, 10 de julho de 2023.
46. Stephen Losey, "After Massive Flood, Offutt Looks to Build a Better Base", *Air Force Times*, 7 de agosto de 2020.
47. Rachel S. Cohen, "Does America Need Its 'Doomsday Plane'?", *Air Force Times*, 10 de maio de 2022.
48. "Nuclear Matters Handbook 2020 [original não "Revisado"]", OSD, 22–24; "Nuclear Command, Control, and Communications: Update on Air Force Oversight Effort and Selected Acquisition Programs", GAO, 15 de agosto de 2017. Uma

observação: o manual foi lançado inicialmente como um documento de 374 páginas, depois como um documento "revisado" com 282 páginas.
49. Entrevista com Ted Postol.
50. William Burr, ed., "The 'Launch on Warning' Nuclear Strategy and Its Insider Critics", Electronic Briefing Book No. 674, NSA-GWU, 11 de junho de 2019. "Os assessores científicos da Casa Branca e os planejadores do Pentágono relutaram em aceitar uma estratégia baseada no lançamento de um golpe retaliatório após absorver um primeiro ataque soviético", diz William Burr.
51. Entrevista com William Perry.
52. William Burr, ed., "The 'Launch on Warning' Nuclear Strategy and Its Insider Critics", Eletronic Briefing Book No. 674, NSA-GWU, 11 de junho de 2019.
53. *Ibid.*
54. "Leaders Urge Taking Weapons Off Hair-Trigger Alert", Union of Concerned Scientists, 15 de janeiro de 2015.
55. Entrevista com Frank von Hippel.
56. Frank N. von Hippel, "Biden Should End the Launch-on-Warning Option", *Bulletin of the Atomic Scientists*, 22 de junho de 2021.
57. O cargo de secretário de Defesa é singular dentro do governo dos Estados Unidos como um dos dois cargos civis dentro da cadeia de comando militar (Seção 113, Código de Leis dos Estados Unidos).
58. "Authority to Order the Use of Nuclear Weapons", audiência perante o Comitê de Relações Exteriores, Senado dos Estados Unidos, 14 de novembro de 2017, 45.
59. Entrevista com William Perry. Perry serviu diretamente aos presidentes Carter e Clinton.
60. William Burr, ed., "The 'Launch on Warning' Nuclear Strategy and Its Insider Critics", Electronic Briefing Book No. 43, Documento 03, 22 de junho de 1960, NSA-GWU, 11 de junho de 2019. Um memorando de altíssima confidencialidade (tornado público) argumentava que a força de mísseis da OTAN precisava estar "pronta para reagir de dois a cinco minutos após alerta".
61. Reagan, *An American Life*, 257.
62. Entrevista com William Perry.
63. Entrevista com Lew Merletti. Merletti serviu como diretor do Serviço Secreto dos Estados Unidos, bem como ex-agente especial encarregado da proteção presidencial do presidente Clinton. Ele começou sua carreira durante o governo Carter e foi um membro fundador (n.º 007) da Equipe de Contra-Assalto do Serviço Secreto, sua unidade paramilitar.
64. Entrevista com Jon Wolfsthal; Jon Wolfsthal, "We Never Learned the Key Lesson from the Cuban Missile Crisis", *New Republic*, 11 de outubro de 2022.
65. Entrevista com William Perry.
66. "On the Record; Reagan on Missiles", *New York Times*, 17 de outubro de 1984. A entrevista coletiva foi em 13 de maio de 1982.
67. Entrevista com William Perry.

68. Rubel, *Doomsday Delayed*, 27. Para outra opinião: Ellsberg, *The Doomsday Machine*, 102-3.
69. Entrevista com Peter Pry. Veja também Vann H. Van Diepen, "March 16 HS-17 ICBM Launch Highlights Deployment and Political Messages", 38 North, 20 de março de 2023. O número leva em consideração lançamentos em "modo de crise", em oposição a um teste militar roteirizado.
70. Hyonhee Shin, "North Korea's Kim Oversees ICBM Test, Vows More Nuclear Weapons", *Reuters*, novembro de 2022.
71. "Os satélites SBIRS identificariam o míssil pela intensidade e mudança de intensidade de sua pluma de foguete", explica Postol, que "a aceleração e a rolagem sobre o míssil também seriam usadas para identificar o tipo", uma capacidade que, a partir de 2023, é considerada rotineira.
72. Theodore A. Postol, "The North Korean Ballistic Missile Program and U.S. Missile Defense", MIT Science, Technology, and Global Security Working Group, Forum on Physics and Society, Annual Meeting of the American Physical Society, 14 de abril de 2018, apresentação de slides de 100 páginas, cópia da autora.
73. Entrevista com Ted Postol; entrevista com Richard Garwin.
74. Entrevista com Richard Garwin; Joel N. Shurkin, *True Genius*, 57. Apenas recentemente foi estabelecido que o crédito pelo projeto de Ivy Mike pertence a Richard Garwin, não a Teller. Garwin descobriu como fazer a teoria de Teller funcionar fisicamente. Shurkin escreve: "Richard Rhodes, que escreveu sobre a história definitiva da bomba, deixou passar essa porque ninguém lhe contou, incluindo Garwin." Esse episódio é indicativo de como funciona o sigilo.
75. Entrevista com Ted Postol. Veja também Richard L. Garwin e Theodore A. Postol, "Airborne Patrol to Destroy DPRK ICBMs in Powered Flight", Science, Technology, and National Security Working Group, MIT, Washington, 27-29 de novembro de 2017, apresentação de slides de 26 páginas, cópia da autora.
76. *Ibid.*, 23.
77. Entrevista com Richard Garwin.
78. Tim McLaughlin, "Defense Agency Stopped Delivery on Raytheon Warheads", *Boston Business Journal*, 25 de março de 2011.
79. "GMD Intercept Sequence", Missile Threat, Missile Defense Project, CSIS, cópia da autora. A sequência de interceptação GMD é assim: 1) O inimigo lança um míssil de ataque; 2) Satélites infravermelhos detectam o lançamento; 3) Radares de alerta precoce de base avançada rastreiam o míssil de ataque; 4) O míssil de ataque libera sua ogiva e suas iscas (a nuvem de ameaça) para confundir os radares; 5) O radar terrestre dos Estados Unidos rastreia a ogiva e as iscas; 6) Os interceptores são lançados de Vandenberg ou Fort Greely; 7) O veículo de destruição exoatmosférico se separa do interceptor; 8) SBX rastreia a ogiva e iscas e tenta determinar a ogiva; 9) O veículo de destruição exoatmosférico visualiza a ogiva e suas iscas; 10) Interceptação [se tudo der certo].

80. "Raytheon Fact Sheet: Exoatmospheric Kill Vehicle", RTX. O EKV busca seu alvo usando sensores multicoloridos, um sistema de computador de bordo e um motor de foguete que o ajuda a navegar no espaço.
81. "A Brief History of the Sea-Based X-Band Radar-1(SBX-1)", MDA, 1.º de maio de 2008.
82. "$10 Billion Flushed by Pentagon in Missile Defense", *Columbus Dispatch*, 8 de abril de 2015.
83. Em 2007, o diretor do MDA, Henry Obering, fez essa declaração ao Congresso. Veja: "Shielded from Oversight: The Disastrous US Approach to Strategic Missile Defense, Appendix 2: The Sea Based X-band Radar", Union of Concerned Scientists, julho de 2016, 4.
84. David Willman, "The Pentagon's 10-Billion-Dollar Radar Gone Bad", *Los Angeles Times*, 5 de abril de 2015.
85. *Ibid.*; Ronald O'Rourke, "Sea-Based Ballistic Missile Defense—Background and Issues for Congress", CRS, 22 de dezembro de 2009.
86. "Costs of Implementing Recommendations of the 2019 Missile Defense Review", Congressional Budget Office, janeiro de 2021, fig. 1.
87. Carla Babb, "VOA Exclusive: Inside U.S. Military's Missile Defense Base in Alaska", *Voice of America*, 24 de junho de 2022, vídeo 4min14s; Ronald Bailey, "Quality of Life Key Priority for SMDC's Missile Defenders and MPs in Remote Alaska", U.S. Army Space and Missile Defense Command, 8 de fevereiro de 2023.
88. Hans M. Kristensen *et al.*, "Status of World Nuclear Forces", FAS, 31 de março de 2023. No final de 2023, o DoD aumentou sua estimativa do estoque da China.
89. "Fact Sheet: U.S. Ballistic Missile Defense", Centro para Controle e Proliferação de Armas (Center for Arms Control and Proliferation), atualizado em 10 de maio de 2023. P: "Esses sistemas funcionam?" R: "Apesar das garantias de autoridades da MDA, no momento, esses sistemas de defesa apresentam resultados irregulares. O Escritório de Prestação de Contas do Governo constatou que o MDA não teve sucesso em cumprir suas metas de testes planejadas no ano fiscal 2019."
90. Aaron Mehta, "US Successfully Tests New Homeland Missile Defense Capability", Breaking Defense, 13 de setembro de 2021.
91. Julie Avey, "Long-Range Discrimination Radar Initially Fielded in Alaska", U.S. Space Command, 168th Wing Public Affairs, 9 de dezembro de 2021.
92. Carla Babb, "VOA Exclusive: Inside U.S. Military's Missile Defense Base in Alaska", *Voice of America*, 24 de junho de 2022, vídeo 4min14s.
93. "Strategic Warning System False Alerts", Comitê das Forças Armadas, Câmara dos Representantes, Congresso dos Estados Unidos, 24 de junho de 1980.
94. Entrevista com William Perry.
95. "Ex-Defense Chief William Perry on False Missile Warnings", NPR, 16 de janeiro de 2018.
96. Entrevista com Richard Garwin. Veja também Richard L. Garwin, "Technical Aspects of Ballistic Missile Defense", apresentação na Sessão de Controle de Armas e Segurança Nacional, APS, Atlanta, março de 1999.

97. "National Missile Defense: Defense Theology with Unproven Technology", Centro para Controle e Proliferação de Armas (Center for Arms Control and Proliferation), 4 de abril de 2023. "Quando a Agência de Defesa contra Mísseis (MDA) testa o GMD, ela pressupõe condições climáticas e de iluminação ideais — e, sendo um teste, ela sabe o momento e outras informações que nenhum inimigo forneceria."
98. Jen Judson, "Pentagon Terminates Program for Redesigned Kill Vehicle, Preps for New Competition", *Defense News*, 21 de agosto de 2019.
99. Entrevista com Ted Postol. "Quando o interceptador 'abre os olhos' a cerca de 600 quilômetros de alcance, ele vê dezenas de pontos brilhantes de luz, [mas] apenas um deles é a ogiva real. Como o interceptador não tem como dizer qual ponto de luz é real e qual é uma isca, e ele deve escolher em 15 segundos, ele simplesmente escolhe um entre dezenas de alvos potenciais."
100. Philip Coyle, podcast *Nukes of Hazard*, 31 de maio de 2017.
101. James Mann, "The World Dick Cheney Built", *Atlantic*, 2 de janeiro de 2020.
102. Entrevista com Robert Kehler.
103. "Defense Primer: Command and Control of Nuclear Forces", CRS, 19 de novembro de 2021. Veja também "Statement of General C. Robert Kehler", Força Aérea dos Estados Unidos (aposentado), diante do Comitê de Relações Exteriores do Senado, 14 de novembro de 2017, 3.
104. Bruce Blair, "Strengthening Checks on Presidential Nuclear Launch Authority", Associação de Controle de Armas, janeiro/fevereiro de 2018; David E. Hoffman, "Four Minutes to Armageddon: Richard Nixon, Barack Obama, and the Nuclear Alert", *Foreign Policy*, 2 de abril de 2010.
105. Entrevista com Lew Merletti.
106. "Presential Emergency Action Documents", Brennan Center for Justice, 6 de maio de 2020.
107. Harold Agnew e Glen McDuff, "How the President Got His 'Football'", LAUR-23--29737, LANL, s.d., cópia da autora.
108. *Ibid.*
109. "Letter to Major General A. D. Starbird, Director, Divisions of Military Application, U.S. Atomic Energy Commission, 'Subject: NATO Weapons' from Harold M. Agnew", 5 de janeiro de 1961, LAUR-23-29737, LANL.
110. Como acima, e também: "Attachment 1: The NATO Custody Control Problem", 5–7, LAUR-23-29737, LANL.
111. Entrevista com Glenn McDuff.
112. Memorando para o presidente do Estado-Maior, Força Aérea dos Estados Unidos, Assunto: *Joint Staff Briefing of the Single Integrated Operational Plan* (SIOP), NSC/Estado--Maior Conjunto, LANL-L, 27 de janeiro de 1969, 7.
113. Entrevista com Glen McDuff; "Authority to Order the Use of Nuclear Weapons", Audiência perante o Comitê de Relações Exteriores, Senado dos Estados Unidos, 14 de novembro de 2017; Michael Dobbs, "The Real Story of the 'Football' That Follows the President Everywhere", *Smithsonian*, outubro de 2014.

114. Bruce G. Blair, Harold A. Feiveson e Frank N. von Hippel, "Taking Nuclear Weapons off Hair-Trigger Alert", *Scientific American*, novembro 1997.
115. Hans M. Kristensen e Matt Korda, "Nuclear Notebook: United States Nuclear Weapons, 2023", *Bulletin of the Atomic Scientists* 79, n.º 1 (janeiro de 2023): 28–52.
116. "America's Nuclear Triad", Defense Department Fact Sheet, DoD. Uma observação: 100 ogivas em bases da OTAN é uma "estimativa". Veja Hans M. Kristensen e Matt Korda, "Increasing Evidence That the US Air Force's Nuclear Mission May Be Returning to UK Soil", FAS, 23 de agosto de 2023.
117. Nancy Benac, "Nuclear 'Halfbacks' Carry the Ball for the President", Associated Press, 7 de maio de 2005.
118. Entrevista com Glen McDuff.
119. Entrevista com Paul Kozemchak. Veja também "The Cuban Missile Crisis, October 1962", DSOH.
120. Bruce Blair, "Strengthening Checks on Presidential Nuclear Launch Authority", *Arms Control Today*, janeiro/fevereiro de 2018.
121. "U.S. Strategic Command's New $1.3B Facility Opening Soon at Offutt Air Force Base", *Associated Press*, 28 de janeiro de 2019.
122. Jamie Crawford e Barbara Starr, "Exclusive: Inside the Base That Would Oversee a US Nuclear Strike", CNN, 27 de março de 2018.
123. *Ibid.*
124. David Martin, "The New Cold War", *60 Minutes*, 18 de setembro de 2016.
125. *Ibid.*
126. Rubel, *Doomsday Delayed*, 26.
127. Memorando para o presidente do Estado-Maior, Força Aérea dos Estados Unidos, Assunto: *Joint Staff Briefing of the Single Integrated Operational Plan* (SIOP), NSC/Estado-Maior Conjunto, LANL-L, 27 de janeiro de 1969, 3.
128. Declaração de Postura do Comando Estratégico dos Estados Unidos 2023, Prioridades, STRATCOM.
129. Bruce Blair, "Strengthening Checks on Presidential Nuclear Launch Authority", Associação de Controle de Armas, janeiro/fevereiro de 2018. "Submarinos e bombardeiros seriam os principais atacantes em um cenário envolvendo a Coreia do Norte. Com dois barcos, em geral, em patrulha pronta para lançamento no oceano Pacífico, a força submarina seria capaz de lançar rapidamente cerca de 200 ogivas cerca de 15 minutos após o presidente dar a ordem. No entanto, se a ordem viesse sem um aumento prévio de prontidão de alerta, os barcos emergiriam para confirmar sua validade." Para mais sobre Blair: Andrew Cockburn, "How to Start a Nuclear War", *Harper's*, agosto de 2018, 18–27.
130. "A Satellite View of North Korea's Nuclear Sites", *Nikkei Asia*, s.d.
131. "Development of Russian Armed Forces in the Vicinity of Japan", Ministério de Defesa do Japão, julho de 2022.
132. "Transcript: Secretary of Defense Lloyd J. Austin III and Army General Mark A. Milley, Chairman, Joint Chiefs of Staff, Hold a Press Briefing Following Ukrainian Defense Contact Group Meeting", DoD, 16 de novembro de 2022.

133. Nancy A. Youssef, "U.S., Russia Establish Hotline to Avoid Accidental Conflict", *Wall Street Journal*, 4 de março de 2022; Phil Stewart e Idrees Ali, "Exclusive: U.S., Russia Have Used Their Military Hotline Once So Far during Ukraine War", *Reuters*, 29 de novembro de 2020.
134. Entrevista com David Cenciotti.
135. Entrevista com Hans Kristensen.
136. Kris Osborn, "The Air Force Has Plans for the B61-12 Nuclear Bomb", *National Interest*, 7 de outubro de 2021.
137. Entrevista com Craig Fugate.
138. Lee Lacy, "Dwight D. Eisenhower and the Birth of the Interstate Highway System", Exército dos Estados Unidos, 20 de fevereiro de 2018. Uma observação: o DOT publicou ensaios de convidados dizendo que isso é "mito"; de acordo com o Exército dos Estados Unidos, é fato.
139. Frances Townsend, "National Continuity Policy Implementation Plan", Conselho de Segurança Interna, agosto de 2007. Esse documento de 102 páginas inclui a estratégia não confidencial para evacuação em massa e realocação de agências do governo federal, incluindo a Casa Branca.
140. Entrevista com Craig Fugate.
141. Entrevista com Craig Fugate.
142. Entrevista com Craig Fugate. "Existem alguns programas confidenciais que têm capacidade *muito* mínima e são projetados para sobreviver a isso. Mas isso é principalmente dedicado à defesa."
143. Entrevista com William Perry.
144. "Letter from Jacqueline Kennedy to Chairman Khrushchev", DSOH, 1.º de dezembro de 1963. Ela escreveu: "Ele costumava citar suas palavras em alguns de seus discursos — 'Na próxima guerra, os sobreviventes invejarão os mortos'."
145. Entrevista com William Perry. Em nossas discussões, Perry se referia à instalação como o Centro de Comando Militar Alternativo, que não é confidencial, e, durante a Guerra Fria, estava "oficialmente" localizado em Fort Ritchie, Maryland, a sudoeste do Sítio R. Para mais informações sobre o Centro de Comando Subterrâneo Profundo, consulte "Memorandum from the Joint Chiefs of Staff to Secretary of Defense McNamara", DSOH, 17 de setembro de 1964.
146. Entrevista com William Perry.
147. Josh Smith e Hyunsu Yi, "North Korea Launches Missiles from Submarine as U.S.–South Korean Drills Begin", *Reuters*, 13 de março de 2023.
148. Clarke, *Against All Enemies*, 18.
149. Charles Mohr, "Preserving U.S. Command after a Nuclear Attack", *New York Times*, 29 de junho de 1982.
150. Entrevista com William Perry. Veja também "Bill Perry's D.C. Nuclear Nightmare", um vídeo animado criado para *At the Brink: A William J. Perry Project*. O vídeo descreve um cenário envolvendo uma explosão de 15 quilotons em Washington; 80 mil

pessoas morrem instantaneamente, incluindo o presidente, o vice-presidente, o presidente da Câmara e 320 congressistas.
151. Entrevista com William Perry.
152. Entrevista com William Perry.
153. "Air Force Doctrine Publications 3-72, Nuclear Operations", Força Aérea dos Estados Unidos, DoD, 18 de dezembro de 2020, 14, 16–18. Oficialmente: o Sistema de Comando e Controle Nuclear (NCCS) e/ou o sistema de Comando, Controle e Comunicações Nucleares (NC3).
154. "Who's in Charge? The 25th Amendment and the Attempted Assassination of President Reagan", NAR-R.
155. Entrevista com Michael J. Connor.
156. Hans M. Kristensen e Matt Korda, "Nuclear Notebook: United States Nuclear Weapons, 2023", *Bulletin of the Atomic Scientists* 79, n.º 1 (janeiro de 2023): 28–52; "United States Submarine Capabilities", Nuclear Threat Initiative, 6 de março de 2023; Sebastien Roblin, "Armed to the Teeth, America's Ohio-Class Submarines Can Kill Anything", *National Interest*, 31 de agosto de 2021.
157. "Ballistic Missile Submarines (SSBNs)", SUBPAC Commands: Commander, Submarine Force Atlantic, NAVY, 2023. Costumava haver 24 SLBMs a bordo de cada submarino (cada míssil tendo múltiplas ogivas com alvos independentes), no entanto, sob as disposições do Novo Tratado de Redução de Armas Estratégicas, quatro tubos de mísseis foram permanentemente desativados em cada submarino.
158. "Ballistic Missile Submarines (SSBNs)", SUBPAC Commands: Commander, Submarine Force Atlantic, NAVY, 2023.
159. Entrevista com Ted Postol.
160. "Multiple Independently-targetable Reentry Vehicle (MIRV)", Ficha Informativa, Centro de Controle de Armas e Não Proliferação, s.d.
161. Entrevista com Ted Postol.
162. Entrevista com Richard Garwin.
163. Ted Postol, "CNO Brief Showing Closely Spaced Basing was Incapable of Launch", apresentação de slides de 22 páginas, 1982. O desenho é o slide n.º 8. Para o impacto da apresentação de Postol, veja Richard Halloran, "3 of 5 Joint Chiefs Asked Delay on MX", *New York Times*, 9 de dezembro de 1982.
164. Sebastien Roblin, "Ohio-Class: How the U.S. Navy Could Start a Nuclear War", *19FortyFive*, 3 dezembro de 2021.
165. Entrevista com Richard Garwin.
166. Rosa Park, ed., "Kim Family Regime Portraits", HRNK Insider, Comitê para os Direitos Humanos na Coreia do Norte, 2018.
167. "The Joe Rogan Experience #1691, Yeonmi Park", podcast *The Joe Rogan Experience*, agosto de 2021.
168. Ifang Bremer, "3 Years into Pandemic, Fears Mount That North Korea Is Teetering toward Famine", *NK News*, 15 de fevereiro de 2023.

169. Andreas Illmer, "North Korean Defector Found to Have 'Enormous Parasites'", BBC News, 17 de novembro de 2017.
170. "Korean Peninsula Seen from Space Station", NASA, 24 de fevereiro de 2014. Uma observação: a Estação Espacial Internacional é o maior satélite em órbita.
171. CNN Editorial Research, "North Korea Nuclear Timeline Fast Facts", CNN, 22 de março de 2023.
172. "North Korea Submarine Capabilities", Ficha Informativa, Nuclear Threat Initiative, 14 de outubro de 2022.
173. "North Korea Fires Suspected Submarine-Launched Missile into Waters off Japan", BBC News, outubro de 2021.
174. Entrevista com H. I. Sutton; H. I. Sutton, "New North Korean Submarine: ROMEO-Mod", Covert Shores Defense Analysis, 23 de julho de 2019; "North Korea–Navy", Janes, 21 de março de 2018.
175. Para um relato mais sóbrio sobre as armas nucleares da Coreia do Norte: "DPRK Strategic Capabilities and Security on the Korean Peninsula: Looking Ahead", Instituto Internacional de Estudos Estratégicos e Centro de Estudos de Energia e Segurança, 1.º de julho de 2019; Pablo Robles e Choe Sang-Hun, "Why North Korea's Latest Nuclear Claims Are Raising Alarms", *New York Times*, 2 de junho de 2023; Ankit Panda, "North Korea's New Silo-Based Missile Raises Risk of Prompt Preemptive Strikes", *NK News*, 21 de março de 2023.
176. Entrevista com Ted Postol.
177. Masao Dahlgren, "North Korea Tests Submarine-Launched Ballistic Missile", Missile Threat, CSIS, 22 de outubro de 2021.
178. "KN-23 at a Glance", Missile Threat, Projeto de Defesa de Mísseis CSIS, CSIS, 1.º de julho de 2019; Jeff Jeong, "North Korea's New Weapons Take Aim at the South's F-35 Stealth Fighters", *Defense News*, 1.º de agosto de 2019.
179. "KN-23 at a Glance", Missile Threat, Projeto de Defesa de Míssil CSIS, CSIS, 1.º de julho de 2019.
180. "President of State Affairs Kim Jong Un Watches Test-Firing of New-Type Tactical Guided Weapon", *Voice of Korea*, 17 de março de 2022; "Assessing Threats to U.S. Vital Interests, North Korea", Heritage Foundation, 18 de outubro de 2022.
181. "2018 Nuclear Decommissioning Cost Triennial Proceeding, Prepared Testimony", Pacific Gas and Electric Company, tabela IV.2.1. "Security Posts and Staffing Forecast", 30.
182. "Aegis, the Shield (and the Spear) of the Fleet: The World's Most Advanced Combat System", LM; "U.S. and Allied Ballistic Missile Defenses in the Asia-Pacific Region, Fact Sheets & Briefs", Associação de Controle de Armas, s.d.
183. "Navy Aegis Ballistic Missile Defense (BMD) Program: Background and Issues for Congress", CRS, 28 de agosto de 2023.
184. Testemunho do vice-almirante Jon A. Hill, diretor da USN, Missile Defense Agency perante o Subcomitê de Forças Estratégicas do Comitê das Forças Armadas do Senado, 18 de maio de 2022, 5.

185. Mike Stone, "Pentagon Evaluating U.S. West Coast Missile Defense Sites: Officials", *Reuters*, 2 de dezembro de 2017; "Navy Aegis Ballistic Missile Defense (BMD) Program: Background and Issues for Congress", CRS, 20 de abril de 2023.
186. D. Moser, "Physics/Global Studies 280: Session14, Module 5: Nuclear Weapons Delivery Systems, Trajectories and Phases of Flight of Missiles with Various Ranges", apresentação de slides de 110 páginas, slide 47, cópia da autora.
187. "Rule 42. Work and Installations Containing Dangerous Forces", Comitê Internacional da Cruz Vermelha, Bancos de Dados de Direito Internacional Humanitário; George M. Moore, "How International Law Applies to Attacks on Nuclear and Associated Facilities in Ukraine", *Bulletin of the Atomic Scientists*, 6 de março de 2022.
188. Entrevista com Glen McDuff.
189. "Cabinet Kept Alarming Nuke Report Secret", *Japan Times*, 22 de janeiro de 2012.
190. "Lessons Learned from the Fukushima Nuclear Accident for Improving Safety and Security of U.S. Nuclear Plants", National Research Council, National Academies Press, 2014, 40; "Cabinet Kept Alarming Nuke Report Secret", *Japan Times*, 22 de janeiro de 2012.
191. Declan Butler, "Prevailing Winds Protected Most Residents from Fukushima Fallout", *Nature*, 28 de fevereiro de 2013.
192. "Reflections on Fukushima NRC Senior Leadership Visit to Japan, 2014", NRC, dezembro de 2014, 18.
193. "Spent Nuclear Fuel, Options Exist to Further Enhance Security", Relato ao Presidente, Subcomitê de Energia e Qualidade do Ar, Comitê de Energia e Comércio, Câmara dos Representantes dos Estados Unidos, GAO, julho de 2003, 319. O GAO chamou o combustível nuclear usado de "um dos materiais mais perigosos feitos pelo homem. A intensa radioatividade do combustível pode matar uma pessoa exposta diretamente a ele em minutos".
194. Amanda Matos, "Thousands of Half-Lives to Go: Weighing the Risks of Spent Nuclear Fuel Storage", *Journal of Law and Policy* 23, n.º 1 (2014): 316.
195. "Backgrounder on Force-on-Force Security Inspections", NRC, março de 2019.
196. Cálculos realizados por Ted Postol.
197. Richard Stone, "Spent Fuel Fire on U.S. Soil Could Dwarf Impact of Fukushima: New Study Warns of Millions Relocated and Trillion-Dollar Consequences", *Science*, 24 de maio de 2016.
198. Peter Gwynne, "Scientists Warn of 'Trillion-Dollar' Spent-Fuel Risk", *Physics World* 29, n.º 7 (julho de 2016); Richard Stone, "Spent Fuel Fire on U.S. Soil Could Dwarf Impact of Fukushima: New Study Warns of Millions Relocated and Trillion-Dollar Consequences", *Science*, 24 de maio de 2016.
199. Ralph E. Lapp, "Thoughts on Nuclear Plumbing", *New York Times*, 12 de dezembro de 1971.
200. "Report on Advisory Task Force on Power Reactor Emergency Cooling", Comissão de Energia Atômica dos Estados Unidos, 1968 ("Relatório Ergen").

201. Entrevista com Ted Postol. Comparações ajudam na compreensão: "O colapso de Chernobil liberou cerca de 100 milhões de Curies de radiação. O colapso e a evaporação do núcleo do reator nuclear da detonação [neste cenário] liberariam cerca de cinquenta a sessenta vezes mais radiação do que a liberada em Chernobil, e a radiação inicialmente liberada da detonação de 300 quilotons em si seria ainda maior — cerca de 300 a 400 vezes maior do que a radioatividade liberada em Chernobil."
202. Entrevista com William Perry.
203. "Nuclear Command, Control, and Communications: Update on Air Force Oversight Effort and Selected Acquisition Programs", GAO-17-641R, GAO, 15 de agosto de 2017; "Nuclear Matters Handbook 2020", OSD, 18–21.
204. "Nuclear Triad: DOD and DOE Face Challenges Mitigating Risks to U.S. Deterrence Efforts", GAO, Relatório para Comitês do Congresso, maio de 2021, 1.
205. Entrevista com Lew Merletti; "Nuclear Briefcases", *Nuclear Issues Today*, Atomic Heritage Foundation, 12 de junho de 2018.
206. Observação: este cenário modela (de forma semelhante) a estimativa de Bruce Blair de 80 alvos (pontos de mira) na Coreia do Norte. Bruce G. Blair com Jessica Sleight e Emma Claire Foley, "The End of Nuclear Warfighting: Moving to a Deterrence-Only Posture. An Alternative U.S. Nuclear Posture Review", Programa de Ciência e Segurança Global, Universidade de Princeton Global Zero, Washington, D.C., setembro de 2018, 38–39.
207. "Donald Trump's Flying Beast: 7 Things about the World's Most Powerful Helicopter", *Economic Times*, 21 de fevereiro de 2020.
208. Dave Merrill, Nafeesa Syeed e Brittany Harris, "To Launch a Nuclear Strike, President Trump Would Take These Steps", Bloomberg, 20 de janeiro de 2017.
209. Aaron M. U. Church, "Nuke Field Vigilance", *Air & Space Forces*, 1.º de agosto de 2012.
210. A instalação de lançamento neste cenário é modelada a partir daquela descrita em *ibid*.
211. Hans M. Kristensen e Matt Korda, "Nuclear Notebook: United States Nuclear Weapons, 2023", *Bulletin of the Atomic Scientists* 79, n.º 1 (janeiro de 2023): 28–52. Veja também as estimativas do SIPRI para esclarecer quais mísseis podem ter ogivas de 330 quilotons.
212. Entrevista com Joseph Bermudez.
213. Bruce Blair, "Minuteman Missile National Historic Site", transcrição da entrevista, Serviço Nacional de Parques dos Estados Unidos.
214. Hans M. Kristensen e Matt Korda, "Nuclear Notebook: United States Nuclear Weapons, 2023", *Bulletin of the Atomic Scientists* 79, n.º 1 (janeiro de 2023): 35. A força atual de ICBMs consiste em 400 mísseis Minuteman III localizados na 90.ª Ala de Mísseis na F. E. Warren AFB, Wyoming; a 341.ª Ala de Mísseis na Malmstrom AFB, Montana; e a 91.ª Ala de Mísseis na Minot AFB, Dakota do Norte; silos subterrâneos se estendem por Montana, Dakota do Norte, Wyoming, Nebraska e Colorado. Cada um dos 400 ICBMs carrega uma ogiva, mas teoricamente poderia conter duas ou

três. "Cinquenta silos são mantidos 'quentes' para carregar mísseis armazenados, se necessário."
215. "Missiles and the F. E. Warren Air Force Base", Wyoming Historical Society, 2023.
216. Aaron M. U. Church, "Nuke Field Vigilance", *Air & Space Forces*, 1.º de agosto de 2012.
217. Dave Merrill, Nafeesa Syeed e Brittany Harris, "To Launch a Nuclear Strike, President Trump Would Take These Steps", Bloomberg, 20 janeiro de 2017.
218. Daniella Cheslow, "U.S. Has Made 'Dramatic Change' in Techonology Used for Nuclear Code System", *Wall Street Journal*, 14 de outubro de 2022.
219. Mary B. DeRosa e Ashley Nicolas, "The President and Nuclear Weapons: Authority, Limits, and Process", Nuclear Threat Initiative, 2019, 2.
220. Eli Saslow, "The Nuclear Missile Next Door", *Washington Post*, 17 de abril de 2022.
221. Entrevista com Ted Postol.
222. Entrevista com Albert "Bud" Wheelon (fevereiro de 2010), primeiro diretor da Diretoria de Ciência e Tecnologia (DS&T) da CIA.

PARTE III: OS 24 MINUTOS SEGUINTES

1. Glasstone e Dolan, *The Effects of Nuclear Weapons*, 92. "É importante enfatizar, em particular, que a proteção contra explosões atrás da grande colina não depende de considerações sobre a linha de visão [...] ondas de explosão podem facilmente fazer a curva (ou desviar) em torno de obstruções aparentes"; entrevista com Glen McDuff.
2. "Duck and Cover, Bert the Turtle", Archer Productions, Administração Federal de Defesa Civil, 1951.
3. Entrevista com Peter Pry.
4. Entrevista com Gregory Touhill.
5. SLBMs são chamados de "Primeira Perna da Tríade do Futuro", com o Regulus SSM-N-8, em serviço de 1954 a 1963. Glen McDuff, "Navy Nukes", LAUR-16--25435, LANL, Navy Systems 101, 9 de agosto de 2016, cópia da autora.
6. C. V. Chester & R. O. Chester, "Civil Defense Implications of a Pressurized Water Reactor in a Thermonuclear Target Area", *Nuclear Applications and Technology* 9, n.º 6 (1970): 786–95.
7. "History of SNL Containment Integrity Research", SNL, 18 de junho de 2019, 24.
8. Eden, *Whole World on Fire*, 16.
9. "JCAT Counterterrorism Guide for Public Safety Personnel", Bomb Threat Standoff Distances, DNI, s.d., 1, cópia da autora.
10. Eden, *Whole World on Fire*, 17.
11. Carl Sagan, "Nuclear War and Climatic Catastrophe: Some Policy Implications", *Foreign Affairs*, inverno de 1983/84.
12. Entrevista com Ted Postol.
13. Glasstone e Dolan, *The Effects of Nuclear Weapons*, 37.
14. "PG&E Letter DIL-18-019", diretor, Divisão de Administração de Combustível Usado, NRC, 17 de dezembro de 2018; entrevista com Glen McDuff.

15. "Diablo Canyon Decommissioning Engagement Panel Spent Fuel Workshop", Embassy Suites Hotel, San Luis Obispo, 23 de fevereiro de 2019, apresentação de slides de 116 páginas, slide 3.
16. Frank N. von Hippel e Michael Schoeppner, "Reducing the Danger from Fires in Spent Fuel Pools", *Science & Global Security* 24, n.º 3 (2016): 152.
17. "Diablo Canyon Decommissioning Engagement Panel Spent Fuel Workshop", Embassy Suites Hotel, San Luis Obispo, 23 de fevereiro de 2019, apresentação de slides de 116 páginas.
18. "Nuclear Power Provided about 10% of California's Total Electricity Supply in 2021", U.S. Energy Information Administration, 19 de setembro de 2022 (eia.gov). O número de californianos é do Departamento de Finanças da Califórnia, Comunicado à Imprensa, 1.º de maio de 2023.
19. Entrevista com Ted Postol.
20. Glen Martin, "Diablo Canyon Power Plant a Prime Terror Target/Attack on Spent Fuel Rods Could Lead to Huge Radiation Release", *San Francisco Chronicle*, 17 de março de 2003.
21. Entrevista com Frank von Hippel. A reformulação veio após considerar um cenário em que um míssil nuclear atinge uma usina nuclear, em oposição a apenas um grande incêndio. A declaração original de Von Hippel foi para o *Chronicle*. Veja também Robert Alvarez *et al.*, "Reducing the Hazards from Stored Spent Power-Reactor Fuel in the United States", *Science and Global Security* 1, n.º 1 (janeiro de 2003): 1–51.
22. Entrevista com Glen McDuff.
23. Alexis A. Blanc *et al.*, "The Russian General Staff: Understanding the Military's Decision Making Role in a 'Besieged Fortress'", RAND Corporation, 2023; Andrei Kartapolov, "The Higher the Combat Capabilities of Russian Troops, the Stronger the CSTO", Assembleia Parlamentar da Organização do Tratado de Segurança Coletiva (RU), 22 de dezembro de 2022.
24. Entrevista com Leon Panetta.
25. "A New Supercomputer Has Been Developed in Russia", Ficha Informativa, Ministério da Ciência e Educação da República do Azerbaijão, 14 de junho de 2017.
26. "Potential of Russian Defense Ministry's supercomputer colossal—Shoigu", Agência de Notícias Russa TASS, 30 de dezembro de 2016. Para mais informações sobre o assunto, veja: "Focus on the Center", canal de TV Rossiya 24, 2016.
27. Bart Hendrickx, "EKS:Russia's Space-Based Missile Early Warning System", *The Space Review*, 8 de fevereiro de 2021; "Tundra, Kupol, or EKS (Edinaya Kosmicheskaya Sistema)", Página Espacial de Gunter (space.skyrocket.de).
28. Anthony M. Barrett, "False Alarms, True Dangers: Current and Future Risks of Inadvertent U.S.-Russian Nuclear War", RAND Corporation, 2016.
29. Entrevista com Pavel Podvig. "Mas a Rússia tem um sistema de alerta precoce que funciona de forma diferente do que o sistema dos Estados Unidos."
30. Entrevista com Ted Postol.

31. Entrevista com Ted Postol. Veja também Theodore A. Postol, "Why Advances in Nuclear Weapons Technologies are Increasing the Danger of an Accidental Nuclear War between Russia and the United States", Hart Senate Office Building, Washington, D.C., 26 de março de 2015.
32. Theodore A. Postol, "Why Advances in Nuclear Weapons Technologies are Increasing the Danger of an Accidental Nuclear War between Russia and the United States", Hart Senate Office Building, Washington, D.C., 26 de março de 2015.
33. Entrevista com Ted Postol. Veja também David K. Shipper, "Russia's Antiquated Nuclear Warning System Jeopardizes Us All", *Washington Monthly*, 29 de abril de 2022.
34. Entrevista com Robert Kehler.
35. Dan Parsons, "VH-92 Closer to Being 'Marine One' but Comms System Could Still Cause Delays", The War Zone, 2 de maio de 2022.
36. Entrevista com Jeffrey Yago.
37. Entrevista com Peter Pry. Pry morreu em 2022. Dr. Peter Vincent Pry, "Russia: EMP Threat: The Russian Federation's Military Doctrine, Plans, and Capabilities for Electromagnetic Pulse (EMP) Attack", Força-Tarefa sobre PEM em Segurança Nacional e Interna, janeiro de 2021, 5. Pry cita o trabalho de Jerry Emanuelson no Teste Soviético 184, em 22 de outubro de 1962.
38. Georg Rickhey, "Condensed Statement of My Education and Activities", NARA, Record Group 330, 4 de março de 1948; Bundesarchiv Ludwigsburg, pasta Georg Rickhey, B162/25299, cópia da autora. Para mais informações sobre Rickhey, veja Jacobsen, *Operation Paperclip*, 79–80, 251–260.
39. Bruce G. Blair, Sebastien Philippe, Sharon K. Weiner, "Right of Launch: Command and Control Vulnerabilities after a Limited Nuclear Strike", War on the Rocks, 20 de novembro de 2020.
40. Fred Kaplan, "How Close Did the Capitol Rioters Get to the Nuclear 'Football'?", *Slate*, 11 de fevereiro de 2021. Esse fato veio à tona em 2021, durante o julgamento de impeachment de Trump.
41. Entrevista com Glen McDuff.
42. Elizabeth Shim, "CIA Thinks North Korean Missiles Could Reach U.S. Targets, Analyst Says", United Press International, 18 de novembro de 2020; Bruce Klingner, "Analysing Threats to U.S. Vital Interests, North Korea", Heritage Foundation, 18 de outubro de 2022.
43. "Defense Information Systems Agency Operations and Maintenance, Defense-Wide Fiscal Year (FY) 2021 Budget Estimates", DoD, 3, cópia da autora.
44. *Ibid*.
45. "CV-22 Osprey", Ficha Informativa da Força Aérea dos Estados Unidos, 2020; "Bell Boeing V-22 Osprey Fleet Surpasses 500,000 Flight Hours", comunicado de imprensa, Boeing Media, 7 de outubro de 2019.
46. Entrevista com Hans Kristensen.

47. Entrevista com Leon Panetta.
48. Secretário de Defesa Lloyd J. Austin III e secretário de Estado Antony Blinken, entrevista coletiva, transcrição, DoD, 18 de março de 2021.
49. Entrevista com Julian Chesnutt.
50. Jon Herskovitz, "These Are the Nuclear Weapons North Korea Has as Fears Mount of Atomic Test", Bloomberg, 14 de novembro de 2022. "Especialistas estimam que a Coreia do Norte montou de 40 a 50 ogivas nucleares, o menor número entre as nove nações com armas nucleares. No entanto, uma estimativa, de um estudo de 2021 da RAND Corp. e do Asan Institute, colocou o número em até 116." Veja também Bruce G. Blair com Jessica Sleight e Emma Claire Foley. "The End of Nuclear Warfighting: Moving to a Deterrence-Only Posture. An Alternative U.S. Nuclear Posture Review", Programa sobre Ciência e Segurança Global (Program on Science and Global Security), Universidade de Princeton Global Zero, Washington, D.C., setembro de 2018, 38.
51. "Greater Seoul Population Exceeds 50% of S. Korea for First Time", *Hankyoreh*, 7 de janeiro de 2020.
52. David Choi, "South Korean Presidential Candidates Spar over Need for More THAAD Missile Defense", *Stars and Stripes*, 4 de fevereiro de 2022.
53. Entrevista com Reid Kirby; Reid Kirby, "Sea of Sarin: North Korea's Chemical Deterrent", *Bulletin of the Atomic Scientists*, 21 de junho de 2017.
54. Escritório de Avaliação de Tecnologia (Office of Technology Assessment), *The Effects of Nuclear War*, 15–21.
55. Glasstone e Dolan, *The Effects of Nuclear Weapons*, "The Fireball", 2.03–2.14, 27.
56. Escritório de Avaliação de Tecnologia, *The Effects of Nuclear War*, 21.
57. Glasstone e Dolan, *The Effects of Nuclear Weapons*, "The Fireball", 2.03–2.14, 27–29.
58. Glasstone e Dolan, *The Effects of Nuclear Weapons*, "The Blast Wave", 2.32–2.37, 38–40.
59. Veja também Wellerstein.com, NUKEMAPS. Para uma explosão aérea de 1 MT tendo o Pentágono como alvo, o raio da bola de fogo é de 1 quilômetro, ~2 quilômetros de diâmetro ("qualquer coisa dentro da bola de fogo é vaporizada ativamente"). O anel 1 ("a maioria dos edifícios residenciais desaba, os ferimentos são universais") tem raios de 7 quilômetros, ~14 quilômetros de diâmetro. O anel 2 ("raio de radiação térmica, queimaduras de 3.000 graus") tem ~12 quilômetros de raio, ~24 quilômetros de diâmetro. O anel 3 ("pode-se esperar que janelas de vidro quebrem"), ~20 quilômetros de raio, ~40 quilômetros de diâmetro.
60. "Planning Guidance for Response to a Nuclear Detonation, Second Edition", Comitê Federal Interagências, Gabinete do Presidente, Washington, D.C. Interagency Policy Coordinating Subcommittee for Preparedness & Response to Radiological and Nuclear Threats, junho de 2010, 14–29. Uma observação: as consequências são baseadas em uma explosão nuclear de 10 quilotons; neste cenário, há a explosão de um artefato de 1 megaton (veja Escritório de Avaliação de Tecnologia, *The Effects of Nuclear War*, com comp. de 1 megaton).

61. Glasstone e Dolan, *The Effects of Nuclear Weapons*, tabela 2.12, "Rate of Rise of Radioactive Cloud from a 1-Megaton Air Burst", 31–32.
62. Escritório de Avaliação de Tecnologia, *The Effects of Nuclear War*, 27.
63. Entrevista com Robert Kehler.
64. Em 2021, o Ministério da Defesa da Rússia divulgou um vídeo de uma equipe de lançamento em Serpukhov-15, simulando uma resposta a um lançamento de míssil nuclear. (YouTube: Минобороны России). Dmitry Stefanovich, do Centro da Academia Russa de Ciências, descreve a sequência como sendo baseada em um único ICBM lançado de um campo de mísseis associado à Base da Força Aérea F. E. Warren em Wyoming. Veja também Thomas Newdick, "Take a Rare Look Inside Russia's Doomsday Ballistic Missile Warning System", The War Zone, 16 de fevereiro de 2021.
65. Entrevista com Pavel Podvig. Para mais informações sobre o Estado-Maior, veja Alexis A. Blanc *et al.*, "The Russian General Staff: Understanding the Military's Decision Making Role in a 'Besieged Fortress'", RAND Corporation, 2023.
66. Peter Anthony, dir., *The Man Who Saved the World*, Statement Films, 2013.
67. David Hoffman, "'I Had a Funny Feeling in My Gut'", *Washington Post*, 10 de fevereiro de 1999; "Person: Stanislav Petrov", Minuteman Missile National Historic Site, National Park Service, 2007.
68. Entrevista com Ted Postol. Também discuti isso com Pavel Podvig. Em 1983, a Tundra ainda não existia. O antigo sistema, conhecido como Oko (Olho), era conhecido por apresentar falhas.
69. Em 13 de janeiro de 2018, o Sistema de Alerta de Emergências enviou mensagens de texto por engano para celulares em todo o Havaí com o texto: "Alerta de emergência: AMEAÇA DE MÍSSIL BALÍSTICO CHEGANDO AO HAVAÍ. PROCURE ABRIGO IMEDIATAMENTE. ISTO NÃO É UMA SIMULAÇÃO", que acabou sendo um alarme falso, cópia da autora (captura de tela do celular de Lucas Mobley, que estava lá).
70. "Early Warning System Sirens, Fact Sheet", San Louis Obispo County Prepare, s.d.
71. Jack McCurdy, "Diablo Nuclear Plant: Disaster Waiting to Happen?", Cal Coast News, 7 de abril de 2011. Diablo tem no local cerca de 2.642 conjuntos (feixes) de combustível gasto e 1.136 toneladas de urânio.
72. Robert S. Norris e Hans M. Kristensen, "Nuclear Weapon States, 1945–2006", *Bulletin of the Atomic Scientists* 62, n.º 4 (julho/agosto de 2006): 66; 23.305 nos Estados Unidos vêm de: "Size of the U.S. Nuclear Stockpile and Annual Dismantlements (U)", Classification Bulletin WNP-128, Departamento de Energia dos Estados Unidos, 6 de maio de 2010. O número é apenas para as duas superpotências. Ele aumentou ainda mais; em 1986, a Rússia havia produzido 10 mil ogivas adicionais, elevando o total para 70 mil.
73. "Proud Prophet-83, After Action Report", Divisão de Exercícios Conjuntos, Diretoria J-3, Organização do Estado-Maior Conjunto, OSD, 13 de janeiro de 1984.

74. Entrevista com Jay W. Forrester, pai do campo da Dinâmica de Sistemas, criador da primeira animação por computador e um dos maiores inventores da memória de núcleo magnético.
75. "War and Peace in the Nuclear Age, Interview with Thomas Schelling", *At the Brink*, Rádio WGBH, 4 de março de 1986.
76. Schelling, *Arms and Influence*, 2.
77. Bracken, *The Second Nuclear Age*, 88.
78. Paul Bracken, "Exploring Alternative Futures", *Yale Insights*, 15 de setembro de 2021. Entrevista de Bracken conduzida e editada por Ted O'Callahan.
79. Alex McLoon, "Inside Look at Offutt Air Force Base's Airborne 'Survivable' Command Center", transcrição, KETV, ABC-7, 27 de abril de 2022.
80. Rachel S. Cohen, "Does America Need Its 'Doomsday Plane'?", *Air Force Times*, 10 de maio de 2022.
81. Jamie Crawford e Barbara Starr, "Exclusive: On Board the 'Doomsday' Plane That Can Wage Nuclear War", CNN, 31 de março de 2018.
82. Entrevista com Ed Lovick.
83. Uma observação: detalhes de comunicações e capacidades de processamento de dados são, em geral, confidenciais. Além disso, muitos sistemas de comunicações tradicionais estão sendo atualizados para Survivable Super High Frequency (SSHF).
84. Entrevista com Hervey Stockman.
85. Entrevista com Patrick Biltgen.
86. "Enclosure 'A'. The Evaluation of the Atomic Bomb as a Military Weapon: The Final Report of the Joint Chiefs of Staff Evaluation Board for Operation Crossroads", Estado-Maior Conjunto, NA-T, 30 de junho de 1947, 10–14.
87. "Salt Life: Go on Patrol with an Ohio-Class Submarine That's Ready to Launch Nuclear Warheads at a Moment's Notice", podcast *National Security Science*, LA--UR-20-24937, DoD, 14 de agosto de 2020.
88. Greg Copeland, "Navy's Most Powerful Weapons Are Submarines Based in Puget Sound", King 5 News, 27 de fevereiro de 2019.
89. Reed, *At the Abyss*, 332.
90. "Nuclear Matters Handbook 2020", 34–35, 41, 99; Dave Merrill, Nafeesa Syeed e Brittany Harris, "To Launch a Nuclear Strike President Trump Would Take These Steps", Bloomberg, 20 de janeiro de 2017.
91. Bruce Blair, "Strengthening Checks on Presidential Nuclear Launch Authority", *Arms Control Today*, janeiro/fevereiro de 2018; Jeffrey G. Lewis e Bruno Tertrais, "Finger on the Button: The Authority to Use Nuclear Weapons in Nuclear-Armed States", Instituto Middlebury de Estudos Internacionais em Monterey, 2019; David Martin, "The New Cold War", *60 Minutes*, 18 de setembro de 2016.
92. Hans M. Kristensen e Matt Korda, "Nuclear Notebook: United States Nuclear Weapons, 2023", *Bulletin of the Atomic Scientists* 79, n.º 1 (janeiro de 2023): 29, 38. Em uma entrevista para discutir 455 quilotons (frequentemente relatados como 475), Kristensen esclareceu: "Nosso número é baseado em dados, bons dados, não em

boatos ou relatórios anteriores." Além disso: "Cada Trident pode transportar até oito ogivas nucleares, mas eles em geral transportam uma média de quatro ou cinco ogivas, para uma carga média de aproximadamente 90 ogivas por submarino." O DoD não discute potência; para mais informações sobre o Trident, veja: Marinha dos Estados Unidos, Resources, Fact Files, Trident II (D5) Missile, atualizado: 22 de setembro de 2021.

93. "Nuclear Matters Handbook 2020", 35.
94. Entrevista com Ted Postol. Submarinos dos Estados Unidos disparam mísseis Trident a cada 15 segundos. Os submarinos russos disparam SLBMs mais rápido, em cerca de cinco segundos.
95. Dave Merrill, Nafeesa Syeed e Brittany Harris, "To Launch a Nuclear Strike President Trump Would Take These Steps", Bloomberg, 20 de janeiro de 2017.
96. Cálculos de Ted Postol.
97. "Defense Information Systems Agency Operations and Maintenance, Defense-Wide Fiscal Year (FY) 2021 Budget Estimates", DoD, 18, cópia da autora (comptroller.defense.gov).
98. Nathan Van Schaik, "A Community Member's Guide to Understanding FPCON", U.S. Army Office of Public Affairs, 1.º de julho de 2022.
99. Entrevista com Robert Bonner.
100. Entrevista com Glen McDuff.
101. Harry Alan Scarlett, "Nuclear Weapon Blast Effects", LA-UR-20-25058, LANL, 9 de julho de 2020, 14.
102. Glasstone e Dolan, *The Effects of Nuclear Weapons*, 285.
103. Lynn Eden, *Whole World on Fire*, 25–30; entrevista com Lynn Eden.
104. Entrevista com Ted Postol.
105. Theodore Postol, "Striving for Armageddon: The U.S. Nuclear Forces Modernization Program, Rising Tensions with Russia, and the Increasing Danger of a World Nuclear Catastrophe Symposium: The Dynamics of Possible Nuclear Extinction", Academia de Medicina de Nova York, 28 de fevereiro a 1.º de março de 2015, slide 10–14, com diagramas, cópia da autora.
106. Escritório de Avaliação de Tecnologia, *The Effects of Nuclear War*, 27–28.
107. Entrevista com Glen McDuff.
108. "'Underground Pentagon' Near Gettysburg Keeps Town Buzzing", *Pittsburgh Press*, 18 de novembro de 1991.
109. "NATO's Nuclear Sharing Arrangements", Organização do Tratado do Atlântico Norte, Divisão de Diplomacia Pública (PDD), Seção de Imprensa e Mídia, fevereiro de 2022.
110. Entrevista com Pavel Podvig; "Soviets Planned Nuclear First Strike to Preempt West, Documents Show", Electronic Briefing Book N.º 154, NSA-GWU, 13 de maio de 2005.
111. Jaroslaw Adamowski, "Russia Overhauls Military Doctrine", *Defense News*, 10 de janeiro de 2015.

112. Entrevista com Pavel Podvig. Para o sistema de comunicações Kazbek, ver Podwig, *Russian Strategic Nuclear Forces*, 61–62.
113. "Plan A: How a Nuclear War Could Progress", Associação de Controle de Armas, julho/agosto de 2020. Para demonstrar como isso poderia acontecer, Alex Wellerstein, Tamara Patton, Moritz Kütt e Alex Glaser (com a assistência de Bruce Blair, Sharon Weiner e Zia Mian), do Programa de Ciência e Segurança Global (Program on Science & Global Security) da Universidade de Princeton, desenvolveram uma simulação de vídeo, com base em posturas de força reais, alvos e estimativas de fatalidades. Pode ser encontrado no YouTube, ver Alex Glaser, "Plan A", 4min18s.
114. "The North Korean Nuclear Challenge: Military Options and Issues for Congress", CRS Report 7-5700, CRS, 6 de novembro de 2017, 31. Observando o grau de risco: "Se há suspeita de um ataque [de decapitação] [...] o DPRK poderia começar a dispersar e esconder unidades, tornando-as mais difíceis de atacar. Um ataque de tal grande escala [...] poderia escalar numa guerra total, se a Coreia do Norte acreditar que a operação tem como intenção decapitar o regime."
115. "Report on the Nuclear Employment Strategy of the United States—2020", Diretoria de Serviços Executivos, OSD, 8. A citação completa: "Um dos meios de alcançar isso é responder de uma maneira que vise restaurar a dissuasão. Para esse fim, elementos das forças nucleares dos Estados Unidos devem fornecer opções de resposta limitadas, flexíveis e graduais. Essas opções demonstram a resolução e a contenção necessárias para mudar o cálculo de decisão de um adversário em relação a uma escalada adicional."
116. "Speech, Adm. Charles Richard, Commander of U.S. Strategic Command", Simpósio de Defesa Espacial e de Mísseis de 2022, 11 de agosto de 2022.
117. Kim Gamel, "Training Tunnel Will Keep US Soldiers Returning to Front Lines in S. Korea", *Stars and Stripes*, 21 de junho de 2017.
118. Testemunho do ilustre Daniel Coats, Audiência perante o Comitê das Forças Armadas, Senado dos Estados Unidos, 23 de maio de 2017. Veja também Ken Dilanian e Courtney Kube, "Why It's So Hard for U.S. Spies to Figure Out North Korea", NBC News, 29 de agosto de 2017. Eles escrevem: "A Coreia do Norte é um pesadelo enquanto alvo de inteligência: um estado policial brutal com acesso limitado à internet em terreno montanhoso cortado por túneis secretos."
119. Bruce G. Blair com Jessica Sleight e Emma Claire Foley, "The End of Nuclear Warfighting: Moving to a Deterrence-Only Posture. An Alternative U.S. Nuclear Posture Review", Programa de Ciência e Segurança Global, da Universidade de Princeton Global Zero (Program on Science and Global Security, Princeton University Global Zero), Washington, D.C., setembro de 2018, 38.
120. Entrevista com Michael Madden.
121. "Counterforce Targeting", em "Nuclear Matters Handbook 2020", OSD, 21. "A contraforça planeja destruir as capacidades miliares de uma força inimiga. Os alvos típicos incluem bases de bombardeiros, bases submarinas de mísseis balísticos, silos de mísseis balísticos intercontinentais (ICBMs), instalações de defesa aérea, centros

de comando e controle e instalações de armazenamento de armas de destruição em massa. Como esses tipos de alvos podem ser reforçados, enterrados, mascarados, móveis e defendidos, as forças necessárias para implementar essa estratégia precisam ser diversas, numerosas e precisas."

122. "A Satellite View of North Korea's Nuclear Sites", *Nikkei Asia*, s.d.; "North Korea's Space Launch Program and Long-Range Missile Projects", *Reuters*, 21 de agosto de 2023; David Brunnstrom e Hyonhee Shin, "Movements at North Korea ICBM Plant Viewed as Missile-Related, South Says", *Reuters*, 6 de março de 2020.
123. Mary B. DeRosa e Ashley Nicolas, "The President and Nuclear Weapons: Authority, Limits, and Process", Nuclear Threat Initiative, 2019, 12.
124. Entrevista com Joseph Bermudez. Veja também Joseph S. Bermudez Jr., Victor Cha e Jennifer Jun, "Undeclared North Korea: Hoejung-ni Missile Operating Base", CSIS, 7 de fevereiro de 2022.
125. Entrevista com Joseph Bermudez.
126. David E. Sanger e William J. Broad, "In North Korea, Missile Bases Suggest a Great Deception", *New York Times*, 12 de novembro de 2018.
127. "Be Prepared for a Nuclear Explosion", pictograma, FEMA.
128. "Be Informed, Nuclear Blast", Departamento de Saúde Pública da Califórnia, s.d.
129. Entrevista com Jim Freedman, que fotografou muitas dessas explosões termonucleares para a EG&G.
130. "Be Prepared for a Nuclear Explosion", pictograma, FEMA. As variações incluem: "Get In. Stay In. Tune In.", Shelter-in-Place, pictograma, FEMA.
131. "Planning Guidance for Response to a Nuclear Detonation, Second Edition", Comitê Federal Interagências, Gabinete Executivo do Presidente, Washington, D.C. Subcomitê Interagências de Coordenação Política para Preparação e Resposta para Ameaças Radiológicas e Nucleares, junho de 2010, 14–96. As linhas que seguem aqui são dessa orientação de planejamento (com consequências de tempestade expandidas na terceira edição).
132. *Ibid.*, 11–13.
133. *Ibid.*, 87.
134. "Planning Guidance for Response to a Nuclear Detonation, Third Edition", Agência Federal de Gestão de Emergências (FEMA), Gabinete de Ameaças Emergentes (OET), com o Departamento de Segurança Interna dos Estados Unidos (DHS), Diretoria de Ciência e Tecnologia (S&T), Departamento de Energia (DOE), Departamento de Saúde e Serviços Humanos (HHS), Departamento de Defesa (DoD) e Agência de Proteção Ambiental (EPA), maio de 2022, 16.
135. "Nuclear Power Preparedness Program", Califórnia, Gabinete de Serviços de Emergências, 2022.
136. A NOAA Weather Radio e o DHS transmitem juntos mensagens de todos os perigos, incluindo avisos de ataques terroristas, acidentes nucleares, vazamentos de produtos químicos tóxicos e muito mais. O sistema é antigo, com alguma tecnologia de fio de cobre datando de meados do século XIX. Veja Max Fenton, "The Radio System

That Keeps US Safe from Extreme Weather Is Under Threat: NOAA Weather Radio Needs Some Serious Upgrades", *Slate*, 4 de agosto de 2022.
137. Richard Gonsalez, "PG&E Announces $13.5 Billion Settlement of Claims Linked to California Wildfires", NPR, 6 de dezembro de 2019.
138. Entrevista com Jeffrey Yago.
139. Entrevista com Ted Postol.
140. "Q&A with Steven J. DiTullio, VP, Strategic Systems", *Seapower*, outubro de 2020.
141. Sebastien Roblin, "Ohio-Class: How the U.S. Navy Could Start a Nuclear War", *19FortyFive*, 3 de dezembro de 2021. Kristensen e Korda acreditam que a carga média é de cerca de noventa ogivas por submarino.
142. Jesse Beckett, "The Russian Woodpecker: The Story of the Mysterious Duga Radar", War History Online, 12 de agosto de 2021.
143. Dave Finley, "Radio Hams Do Battle with 'Russian Woodpecker'", *Miami Herald*, 7 de julho de 1982. Para um resumo moderno, veja Alexander Nazaryan, "The Massive Russian Radar Site in the Chernobyl Exclusion Zone", *Newsweek*, 18 de abril de 2014. Para um excelente documentário, assista Chad Gracia, dir., *The Russian Woodpecker*, Roast Beef Productions, 2015.
144. Entrevista com Thomas Withington.
145. Entrevista com Ted Postol; George N. Lewis e Theodore A. Postol, "The European Missile Defense Folly", *Bulletin of the Atomic Scientists* 64, n.º 2 (maio/junho de 2008): 39.
146. "Presidential Succession: Perspectives and Contemporary Issues for Congress", R46450, CRS, 14 de julho de 2020.
147. *Ibid.*
148. Entrevista com Craig Fugate; entrevista com William Perry.
149. Haruka Sakaguchi e Lily Rothman, "After the Bomb", *Time*, s.d.
150. L. H. Hempelmann e Hermann Lisco, "The Acute Radiation Syndrome: A Study of Ten Cases and a Review of the Problem", vol. 2, Los Alamos Scientific Laboratory, 17 de março de 1950; Slotin é o Caso 3. Antes de agosto de 1945, os efeitos do envenenamento por radiação não eram conhecidos porque não havia dados. Médicos em Hiroshima e Nagasaki chamaram essa nova doença misteriosa de "Doença X".
151. "Official Letter Reporting on the Louis Slotin Accident", de Phil Morrison para Bernie Feld, 4 de junho de 1946, Los Alamos Historic Society Photos Archives, cópia da autora.
152. "Second and the Last of the Bulletins", de Phil Morrison para Bernie Feld, 3 de junho de 1946, Los Alamos Historical Society Photo Archives, cópia da autora.
153. *Ibid.* Para leitura adicional, veja Alex Wellerstein, "The Demon Core and the Strange Death of Louis Slotin", *New Yorker*, 21 de maio de 2016. Wellerstein localizou documentos na Biblioteca Pública de Nova York. "As fotografias eram, bom, terríveis", escreve. "Algumas mostravam Slotin nu, posando com seus ferimentos. O olhar em seu rosto era tolerante. Havia mais alguns ferimentos em suas mãos, e então o salto temporal: órgãos internos, removidos para autópsia. Coração, pulmões, intestinos,

cada um organizado de forma limpa e clínica. Mas é chocante ver fotos dele na cama, doente, mas vivo, e, então no próximo quadro, seu coração, cuidadosamente preparado.

154. William Burr, ed., "77th Anniversary of Hiroshima and Nagasaki Bombings: Revisiting the Record", Electronic Briefing Book N.º 800, NSA-GWU, 8 de agosto de 2022.
155. Para mais sobre bunkers nucleares da Rússia: Jess Thomson, "Would Putin's Nuclear Bunker in Ural Mountains Save Him from Armageddon?", *Newsweek*, 10 de novembro de 2022; Michael R. Gordon, "Despite Cold War's End, Russia Keeps Building a Secret Complex", *New York Times*, 16 de abril de 1996.
156. "General Gerasimov, Russia's Top Soldier, Appears for First Time Since Wagner Mutiny", *Reuters*, 12 de julho de 2023.
157. "Meeting with Heads of Defence Ministry, Federal Agencies and Defence Companies", Presidente da Rússia/Eventos, 11 de novembro de 2020, cópia da autora. Para resumo e contexto adicional: Joseph Trevithick, "Putin Reveals Existence of New Nuclear Command Bunker", Drive, 26 de janeiro de 2021.
158. "Revealed: Putin's Luxury Anti-Nuclear Bunker for His Family's Refuge", *Marca*, 3 de março de 2022.
159. Amanda Macias *et al.*, "Biden Requests $33 Billion for Ukraine War; Putin Threatens 'Lightning Fast' Retaliation to Nations That Intervene", CNBC, 28 de abril de 2022.
160. Hans M. Kristensen, Matt Korda e Eliana Reynolds, "Nuclear Notebook: Russian Nuclear Weapons, 2023", *Bulletin of the Atomic Scientists* 79, n.º 3 (8 de maio de 2023): 174.
161. Paul Kirby, "Ukraine Conflict: Who's in Putin's Inner Circle and Running the War?", BBC News, 24 de junho de 2023.
162. Bruce G. Blair, Harold A. Feiveson e Frank N. von Hippel, "Taking Nuclear Weapons off Hair-Trigger Alert", *Scientific American*, novembro de 1997. "É óbvio que a natureza apressada desse processo, do alerta à decisão e à ação, corre o risco de causar um erro catastrófico. O perigo é agravado pela erosão da capacidade da Rússia de distinguir de forma confiável entre fenômenos naturais ou empreendimentos pacíficos no espaço e um verdadeiro ataque de mísseis. Apenas um terço de seus radares modernos de alerta precoce está funcionando, e pelo menos dois dos nove *slots* em sua constelação de satélites de alerta de mísseis estão vazios."
163. Entrevista com Pavel Podvig. Veja também Pavel Podvig, "Does Russia Have a Launch-on-Warning Posture? The Soviet Union Didn't", *Russian Strategic Nuclear Forces* (blog), 29 de abril de 2019. A cópia de Podvig de *Russian Strategic Nuclear Forces*, dada a ele por Gennady Khromov da Comissão Militar Industrial Soviética, inclui as notas manuscritas de Khromov com essas afirmações.
164. Vladimir Solovyov, dir., *The World Order 2018*, Masterskaya, 2018, 1h19; tradução do russo por Julia Grinberg. O filme de Solovyov sobre Putin está disponível no YouTube. Veja também Bill Bostock, "In 2018, Putin Said He Would Unleash

Nuclear Weapons on the World If Russia Was Attacked", *Business Insider*, 26 de abril de 2022.
165. Hoffman, *The Dead Hand*, 23–24, 421–23.
166. Terry Gross e David Hoffman, "'Dead Hand' Re-Examines the Cold War Arms Race", *Fresh Air*, NPR, 12 de outubro de 2009.
167. "Factbox: The Chain of Command for Potential Russian Nuclear Strikes", Reuters, 2 de março de 2022.
168. Lateshia Beachum, Mary Ilyushina e Karoun Demirjian, "Russia's 'Satan 2' Missile Changes Little for U.S., Scholars Say", *Washington Post*, 20 de abril de 2022.
169. Hans M. Kristensen, Matt Korda e Eliana Reynolds, "Nuclear Notebook: Russian Nuclear Weapons, 2023", *Bulletin of the Atomic Scientists* 79, n.º 3 (maio de 2023): 174–99, tabela 1.
170. *Ibid.*, 180.
171. Robert S. Norris e Hans M. Kristensen, "Nuclear Weapon States, 1945–2006", *Bulletin of the Atomic Scientists* 62, n.º 4 (julho/agosto de 2006): 66.
172. Hans M. Kristensen, Matt Korda e Eliana Reynolds, "Nuclear Notebook: Russian Nuclear Weapons, 2023", *Bulletin of the Atomic Scientists* 79, n.º 3 (maio de 2023): 179.
173. *Ibid.*, 174.
174. J. Robert Oppenheimer, "Atomic Weapons and American Policy", *Foreign Affairs*, 1.º de julho de 1953.
175. Além de suas chamadas "armas nucleares estratégicas" de longo alcance, a Rússia mantém cerca de setenta ogivas nucleares "não estratégicas" (também conhecidas como "armas nucleares táticas") carregadas em mísseis de curto alcance, como o Iskander-M. Eles carregam ogivas de 10 a 100 quilotons e têm um alcance de cerca de 500 quilômetros.
176. Entrevista com Michael J. Connor.

PARTE IV: OS 24 MINUTOS SEGUINTES (E FINAIS)

1. "Defense Primer: Command and Control of Nuclear Forces", CRS, 19 de novembro de 2021, 1.
2. "Three Russian Submarines Surface and Break Arctic Ice during Drills", *Reuters*, 26 de março de 2021. Mais tarde, um dos três submarinos foi revelado como um submarino espião de missão especial. Veja H. I. Sutton, "Spy Sub among Russian Navy Submarines Which Surfaced in Artic", Covert Shores, 27 de março de 2021.
3. "Russia Submarine Capabilities", Ficha Informativa, Nuclear Threat Initiative, 6 de março de 2023.
4. Entrevista com Ted Postol. Os Trident são lançados em intervalos de 15 segundos.
5. "Defense Budget Overview", Solicitação de Orçamento do Ano Fiscal de 2021, DoD, 13 de maio de 2020, 9–12; mapa, fig. 9.1.
6. William Burr, ed., "Long-Classified U.S. Estimates of Nuclear War Casualties during the Cold War Regularly Underestimated Deaths and Destruction", Electronic Briefing Book N.º 798, NSA-GWU, 14 de julho de 2022. "Análises internas importantes ao

longo dos anos concluíram que armas nucleares não obrigariam a URSS a se render e que uma guerra nuclear nunca poderia produzir um 'vencedor'."
7. Entrevista com Leon Panetta.
8. Declaração do Comandante Charles A. Richard, Comando Estratégico dos Estados Unidos, perante o Comitê das Forças Armadas do Senado, 13 de fevereiro de 2020, 21.
9. Entrevista com Hans Kristensen. Os protocolos de compartilhamento de bombas nucleares da OTAN são difíceis de relatar. Kristensen nos conta que apenas o processo de carregamento poderia levar horas.
10. Schelling, *Arms and Influence*, 219–33; Hans J. Morgenthau, "The Four Paradoxes of Nuclear Strategy", *American Political Science Review* 58, n.º 1 (1964): 23–35.
11. Rachel S. Cohen, "Strategic Command's No. 2 Picked to Run Air Force Nuclear Enterprise", *Air Force Times*, 12 de outubro de 2022.
12. Frank N. von Hippel, "Biden Should End the Launch-on-Warning Option", *Bulletin of the Atomic Scientists*, 22 de junho de 2021.
13. Entrevista com Frank von Hippel.
14. Bruce G. Blair com Jessica Sleight e Emma Claire Foley, "The End of Nuclear Warfighting: Moving to a Deterrence-Only Posture. An Alternative U.S. Nuclear Posture Review", Programa de Ciência e Segurança Global, Universidade de Princeton Global Zero, Washington, D.C., setembro de 2018, 35. Blair observa: "Todas as estimativas são do autor."
15. Isso segue o um-para-um (no cálculo mínimo) que o general Hyten compartilhou com a CNN. General Hyten com Barbara Starr, "Exclusive: Inside the Base that Would Oversee a US Nuclear Strike", CNN, 27 de março de 2018, 3min30s.
16. "Bruce G. Blair com Jessica Sleight e Emma Claire Foley, "The End of Nuclear Warfighting: Moving to a Deterrence-Only Posture. An Alternative U.S. Nuclear Posture Review", Programa de Ciência e Segurança Global, Universidade de Princeton Global Zero, Washington, D.C., setembro de 2018, 35.
17. "LGM-30G Minuteman III Fact Sheet", Força Aérea dos Estados Unidos, fevereiro de 2019.
18. Hans M. Kristensen e Matt Korda, "Nuclear Notebook: Russian Nuclear Weapons, 2022", *Bulletin of the Atomic Scientists* 78, n.º 2 (fevereiro de 2022): 171.
19. Entrevista com Julian Chesnutt.
20. É plausível que essa ação possa levar horas, até mesmo dias, de acordo com minha entrevista com Hans Kristensen.
21. Entrevista com David Cenciotti.
22. Os pilotos da OTAN carregam a bomba de gravidade B61, equipada com uma ogiva nuclear que se ajusta a diferentes potências. "B61-12: New U.S. Nuclear Warheads Coming to Europe in December", ICAN, 22 de dezembro de 2022. "Essas bombas podem ser detonadas abaixo da superfície terrestre, aumentando sua capacidade de destruição contra alvos subterrâneos para o equivalente a [...] 83 bombas de Hiroshima."
23. "W88 Warhead Program Performs Successful Tests", Phys.org, 28 de outubro de 2014.

24. Michael Baker, "With Redesigned 'Brains', W88 Nuclear Warhead Reaches Milestone", *Lab News*, SNL, 13 de agosto de 2021.
25. John Malik, "The Yields of the Hiroshima and Nagasaki Nuclear Explosions", LA-8819, LANL, setembro de 1985, 1.
26. William Burr, ed., "Studies by Once Top Secret Government Entity Portrayed Terrible Costs of Nuclear War", Eletronic Briefing Book N.º 480, NSA-GWU, 22 de julho de 2014.
27. Carla Pampe, "Malmstrom Air Force Base Completes Final MMIII Reconfiguration", Air Force Global Strike Command Public Affairs, 18 de junho de 2014. Veja também Adam J. Hebert, "The Rise and Semi-Fall of MIRV", *Air & Space Forces*, 1.º de junho de 2010.
28. "Kim Jong Il, Where He Sleeps and Where He Works", *Daily NK*, 15 de março de 2005; entrevista com Michael Madden.
29. Steven Starr, Lynn Eden, Theodore A. Postol, "What Would Happen If an 800-Kiloton Nuclear Warhead Detonated above Midtown Manhattan?", *Bulletin of the Atomic Scientists*, 25 de fevereiro de 2015.
30. Glasstone e Dolan, *The Effects of Nuclear Weapons*, 549.
31. Olli Heinonen, Peter Makowsky e Jack Liu, "North Korea's Yongbyon Nuclear Center: In Full Swing", 38 North, 3 de março de 2022.
32. "North Korea Military Power: A Growing Regional and Global Threat", Defense Intelligence Agency, 2021, 30, DIA.
33. *Ibid.*
34. Entrevista com Michael Madden.
35. Blair, *The Logic of Accidental Nuclear War*, 138.
36. Entrevista com William Perry.
37. Entrevista com Michael Madden.
38. Elizabeth Jensen, "LOL at EMPs? Science Report Tackles Likelihood of a North Korea Nuclear Capability", NPR, 30 de maio de 2017.
39. Depoimento do dr. Graham e do dr. Peter Pry, "Empty Threat or Serious Danger? Assessing North Korea's Risk to the Homeland", Câmara dos Representantes dos Estados Unidos, Comitê de Segurança Interna, 12 de outubro de 2017.
40. Entrevista com Peter Pry. Uma expressão recorrente nos escritos de Pry.
41. Anton Sokolin, "North Korean Satellite to Fall toward Earth after 7 Years in Space, Experts Say", *NK News*, 30 de junho de 2023. Aplicativos populares de satélite incluem Heavens-Above, N2YO e Pass Predictions API da Re CAE.
42. Jim Oberg, "It's Vital to Verify the Harmlessness of North Korea's Next Satellite", *The Space Review*, 6 de fevereiro de 2017. "O que pode estar dentro daquele pacote de meia tonelada é literalmente uma incógnita para qualquer um. É cada vez mais difícil crer que pode ser um satélite de aplicações funcionais para a melhoria da população. Que isso possa ser algo prejudicial — e nenhum escudo térmico seria necessário se fosse disparado no espaço — está cada vez mais terrivelmente fácil de ser considerado."

43. David Brunnstrom, "North Korea Satellite Not Transmitting, but Rocket Payload a Concern: U.S.", *Reuters*, 10 de fevereiro de 2016. O *website* Space-Track.org mostra a órbita do satélite.
44. Kim Song-won, "The EMP Might of Nuclear Weapons", *Rodong Sinmun* (Pyongyang), 4 de setembro de 2017. Declaração pública oficial da Coreia do Norte: "A bomba H, cujo poder explosivo é ajustável de dezenas de quilotons a centenas de quilotons, é uma arma termonuclear multifuncional com grande poder destrutivo que pode ser detonada mesmo em grandes altitudes para ataques de pulsos eletromagnéticos superpoderosos, de acordo com objetivos estratégicos."
45. Em *The Space Review*, Oberg escreveu: "Eles com certeza não transmitem a aparência das características de um programa espacial pacífico e inofensivo, e podem indicar algo muito mais ameaçador [...]. Há outra característica da órbita, talvez acidental, talvez não. Ela é determinada pelas leis imutáveis do movimento orbital, minha especialidade no Controle de Missão por mais de vinte anos. Na primeira passagem ao redor da Terra, depois de cruzar perto da Antártida, o satélite segue para o norte da costa oeste da América do Sul, sobre o Caribe e até a costa leste dos Estados Unidos. Sessenta e cinco minutos após o lançamento, ele está passando algumas centenas de quilômetros a oeste de Washington, D.C. E, com um pequeno ajuste de direção durante o lançamento, ele pode passar bem em cima."
46. "Assessing the Threat from Electromagnetic Pulse (EMP), Volume I: Executive Report", Relatório da Comissão para Avaliar a Ameaça aos Estados Unidos de Ataque de Pulso Eletromagnético (EMP), julho de 2017, 5.
47. Testemunho do Embaixador Henry F. Cooper, "The Threat Posted by Electromagnetic Pulse and Policy Options to Protect Energy Infrastructure and to Improve Capabilities for Adequate System Restoration", 4 de maio de 2017, 23.
48. Dr. Peter Pry, "North Korea EMP Attack: An Existential Threat Today", Cipher Brief, 22 de agosto de 2019. Veja também dr. Peter Pry, "Russia: EMP Threat: The Russian Federation's Military Doctrine, Plans, and Capabilities for Electromagnetic Pulse Attack", Força-Tarefa de PEM sobre Segurança Nacional e Interna, janeiro de 2021.
49. Entrevista com Peter Pry. As informações sobre os generais russos podem ser encontradas em "Threat Posted by Electromagnetic Pulse (EMP) Attack", Comitê sobre Serviços Armados, Câmara dos Representantes, 10 de julho de 2008. P: "Pelo que entendi, ao entrevistar alguns generais russos, eles lhe disseram que os soviéticos desenvolveram uma arma 'Super-PEM' aprimorada que poderia produzir 200 quilovolts por metro no centro? [...] Isso é cerca de, digamos, quatro vezes mais alto do que qualquer coisa que já construímos ou testamos, em termos de fortalecimento do PEM?" Dr. William Graham, presidente da Comissão PEM: "Sim."
50. "Empty Threat or Serious Danger? Assessing North Korea's Risk to the Homeland", Declaração para o Registro, dr. William R. Graham, presidente, Comissão para Avaliar a Ameaça aos Estados Unidos de Ataque Eletromagnético (PEM), para a

Câmara dos Representantes dos Estados Unidos, Comitê de Segurança Interna, 12 de outubro de 2017, 5. Graham leu o depoimento de Cooper do ano anterior.
51. Declaração de Charles A. Richard, comandante do Comando Estratégico dos Estados Unidos, perante o Subcomitê de Dotações da Câmara sobre Defesa, 5 de abril de 2022.
52. Um exemplo de relatório ainda em sigilo é: "Volume III: Assessment of the 2014 JAEIC Report on High-Altitude Electromagnetic Pulse (HEMP) Threats, SECRET// RD-CNWDI//NOFORN, 2017."
53. Entrevista com Richard Garwin.
54. Ao discutir essa parte do cenário com Gregory Touhill, ele comentou como seria ruim: "Ninguém quer festejar como se fosse 1799."
55. Entrevista com Julian Chesnutt.
56. "North Korea Military Power: A Growing Regional and Global Threat", Agência de Inteligência de Defesa, 2021, 28–29, DIA.
57. *Ibid.*, 29.
58. Vann H. Van Diepen, "It's the Launcher, Not the Missile: Initial Evaluation of North Korea's Rail-Mobile Missile Launches", 38 North, 17 de setembro de 2021.
59. "North Korea Military Power: A Growing Regional and Global Threat", Defense Intelligence Agency, 2021, 28, DIA. Veja também U.S. Central Intelligence Agency, "Unclassified Report to Congress on the Acquisition of Technology Relating to Weapons of Mass Destruction and Advanced Conventional Munitions, 1 July through to 31 December 2006", s.d.
60. Entrevista com Reid Kirby.
61. Entrevista com Reid Kirby.
62. Reid Kirby, "Sea of Sarin: North Korea's Chemical Deterrent", *Bulletin of the Atomic Scientists*, 21 de junho de 2017. Os cálculos de Kirby, que discutimos, são apresentados em forma de gráfico e levam em conta a dosagem letal mais alta assumida *versus* a dosagem letal mais baixa do agente nervoso Sarin.
63. Entrevista com Richard "Rip" Jacobs, que foi resgatado no Vietnã. Para mais informações sobre esse resgate incrível e improvável, veja: Jacobsen, *The Pentagon's Brain*, 197–202.
64. JFK usou a expressão em um discurso perante a ONU sobre a ameaça de guerra nuclear. "Todo homem, mulher e criança vive sob uma espada nuclear de Dâmocles pendurada pelo mais fino dos fios."
65. "Burst Height Impacts EMP Coverage", *Dispatch* 5, n.º 3, junho de 2016. Wax atualmente atua como secretário assistente de defesa para ciência e tecnologia no Pentágono.
66. Entrevista com Gregory Touhill. Para mais sobre Touhill, veja Robert Hackett, "Meet the U.S.'s First Ever Cyber Chief", *Fortune*, 8 de setembro de 2016.
67. "Electromagnetic Pulse: Effects on the U.S. Power Grid", Comissão Federal Reguladora de Energia dos Estados Unidos, Relatório Interagências, 2010, ii–iii.

68. Uma observação: enquanto os efeitos reais de um Super-PEM são debatidos entre analistas, a verdade mais significativa é com frequência ignorada: o governo mantém a confidencialidade dos dados sobre como os sistemas de infraestrutura em rede serão realmente impactados. Por exemplo, em seu relatório, "High-Altitude Electromagnetic Pulse Waveform Application Guide", em março de 2023, o DOE escreveu: "HEMP [PEM de alta altitude] é considerado uma ameaça consistente para a rede elétrica e outros setores de infraestrutura crítica", seguido por, "O DOE recomenda que os proprietários de ativos, operadores e partes interessadas se concentrem em simular, testar, avaliar e proteger os ativos e sistemas sob seus cuidados, e não em se tornarem especialistas em efeitos de armas nucleares, o que requer anos para dominar e dados que não estão disponíveis publicamente" — dizendo, em outras palavras, que não vão compartilhar dados com os proprietários, então boa sorte.
69. "Electric Power Sector Basics", Agência de Proteção Ambiental dos Estados Unidos (epa.gov), cópia da autora.
70. "TRAC Program Brings the Next Generation of Grid Hardware", Departamento de Energia dos Estados Unidos (energy.gov), cópia da autora.
71. Testemunho do dr. William Graham, "Threat Posed by Electromagnetic Pulse (EMP) Attack", Comitê das Forças Armadas, 10 de julho de 2008, 22.
72. Entrevista com Richard Garwin. Garwin escreveu o primeiro artigo sobre PEM, em 1954, e estudou seus efeitos por décadas. Ele foi autor do Relatório Jason de 2001, "Impacts of Severe Space Weather on the Electrical Grid". Em nossas entrevistas, ele insistiu que há maneiras de combater os efeitos catastróficos do PEM de alta altitude, mas que, até 2023, nenhuma contramedida foi feita. Veja também Richard L. Garwin, "Prepared Testimony for the Hearing, 'Protecting the Electric Grid from the Potential Threats of Solar Storms and Electromagnetic Pulse'", 17 de julho de 2015.
73. Entrevista com Yago; entrevista com Pry. Veja também: Yago, *ABCs of EMP*, 118.
74. Yago, *ABCs of EMP*, 118; entrevista com Peter Pry.
75. "U.S. nuclear industry explained" (eia.gov), cópia da autora. "Em 1.º de agosto de 2023, os Estados Unidos tinham 93 reatores nucleares comerciais em operação em 54 usinas nucleares em 28 estados."
76. Entrevista com Jeffrey Yago; Yago, *ABCs of EMP*, 116.
77. Entrevista com Yago. "Muitas pessoas se recusam a acreditar nisso", diz ele, com revistas relatando que produtos disponíveis comercialmente, como latas de lixo e latas de tinta, podem proteger contra PEM. "Praticamente os únicos eletrônicos que funcionam após um pulso de Super-PEM são itens armazenados dentro de uma caixa de metal lacrada." Veja: James Conca, "How to Defend against the Electromagnetic Pulse Threat by Literally Painting over It", *Forbes*, 27 de setembro de 2021.
78. Paul C. Warnke, "Apes on a Treadmill", *Foreign Policy* 18 (primavera de 1975): 12–29.
79. Michael D. Sockol, David A. Raichlen e Herman Pontzer, "Chimpanzee Locomotor Energetics and the Origin of Human Bipedalism", *Proceedings of the National Academies of Science* 104, n.º 30 (24 de julho de 2007).

80. Will Dunham, "Chimps on Treadmill Offer Human Evolution Insight", *Reuters*, 16 de julho de 2007.
81. "Site R Civil Defense Site", documentos FOIA, Ref 00-F-0019, 18 de fevereiro de 2000.
82. Clark, *Beaches of O'ahu*, 148.
83. Tyler Rogoway, "Here's Why an E-6B Doomsday Plane Was Flying Tight Circles off the Jersey Shore Today", The War Zone, 13 de dezembro de 2019.
84. Entrevista com Craig Fugate.
85. Ed Zuckerman, "Hiding from the Bomb — Again", *Harper's*, agosto de 1979. Na Rússia, diz-se que foi tirado de *Treasure Island*, de Nikolay Chukovsky. "Aqueles de vocês que ainda estiverem vivos invejarão os mortos."

PARTE V: OS 24 MESES SEGUINTES E O QUE VEM DEPOIS (OU PARA ONDE VAMOS DEPOIS DE UM CONFLITO NUCLEAR)

1. Essa é uma variação do título de um livro de Paul Ehrlich, Carl Sagan, Donald Kennedy e Walter Orr Robert chamado *The Cold and the Dark: The World after Nuclear War*. O livro foi escrito após uma reunião em Washington de 200 cientistas no outono de 1983, para "The Conference of the World after Nuclear War".
2. Ehrlich *et al.*, *The Cold and the Dark*, 25.
3. Entrevista com Brian Toon.
4. "Sources and Effects of Ionizing Radiation", Comitê Científico das Nações Unidas sobre os efeitos da radiação atômica, Relatório UNSCEAR 1996 à Assembleia-Geral com Anexo Científico, Nações Unidas, Nova York, 1996, 21. Chernobil demonstrou que algumas árvores são notavelmente resilientes, outras, como os pinheiros, tornam-se vermelho-alaranjadas e morrem. Veja também Jane Braxton Little, "Forest Fires are Setting Chernobyl's Radiation Free", *Atlantic*, 10 de agosto de 2020.
5. Henry Fountain, "As Peat Bogs Burn, a Climate Threat Rises", *New York Times*, 8 de agosto de 2016.
6. Li Cohen, "Nuclear War between the U.S. and Russia Would Kill More Than 5 Billion People—Just from Starvation, Study Finds", CBS News, 16 de agosto de 2022.
7. Owen B. Toon, Alan Robock e Richard P. Turco, "Environmental Consequences of Nuclear War", *Physics Today* 61, n.º 12 (dezembro de 2008): 37–40.
8. Entrevista com Alan Robock. Uma observação: Robock e colegas, ao modelar os efeitos do inverno nuclear, quase sempre usaram graus Celsius em seus artigos; alguns veículos de notícias convertem esses números erroneamente e os relatam de forma incorreta.
9. R. P. Turco *et al.*, "Nuclear Winter: Global Consequences of Multiple Nuclear Explosions", *Science* 222, n.º 4630 (1983): 1283–92.
10. Para um resumo do drama que se desenrolou em torno do relato inicial sobre o inverno nuclear, veja Matthew R. Francis, "When Carl Sagan Warned the World about Nuclear Winter", *Smithsonian*, 15 de novembro de 2017.

11. R. P. Turco et al., "Nuclear Winter: Global Consequences of Multiple Nuclear Explosions", *Science* 222, n.º 4630 (1983): 1283-92.
12. Stephen H. Schneider e Starley L. Thompson, "Nuclear Winter Reappraised", *Foreign Affairs*, 981-1005.
13. Entrevista com Brian Toon.
14. William Burr, ed., "Nuclear Winter: U.S. Government Thinking during the 1980s", Electronic Briefing Book N.º 795, NSA-GWU, 2 de junho de 2022.
15. Peter Lunn, "Global Effects of Nuclear War", Defense Nuclear Agency, fevereiro de 1984, 13-14.
16. Entrevista com Frank von Hippel.
17. Owen B. Toon, Alan Robock e Richard P. Turco, "Environmental Consequences of Nuclear War", *Physics Today* 61, n.º 12 (dezembro de 2008): 37-40.
18. Entrevista com Brian Toon.
19. L. Xia et al., "Global Food Insecurity and Famine from Reduced Crop, Marine Fishery and Livestock Production Due to Climate Disruption from Nuclear War Soot Injection", *Nature Food* 3 (2022): 586-96. Para um resumo: "Rutgers Scientist Helps Produce World's First Large-Scale Study on How Nuclear War Would Affect Marine Ecosystems", *Rutgers Today*, 7 de julho de 2022.
20. Paul Jozef Crutzen e John W. Birks, "The Atmosphere after a Nuclear War: Twilight at Noon", *Ambio*, junho de 1982; Ehrlich et al., *The Cold and the Dark*, 134.
21. "Earth's Atmosphere: A Multi-layered Cake", NASA, 2 de outubro de 2019.
22. C. V. Chester, A. M. Perry, B. F. Hobbs, "Nuclear Winter, Implications for Civil Defense", Laboratório Nacional de Oak Ridge, Departamento de Energia dos Estados Unidos, maio de 1988, ix. Em um tratado sobre "Nuclear Winter, Implications for Civil Defense", até mesmo o Departamento de Defesa admitiu uma "queda de temperatura da ordem de 15ºC em média nas regiões temperadas do hemisfério norte [...] [e] tão grande quanto 25ºC são previstos no interior dos continentes".
23. Entrevista com Brian Toon.
24. Alan Robock, Luke Oman e Georgiy L. Stenchikov, "Nuclear Winter Revisited with a Modern Climate Model and Current Nuclear Arsenals: Still Catastrophic Consequences", *Journal of Geophysical Research Atmospheres* 112, n.º D13 (julho de 2007), fig. 4 (páginas 6-7 de 14, cópia do pdf de Robock da autora).
25. Harrison et al., "A New Ocean State After Nuclear War", AGU Advancing Earth and Space Sciences, 7 de julho de 2022.
26. Glasstone e Dolan, *The Effects of Nuclear Weapons*, cap. 7 e 9; Paul Craig e John Jungerman, "The Nuclear Arms Race: Technology and Society", glossário, "Effects of Levels of Radiation on the Human Body".
27. Per Oftedal, Ph.D., "Genetic Consequences of Nuclear War", em *The Medical Implications of Nuclear War*, eds. F. Solomon e R. Q. Marston (Washington, D.C.: National Academies Press,1986), 343-45.
28. "Sources and Effects of Ionizing Radiation", Comitê Científico das Nações Unidas sobre os Efeitos da Radiação Atômica, Relatório UNSCEAR 1996 à Assembleia-Geral com Anexo Científico, Nações Unidas, Nova York, 1996, 35.

29. C. V. Chester, A. M. Perry, B. F. Hobbs, "Nuclear Winter, Implications for Civil Defense", Laboratório Nacional de Oak Ridge, Estados Unidos, Departamento de Energia, maio de 1988, x–xi.
30. Matt Bivens, MD. "Nuclear Famine", International Physicians for the Prevention of Nuclear War, agosto de 2022.
31. Ehrlich *et al.*, *The Cold and the Dark*, 53, 63; L. Xia *et al.*, "Global Food Insecurity and Famine from Reduced Crop, Marine Fishery and Livestock Production Due to Climate Disruption from Nuclear War Soot Injection", *Nature Food* 3 (2022): 586–96.
32. Alexander Leaf, "Food and Nutrition in the Aftermath of Nuclear War", em *The Medical Implications of Nuclear War*, eds. F. Solomon e R. Q. Marston (Washington, D.C.: National Academies Press, 1986), 286–87.
33. Entrevista com Brian Toon.
34. L. Xia *et al.*, "Global Food Insecurity and Famine from Reduced Crop, Marine Fishery and Livestock Production Due to Climate Disruption from Nuclear War Soot Injection", *Nature Food* 3 (2022): 586–96; entrevista com Brian Toon; entrevista com Alan Robock.
35. Alexander Leaf, "Food and Nutrition in the Aftermath of Nuclear War", em *The Medical Implications of Nuclear War*, eds. F. Solomon e R. Q. Marston (Washington, D.C.: National Academies Press, 1986), 287; Ehrlich *et al.*, *The Cold and the Dark*, 113.
36. Ehrlich *et al.*, *The Cold and the Dark*, legenda para fig. 3, inserção central, s.p.
37. "Sources and Effects of Ionizing Radiation", Comitê Científico das Nações Unidas sobre os Efeitos da Radiação Atômica, Relatório UNSCEAR 1996 à Assembleia-Geral com Anexo Científico, Nações Unidas, Nova York, 1996, 16.
38. Ehrlich *et al.*, *The Cold and the Dark*, 112. "As cadeias alimentares compostas de fitoplâncton, zooplâncton e peixes provavelmente sofrerão muito com a extinção da luz. Em aproximadamente dois meses na zona temperada no final da primavera ou verão, e em três a seis meses nessa zona no inverno, os animais aquáticos apresentariam declínios populacionais dramáticos que, para muitas espécies, poderiam ser irreversíveis."
39. Entrevista com Walter Munk.
40. "I've studied nuclear war 35 years—you should be worried", transcrição de Brian Toon, TEDxMileHigh, novembro de 2017.
41. Entrevista com Brian Toon; discussão sobre o artigo da *Nature Food*, apresentação de slides de Toon, cópia da autora.
42. L. Xia *et al.*, "Global Food Insecurity and Famine from Reduced Crop, Marine Fishery and Livestock Production Due to Climate Disruption from Nuclear War Soot Injection", *Nature Food* 3 (2022): 586–96.
43. Entrevista com Brian Toon; entrevista com Alan Robock.
44. Ehrlich *et al.*, *The Cold and the Dark*, 24.
45. Charles G. Bardeen *et al.*, "Extreme Ozone Loss Following Nuclear War Results in Enhanced Surface Ultraviolet Radiation", *JGR Atmospheres* 126, n.º 18 (27 de setembro de 2021), páginas 10–18 de 22. Veja também Ehrlich *et al.*, *The Cold and the Dark*, 50.

46. "Sources and Effects of Ionizing Radiation", Comitê Científico das Nações Unidas sobre os Efeitos da Radiação Atômica, Relatório UNSCEAR 1996 à Assembleia-Geral com Anexo Científico, Nações Unidas, Nova York, 1996, 38.
47. Ehrlich *et al.*, *The Cold and the Dark*, 24-25, 123-24.
48. *Ibid.*, 35. "A profecia é uma arte perdida", escreveu Carl Sagan.
49. Alan Robock, Luke Oman e Georgiy L. Stenchikov, "Nuclear Winter Revisited with a Modern Climate Model and Current Nuclear Arsenals: Still Catastrophic Consequences", *Journal of Geophysical Research Atmospheres* 112, n.º D13 (julho de 2007), fig. 10., página 11 de 14; Ehrlich *et al.*, *The Cold and the Dark*, 113.
50. Entrevista com Charles H. Townes (sobre tecnologias de dupla utilização).
51. Schmidt, *Göbekli Tepe*, 12.
52. Morsch observa: "A árvore é dedicada aos túmulos de três pessoas inocentes consideradas santas. Portanto, o lugar se tornou uma peregrinação para os moradores locais. Pedaços de tecido são amarrados à árvore e um desejo ou voto é feito. Esse é um costume que remonta aos tempos pré-islâmicos e é difundido na Turquia."
53. Entrevista com Michael Morsch.
54. Schmidt, *Göbekli Tepe*, 15. Entrevista com Michael Morsch.
55. Schmidt, *Göbekli Tepe*, 89-92.
56. Entrevista com Michael Morsch.
57. Ehrlich *et al.*, *The Cold and the Dark*, 160. Uma observação: nenhuma agência governamental atualmente tem um programa não confidencial para avaliar o impacto do inverno nuclear.
58. Ehrlich *et al.*, 129. A ideia de que "as próprias armas nucleares" são o verdadeiro inimigo surgiu há quarenta anos. Mesmo assim, aqui estamos.

BIBLIOGRAFIA

LIVROS

Blair, Bruce. *The Logic of Accidental Nuclear War*. Washington, D.C.: Brookings Institution Press, 1993.
Bracken, Paul. *The Second Nuclear Age: Strategy, Danger, and the New Power Politics*. Nova York: Macmillan, 2012.
Clark , John R.K. *Beachs of O'ahu*. Honolulu: University of Hawaii Press, 2004.
Clarke, Richard. *Against All Enemies: Inside America's War on Terror*. Nova York: Free Press, 2004.
Eden, Lynn. *Whole World on Fire: Organizations, Knowledge, and Nuclear Weapons Devastation*. Ithaca, NY: Cornell University Press, 2004.
Ehrlich, Paul R. et al. *The Cold and the Dark: The World after Nuclear War*. Londres: Sidgwick & Jackson, 1985.
Ellsberg, Daniel. *The Doomsday Machine: Confessions of a Nuclear War Planner*. Nova York: Bloomsbury, 2017.
Glasstone, Samuel e Philip J. Dolan, eds. *The Effects of Nuclear Weapons*, 3.ª edição. Washington, D.C.: Departamento de Defesa e Departamento de Energia [anteriormente Comissão de Energia Atômica], 1977.
Graff, Garrett M. *Raven Rock: The Story of the U.S. Government's Secret Plan to Save Itself—While the Rest of Us Die*. Nova York: Simon & Schuster, 2017.
Hachiya, Michihiko. *Hiroshima Diary: The Journal of a Japanese Physician, August 6–September 30, 1945*. Chapel Hill: University of North Carolina Press, 1995.
Harwell, Mark A. *Nuclear Winter: The Human and Environmental Consequences of Nuclear War*, Nova York: Springer-Verlag, 1984.
Hershey, John. *Hiroshima*. Nova York: Alfred A. Knopf, 1946.
Hoffman, David E. *The Dead Hand: The Untold Story of the Cold War Arms Race and Its Dangerous Legacy*. Nova York: Doubleday, 2009.
Jacobsen, Annie. *Operation Paperclip: The Secret Intelligence Program That Brought Nazi Scientists to America*. Nova York: Little, Brown, 2014.
Jacobsen, Annie. *The Pentagon's Brain: An Uncensored History of DARPA, America's Top Secret Military Research Agency*. Nova York: Little, Brown, 2015.
Jones, Nate. *Able Archer 83: The Secret History of the NATO Exercise That Almost Triggered Nuclear War*. Nova York: New Press, 2016.
Kaplan, Fred. *The Wizards of Armageddon*. Nova York: Simon & Schuster, 1983.

Kearny, Cresson H. *Nuclear War Survival Skills: Lifesaving Nuclear Facts and Self-Help Instructions*. Edição de 1987 atualizada e expandida, com prefácio de dr. Edward Teller e introdução de Don Mann. Washington, D.C.: U.S. Department of Energy, 1979.

Otterbein, Keith F. *How War Began*. College Station: Texas A&M University Press, 2004.

Perry, William J., e Tom Z. Collina. *The Button: The New Nuclear Arms Race and Presidential Power from Truman to Trump*. Dallas: BenBella Books, 2020.

Podvig, Pavel, ed. *Russian Strategic Nuclear Forces*. Cambridge, MA: MIT Press, 2001.

Reagan, Ronald. *An American Life: Ronald Reagan*. Nova York: Simon & Schuster, 1990.

Reed, Thomas. *At the Abyss: An Insider's History of the Cold War*. Nova York: Presidio Press, 2005.

Rubel, John H. *Doomsday Delayed: USAF Strategic Weapons Doctrine and SIOP-62, 1959—1962: Two Cautionary Tales*. Lanham, MD: Hamilton Books, 2008.

Sagan, Carl e Richard Turco. *A Path Where No Man Thought: Nuclear Winter and the End of the Arms Race*. Nova York: Random House, 1990.

Sakharov, Andrei. *Memoirs*. Nova York: Alfred A. Knopf, 1990.

Schelling, Thomas C. *Arms and Influence*. New Haven, CT: Yale University Press, 1966.

Schlosser, Eric. *Command and Control: Nuclear Weapons, the Damascus Accident, and the Illusion of Safety*. Nova York: Penguin Press, 2013.

Schmidt, Klaus. *Göbekli Tepe: A Stone Age Sanctuary in South-Eastern Anatolia*. Munique: C. H. Beck, 2006.

Schwartz, Stephen I., ed. *Atomic Audit: The Costs and Consequences of U.S. Nuclear Weapons Since 1940*. Washington, D.C.: Brookings Institution Press, 1998.

Sekimori, Gaynor. *Hibakusha: Survivors of Hiroshima and Nagasaki*. Tóquio: Kosei, 1989.

Shurkin, Joel N. *True Genius: The Life and War of Richard Garwin*. Nova York: Prometheus Books, 2017.

Yago, Jeffrey. *The ABCs of EMP: A Practical Guide to Both Understanding and Surviving an EMP*. Virginia Beach, VA: Dunimis Technology, 2020.

MONOGRAFIAS

Agência de Inteligência Central dos Estados Unidos. "Unclassified Report to Congress on the Acquisition of Technology Relating to Weapons of Mass Destruction and Advanced Conventional Munitions, 1 July through to 31 December 2006." Gabinete do Diretor de Inteligência Nacional, s.d.

Agnew, Harold e Glen McDuff. "How the President Got His 'Football.'" Los Alamos National Laboratory, LAUR-23-29737, s.d.

"Air Force Doctrine Publication 3-72, Nuclear Operations", Força Aérea dos Estados Unidos, Departamento de Defesa, 18 de dezembro de 2020.

Alvarez, Robert *et al*. "Reducing the Hazards from Stored Spent Power-Reactor Fuel in the United States." *Science and Global Security* 11 (2003): 1–51.

"Assessing the Threat from Electromagnetic Pulse (EMP), Volume I: Executive Report." Relatório da Comissão para Avaliar a Ameaça aos Estados Unidos de Ataque de Pulso Eletromagnético, julho de 2017.

"Atomic Weapons Requirements Study for 1959 (SM 129-56)." Comando Aéreo Estratégico, 15 de junho de 1956. Dados de altíssima confidencialidade, tornados públicos em 26 de agosto de 2014.

Blair, Bruce G., com Jessica Sleight e Emma Claire Foley. "The End of Nuclear Warfighting: Moving to a Deterrence-Only Posture. An Alternative U.S. Nuclear Posture Review." Programa de Ciência e Segurança Global, Universidade de Princeton Global Zero, Washington, D.C., setembro de 2018.

"A Brief History of the Sea-Based X-Band Radar-1 (SBX-1)." Agência de Defesa contra Mísseis, 1.º de maio de 2008.

Brode, Harold L. "Fireball Phenomenology." Santa Monica, CA: RAND Corporation, 1964.

Chester, C. V. e R. O. Chester. "Civil Defense Implications of a Pressurized Water Reactor in a Thermonuclear Target Area." *Nuclear Applications and Technology* 9, n.º 6 (1970).

Chester, C. V., A. M. Perry e B. F. Hobbs. "Nuclear Winter, Implications for Civil Defense." Laboratório Nacional de Oak Ridge, Departamento de Energia, maio de 1988.

Chester, C. V., F. C. Kornegay e A. M. Perry. "A Preliminary Review of the TTAPS Nuclear Winter Scenario." Emergency Technology Program Division, Agência Federal de Gestão de Emergências (FEMA), julho de 1984.

"Defense Budget Overview." Solicitação de Orçamento do Ano Fiscal de 2021, Departamento de Defesa, 13 de maio de 2020.

"Defense Primer: Command and Control of Nuclear Forces." Serviço de Pesquisa do Congresso, 19 de novembro de 2021.

"Defense Primer: Command and Control of Nuclear Forces." Serviço de Pesquisa do Congresso, 15 de dezembro de 2022.

Office of Technology Assessment. *The Effects of Nuclear War*. Comitê do Senado sobre Relações Exteriores, Congresso dos Estados Unidos, Washington, D.C., maio de 1979.

"Enclosure 'A'. The Evaluation of the Atomic Bomb as a Military Weapon: The Final Report of the Joint Chiefs of Staff Evaluation Board for Operation Crossroads." Evaluation Board Part III—Conclusions and Recommendations, Estado-Maior Conjunto, 30 de junho de 1947.

"Ensuring Electricity Infrastructure Resilience against Deliberate Electromagnetic Threats." Serviço de Pesquisa do Congresso, 14 de dezembro de 2022.

"The Evolution of U.S. Strategic Command and Control and Warning, 1945–1972: Executive Summary (Report)." Vol. Estudo S-467. Instituto de Análise de Defesa, 1.º de junho de 1975.

Garwin, Richard L. "Technical Aspects of Ballistic Missile Defense." Apresentado na Sessão de Controle de Armas e Segurança Nacional, APS, Atlanta, março de 1999.

Hempelmann, L. W. e Hermann Lisco. "The Acute Radiation Syndrome: A Study of Ten Cases and a Review of the Problem." Laboratório Científico de Los Alamos, 17 de março de 1950.

"History of the Joint Strategic Target Planning Staff: Background and Preparation of SIOP-62." Divisão de História e Pesquisa, Sede do Comando Aéreo Estratégico.

(Informações restritas de altíssima confidencialidade, tornadas públicas em 13 de fevereiro de 2007.)

"History of the Joint Strategic Target Planning Sraff SIOP—4 J/K, julho de 1971–junho de 1972." (Dados de altíssima confidencialidade, tornados públicos em 2001.)

Leaf, Alexander. "Food and Nutrition in the Aftermath of Nuclear War." Institute of Medicine (U.S.) Steering Committee for the Symposium on the Medical Implications of Nuclear War. Em *The Medical Implications of Nuclear War*. Editado por F. Solomon e R. Q. Marston. Washington, D.C.: National Academies Press, 1986.

"Lessons Learned from the Fukushima Nuclear Accident for Improving Safety and Security of U.S. Nuclear Plants." Conselho Nacional de Pesquisa, National Academies Press, 2014.

Lunn, Peter. "Global Effects of Nuclear War." Agência de Defesa Nuclear, fevereiro de 1984.

Malik, John. "The Yields of the Hiroshima and Nagasaki Explosions." LA-8819, UC-34. Laboratório Nacional de Los Alamos, setembro de 1985.

"Mortuary Services in Civil Defense." Manual Técnico (Technical Manual): TM-11-12, Defesa Civil dos Estados Unidos, 1956.

"North Korea Military Power: A Growing Regional and Global Threat." Agência de Inteligência de Defesa, U.S. Government Publishing Office, Washington, D.C., 2021.

"The North Korean Nuclear Challenge: Military Options and Issues for Congress." CRS Report 7-5700, Serviço de Pesquisa do Congresso, 6 de novembro de 2017.

"Nuclear Command, Control, and Communications: Update on Air Force Oversight Effort and Selected Acquisition Programs." Controladoria do Governo dos Estados Unidos, 15 de agosto de 2017.

"Nuclear Matters Handbook 2020." Assistente Adjunto do Secretário de Defesa para Assuntos Nucleares, Departamento de Defesa, 2020.

"Nuclear Matters Handbook 2020 [Revisado]." Assistente Adjunto do Secretário de Defesa para Assuntos Nucleares, Departamento de Defesa, 2020.

ODR&E Report. "Assessment of Ballistic Missile Defense Program." PPD 61–33, 1961. York Papers, Biblioteca Geisel.

Oftedal, Per Ph.D., "Genetic Consequences of Nuclear War." Institute of Medicine (U.S.) Steering Committee for the Symposium on the Medical Implications of Nuclear War. Em *The Medical Implications of Nuclear War*. Editado por F. Solomon e R.Q. Marston. Washington, D.C.: National Academies Press, 1986.

"Operation Ivy: 1952." United States Atmospheric Nuclear Weapons Tests, Nuclear Test Personnel Review, Agência de Defesa Nuclear, Departamento de Defesa, 1.º de dezembro de 1982.

Oughterson, W. *et al*. "Medical Effects of Atomic Bombs: The Report of the Joint Commission for the Investigation of Effects of the Atomic Bomb in Japan", vol. 1. Army Institute of Pathology, 19 de abril de 1951.

"Planning Guidance for Response to a Nuclear Detonation, First Edition." Homeland Security Council Interagency Policy Coordination Subcommittee for Preparedness & Response to Radiological and Nuclear Threats, 16 de janeiro de 2009.

"Planning Guidance for Response to a Nuclear Detonation, Second Edition." Comitê Federal Interagências, Gabinete Executivo do Presidente, Washington, D.C. Interagency Policy Coordinating Subcommittee for Preparedness & Response to Radiological and Nuclear Threats, junho de 2010.

"Planning Guidance for Response to a Nuclear Detonation, Third Edition." Agência Federal de Gestão de Emergências (FEMA), Escritório de Ameaças Emergentes (OET), em conjunto com o Departamento de Segurança Interna dos Estados Unidos (DHS), a Diretoria de Ciência e Tecnologia (S&T), o Departamento de Energia (DOE), o Departamento de Saúde e Serviços Humanos (HHS), o Departamento de Defesa (DoD) e a Agência de Proteção Ambiental (EPA), maio de 2022.

"Presidential Succession: Perspectives and Contemporary Issues for Congress." Serviço de Pesquisa do Congresso, 14 de julho de 2020.

"Proud Prophet-83, After Action Report". Divisão de Exercícios Conjuntos, Diretoria J-3, Organização do Estado-Maior Conjunto, Pentágono, Sala 2B857, Washington, D.C., 13 de janeiro de 1984.

Pry, Peter Vincent, dr. "Russia: EMP Threat: The Russian Federation's Military Doctrine, Plans, and Capabilities for Electromagnetic Pulse (EMP) Attack." Força-Tarefa de PEM sobre Segurança Nacional e Interna, janeiro de 2021.

_____. "Surprise Attack: ICBMs and the Real Nuclear Threat." Força-Tarefa de PEM sobre Segurança Nacional e Interna, 31 de outubro de 2020.

"Report of Advisory Task Force on Power Reactor Emergency Cooling." Comissão de Energia Nuclear dos Estados Unidos, 1968.

"Report on the Nuclear Employment Strategy of the United States—2020." Diretoria de Serviços Executivos, Gabinete do Secretário de Defesa, s.d.

"Russia's Nuclear Weapons: Doctrine, Forces, and Modernization." Serviço de Pesquisa do Congresso, 21 de abril de 2022.

"SIOP Briefing for Nixon Administration." XPDRB-4236-69. Conselho de Segurança Nacional, Estado-Maior Conjunto, 27 de janeiro de 1969.

"Sources and Effects of Ionizing Radiation." Comitê Científico das Nações Unidas sobre os Efeitos da Radiação Atômica, Relatório UNSCEAR 1996 à Assembleia-Geral com Anexo Científico, Nações Unidas, Nova York, 1996.

"Threat Posted by Electromagnetic Pulse (EMP) Attack." Comitê das Forças Armadas, Câmara dos Representantes, 110.º Congresso, 10 de julho de 2008.

Townsend, Frances. "National Continuity Policy Implementation Plan." Conselho de Segurança Interna, agosto de 2007.

"Who's in Charge? The 25th Amendment and the Attempted Assassination of President Reagan." Arquivos Nacionais, Biblioteca Presidencial Ronald Reagan, s.d.

ARTIGOS

"$10 Billion Flushed by Pentagon in Missile Defense." *Columbus Dispatch*, 8 de abril de 2015.

Adamowski, Jaroslaw. "Russia Overhauls Military Doctrine." *Defense News*, 10 de janeiro de 2015.

"A New Supercomputer Has Been Developed in Russia." Ficha Informativa, Ministério de Ciência e Educação da República do Azerbaijão, 14 de junho de 2017.

Aggarwal, Deepali. "North Korea Claims Its Leader Kim Jong-Un Does Not Pee, Poop." *Hindustan Times*, 7 de setembro de 2017.

"Assessing Threats to U.S. Vital Interests, North Korea." Heritage Foundation, 18 de outubro de 2022.

Avey, Julie, Senior Master Sgt. "Long-Range Discrimination Radar Initially Fielded in Alaska." Comando Espacial dos Estados Unidos, 168th Wing Public Affairs, 9 de dezembro de 2021.

"B61-12: New US Nuclear Warheads Coming to Europe in December." Campanha Internacional para a Abolição das Armas Nucleares, 22 de dezembro de 2022.

Babb, Carla. "VOA Exclusive: Inside US Military's Missile Defense Base in Alaska." *Voice of America*, 24 de junho de 2022.

Bailey, Ronald. "Quality of Life Key Priority for SMDC's Missile Defenders and MPs in Remote Alaska." Comando de Defesa Espacial e de Mísseis do Exército dos Estados Unidos, 8 de fevereiro de 2023.

Baker, Michael. "With Redesigned 'Brains', W88 Nuclear Warhead Reaches Milestone." *Lab News*, Laboratórios Nacionais Sandia, 13 de agosto de 2021.

Bardeen, Charles G. et al. "Extreme Ozone Loss Following Nuclear War Results in Enhanced Surface Ultraviolet Radiation." *JGR Atmospheres* 126, n.º 18, 27 de setembro de 2021.

Barrett, Anthony M. "False Alarms, True Dangers: Current and Future Risks of Inadvertent U.S.-Russian Nuclear War." RAND Corporation, 2016.

Beachum, Lateshia, Mary Ilyushina e Karoun Demirjian. "Russia's 'Satan 2' Missile Changes Little for U.S., Scholars Say." *Washington Post*, 20 de abril de 2022.

Beckett, Jesse. "The Russian Woodpecker: The Story of the Mysterious Duga Radar". War History Online, 12 de agosto de 2021.

Behar, Michael. "The Secret World of NORAD." *Air & Space*, setembro de 2018.

Bermudez, Joseph S. Jr., Victor Cha e Jennifer Jun. "Undeclared North Korea: Hoejung-ni Missile Operating Base." Centro de Estudos Estratégicos e Internacionais, 7 de fevereiro de 2022.

Bivens, Matt, MD. "Nuclear Famine." Médicos Internacionais para a Prevenção da Guerra Nuclear, agosto de 2022.

Blair, Bruce. "Strengthening Checks on Presidential Nuclear Launch Authority." Associação para o Controle de Armas, janeiro/fevereiro de 2018.

Blair, Bruce G., Harold A. Feiveson e Frank N. von Hippel. "Taking Nuclear Weapons off Hair-Trigger Alert". *Scientific American*, novembro de 1997.

Blair, Bruce G., Sebastien Philippe e Sharon K. Weiner. "Right of Launch: Command and Control Vulnerabilities after a Limited Nuclear Strike." War on the Rocks, 20 de novembro de 2020.

Blanc, Alexis A. *et al.* "The Russian General Staff: Understanding the Military's Decision Making Role in a 'Besieged Fortress.'" RAND Corporation, 2023.

Bostock, Bill. "In 2018, Putin Said He Would Unleash Nuclear Weapons on the World If Russia Was Attacked." *Business Insider*, 26 de abril de 2022.

Bremer, Ifang. "3 Years into Pandemic, Fears Mount That North Korea Is Teetering toward Famine." *NK News*, 15 de fevereiro de 2023.

Brunnstrom, David. "North Korea Satellite Not Transmitting, but Rocket Payload a Concern: U.S." *Reuters*, 10 de fevereiro de 2016.

Brunnstrom, David and Hyonhee Shin. "Movement at North Korea ICBM Plant Viewed as Missile-Related, South Says." *Reuters*, 6 de março de 2020.

"Cabinet Kept Alarming Nuke Report Secret." *Japan Times*, 22 de janeiro de 2012.

Carroll, Rory. "Ireland Condemns Russian TV for Nuclear Attack Simulation." *Guardian*, 3 de maio de 2022.

Cheslow, Daniella. "U.S. Has Made 'Dramatic Change' in Technology Used for Nuclear Code System." *Wall Street Journal*, 14 de outubro de 2022.

Choi, David. "South Korean Presidential Candidates Spar over Need for More THAAD Missile Defense." *Stars and Stripes*, 4 de fevereiro de 2022.

Church, Aaron M. U. "Nuke Field Vigilance." *Air & Space Forces*, 1.º de agosto de 2012.

Clark, Carol A. "LANL: Top-Secret Super-Secure Vault Declassified." *Los Alamos Daily Post*, 23 de julho de 2013.

CNN Editorial Research. "North Korea Nuclear Timeline Fast Facts." CNN, 22 de março de 2023.

Cockburn, Andrew. "How to Start a Nuclear War." *Harper's*, agosto de 2018.

Cohen, Li. "Nuclear War between the U.S. and Russia Would Kill More Than 5 Billion People—Just from Starvation, Study Finds." CBS News, 16 de agosto de 2022.

Cohen, Rachel S. "Does America Need Its 'Doomsday Plane'?" *Air Force Times*, 10 de maio de 2022.

_____. "Strategic Command's No. 2 Picked to Run Air Force Nuclear Enterprise." *Air Force Times*, 12 de outubro de 2022.

Cohen, Zachary e Barbara Starr. "Air Force 'Doomsday' Planes Damaged in Tornado." CNN, 23 de junho de 2017.

Conca, James. "How to Defend against the Electromagnetic Pulse Threat by Literally Painting Over It." *Forbes*, 27 de setembro de 2021.

"Coordinating the Destruction of an Entire People: The Wannsee Conference." Museu Nacional da Segunda Guerra Mundial (National WWII Museum), 19 de janeiro de 2021.

Copeland, Greg. "Navy's Most Powerful Weapons Are Submarines Based in Puget Sound." KING 5 News, 27 de fevereiro de 2019.

Crawford, Jamie e Barbara Starr. "Exclusive: Inside the Base That Would Oversee a US Nuclear Strike." CNN, 27 de março de 2018.

Crutzen, Paul Jozef e John W. Birks. "The Atmosphere after a Nuclear War: Twilight at Noon." *Ambio*, junho de 1982.

Dahlgren, Masao. "North Korea Tests Submarine-Launched Ballistic Missile." Missile Threat, Center for Strategic and International Studies, 22 de outubro de 2021.

Daugherty, William, Barbara Levi e Frank von Hippel. "Casualties Due to the Blast, Heat, and Radioactive Fallout from Various Hypothetical Nuclear Attacks on the United States". Academia Nacional de Ciências, 1986.

DeRosa, Mary B. e Ashley Nicolas. "The President and Nuclear Weapons: Authority, Limits, and Process." Nuclear Threat Initiative, 2019.

Dilanian, Ken e Courtney Kube. "Why It's So Hard for U.S. Spies to Figure Out North Korea." NBC News, 29 de agosto de 2017.

"Donald Trump's Flying Beast: 7 Things about the World's Most Powerful Helicopter." *Economic Times*, 21 de fevereiro de 2020.

"DPRK Strategic Capabilities and Security on the Korean Peninsula: Looking Ahead." Instituto Internacional de Estudos Estratégicos e Centro de Estudos de Energia e Segurança. 1.º de julho de 2019.

Dunham, Will. "Chimps on Treadmill Offer Human Evolution Insight." *Reuters*, 16 de julho de 2007.

"Ex-Defense Chief William Perry on False Missile Warnings." NPR, 16 de janeiro de 2018.

"Factbox: The Chain of Command for Potential Russian Nuclear Strikes." *Reuters*, 2 de março de 2022.

Fenton, Max. "The Radio System That Keeps Us Safe from Extreme Weather Is Under Threat: NOAA Weather Radio Needs Some Serious Upgrades." *Slate*, 4 de agosto de 2022.

Finley, Dave. "Radio Hams Do Battle with 'Russian Woodpecker.'" *Miami Herald*, 7 de julho de 1982.

Fountain, Henry. "As Peat Bogs Burn, a Climate Threat Rises." *New York Times*, 8 de agosto de 2016.

Francis, Matthew R. "When Carl Sagan Warned the World about Nuclear Winter." *Smithsonian*, 15 de novembro de 2017.

Gamel, Kim. "Training Tunnel Will Keep US Soldiers Returning to Front Lines in S. Korea." *Stars and Stripes*, 21 de junho de 2017.

"General Gerasimov, Russia's Top Soldier, Appears for First Time Since Wagner Mutiny." *Reuters*, 12 de julho de 2023.

Gordon, Michael R. "Despite Cold War's End, Russia Keeps Building a Secret Complex." *New York Times*, 16 de abril de 1996.

"Greater Seoul Population Exceeds 50% of S. Korea for First Time." *Hankyoreh*, 7 de janeiro de 2020.

Gwynne, Peter. "Scientists Warn of 'Trillion-Dollar' Spent-Fuel Risk." *Physics World* 29, n.º 7, julho de 2016.

Harrison, C. S. *et al.* "A New Ocean State after Nuclear War." AGU: Advancing Earth and Space Sciences, 7 de julho de 2022.

Hendrickx, Bart. "EKS: Russia's Space-Based Missile Early Warning System." *The Space Review*, 8 de fevereiro de 2021.

Hebert, Adam J. "The Rise and Semi-Fall of MIRV." *Air & Space Forces*, 1.º de junho de 2010.

Heinonen, Olli, Peter Makowsky e Jack Liu. "North Korea's Yongbyon Nuclear Center: In Full Swing." 38 North, 3 de março de 2022.

Hodgman, James. "SLD 45 to Support SBIRS GEO-6 Launch, Last Satellite for Infrared Constellation." Força Espacial, 3 de agosto de 2022.

Hoffman, David E. "Four Minutes to Armageddon: Richard Nixon, Barack Obama, and the Nuclear Alert." *Foreign Policy*, 2 de abril de 2010.

Jeong, Jeff. "North Korea's New Weapons Take Aim at the South's F-35 Stealth Fighters." *Defense News*, 1.º de agosto de 2019.

Judson, Jen. "Pentagon Terminates Program for Redesigned Kill Vehicle, Preps for New Competition." *Defense News*, 21 de agosto de 2019.

Kaplan, Fred. "How Close Did the Capitol Rioters Get to the Nuclear 'Football'?". *Slate*, 11 de fevereiro de 2021.

Kartapolov, Andrei. "The Higher the Combat Capabilities of Russian Troops, the Stronger the CSTO." Assembleia Parlamentar da Organização do Tratado de Segurança Coletiva (RU), 22 de dezembro de 2022.

Kearns, R. D. *et al.* "Actionable, Revised (v.3), and Amplified American Burn Association Triage Tables for Mass Casualties: A Civilian Defense Guideline." *Journal of Burn Care & Research* 41, n.º 4 (3 de julho de 2020): 770–79.

"Kim Jong Il, Where He Sleeps and Where He Works." *Daily NK*, 15 de março de 2005.

Kirby, Paul. "Ukraine Conflict: Who's in Putin's Inner Circle and Running the War?". BBC News, 24 de junho de 2023.

Kirby, Reid. "Sea of Sarin: North Korea's Chemical Deterrent." *Bulletin of the Atomic Scientists*, 21 de junho de 2017.

Klingner, Bruce. "Analyzing Threats to U.S. Vital Interests, North Korea." Heritage Foundation, 18 de outubro de 2022.

Kristensen, Hans M. "Russian ICBM Upgrade at Kozelsk." Federação de Cientistas Americanos, 5 de setembro de 2018.

Kristensen, Hans M. e Matt Korda. "Nuclear Notebook: Russian Nuclear Weapons, 2022." *Bulletin of the Atomic Scientists* 78, n.º 2 (fevereiro de 2022): 98–121.

_____. "Nuclear Notebook: United States Nuclear Weapons, 2022." *Bulletin of the Atomic Scientists* 78, n.º 3 (maio de 2022): 162–84.

_____. "Nuclear Notebook: United States Nuclear Weapons, 2023." *Bulletin of the Atomic Scientists* 79, n.º 1 (janeiro de 2023): 28–52.

Kristensen, Hans M., Matt Korda e Eliana Reynolds. "Nuclear Notebook: Russian Nuclear Weapons, 2023." *Bulletin of the Atomic Scientists* 79, n.º 3 (maio de 2023): 174-99.

Kwong, Jamie. "How Climate Change Challenges the U.S. Nuclear Deterrent." Fundo Carnegie para a Paz Internacional, 10 de julho de 2023.

Lapp, Ralph E. "Thoughts on Nuclear Plumbing." *New York Times*, 12 de dezembro de 1971.

"Leaders Urge Taking Weapons off Hair-Trigger Alert." Union of Concerned Scientists, 15 de janeiro de 2015.

LeRoy, George V. "The Medical Sequelae of the Atomic Bomb Explosion." *Journal of the American Medical Association* 134, n.º 14 (agosto de 1947): 1143-48.

Lewis, George N. e Theodore A. Postol. "The European Missile Defense Folly." *Bulletin of the Atomic Scientists* 64, n.º 2 (maio/junho de 2008): 39.

Lewis, Jeffrey G. e Bruno Tertrais. "Finger on the Button: The Authority to Use Nuclear Weapons in Nuclear-Armed States." Instituto de Estudos Internacionais de Middlebury em Monterey, 2019.

Little, Jane Braxton. "Forest Fires Are Setting Chernobyl's Radiation Free." *Atlantic*, 10 de agosto de 2020.

Losey, Stephen. "After Massive Flood, Offutt Looks to Build a Better Base." *AirForce Times*, 7 de agosto de 2020.

Macias, Amanda *et al.* "Biden Requests $33 Billion for Ukraine War; Putin Threatens 'Lightning Fast' Retaliation to Nations That Intervene." CNBC, 28 de abril de 2022.

Mann, James. "The World Dick Cheney Built." *Atlantic*, 2 de janeiro de 2020.

Martin, David. "The New Cold War." *60 Minutes*, 18 de setembro de 2016.

Martin, Glen. "Diablo Canyon Power Plant a Prime Terror Target/Attack on Spent Fuel Rods Could Lead to Huge Radiation Release." *San Francisco Chronicle*, 17 de março de 2003.

Martinez, Rachel, Senior Airman. "Daedalians Receive First-Hand Account of National Military Command Center on 9/11." Joint Base McGuire-Dix-Lakehurst News, 9 de abril de 2007.

Matos, Amanda. "Thousands of Half-Lives to Go: Weighing the Risks of Spent Nuclear Fuel Storage." *Journal of Law and Policy* 23, n.º 1 (2014): 305-49.

McCurdy, Jack. "Diablo Nuclear Plant: Disaster Waiting to Happen?". Cal Coast News, 7 de abril de 2011.

McLaughlin, Tim. "Defense Agency Stopped Delivery on Raytheon Warheads." *Boston Business Journal*, 25 de março de 2011.

McLoon, Alex. "Inside Look at Offutt Air Force Base's Airborne 'Survivable' Command Center." Transcrição. KETV, ABC-7, 27 de abril de 2022.

Mehta, Aaron. "US Successfully Tests New Homeland Missile Defense Capability." *Breaking Defense*, 13 de setembro de 2021.

Merrill, Dave, Nafeesa Syeed e Brittany Harris. "To Launch a Nuclear Strike, President Trump Would Take These Steps." Bloomberg, 20 de janeiro de 2017.

Mohr, Charles. "Preserving U.S. Command after a Nuclear Attack." *New York Times*, 29 de junho de 1982.

Moore, George M. "How International Law Applies to Attacks on Nuclear and Associated Facilities in Ukraine." *Bulletin of the Atomic Scientists*, 6 de março de 2022.

"Navy Aegis Ballistic Missile Defense (BMD) Program: Background and Issues for Congress", Serviço de Pesquisa do Congresso, 20 de abril de 2023.

Nazaryan, Alexander. "The Massive Russian Radar Site in the Chernobyl Exclusion Zone." *Newsweek*, 18 de abril de 2014.

Norris, Robert S. e Hans M. Kristensen. "Nuclear Notebook: U.S. Nuclear Warheads, 1945–2009." *Bulletin of the Atomic Scientists* 65, n.º 4 (julho de 2009): 72–81.

"North Korea—Navy." Janes, 21 de março de 2018.

"North Korea Submarine Capabilities." Ficha Informativa, Nuclear Threat Initiative, 14 de outubro de 2022.

"Nuclear Briefcases." Nuclear Issues Today, Atomic Heritage Foundation, 12 de junho de 2018.

Oberg, Jim. "It's Vital to Verify the Harmlessness of North Korea's Next Satellite." *The Space Review*, 6 de fevereiro de 2017.

"On the Record; Reagan on Missiles." *New York Times*, 17 de outubro de 1984.

Oppenheimer, J. Robert. "Atomic Weapons and American Policy." *Foreign Affairs*, 1.º de julho de 1953.

O'Rourke, Ronald. "Sea-Based Ballistic Missile Defense—Background and Issues for Congress." Serviço de Pesquisa do Congresso, 22 de dezembro de 2009.

Osborn, Kris. "The Air Force Has Plans for the B61-12 Nuclear Bomb." *National Interest*, 7 de outubro 2021.

Panda, Ankit. "North Korea's New Silo-Based Missile Raises Risk of Prompt Preemptive Strikes." *NK News*, 21 de março de 2023.

Park, Rosa, ed. "Kim Family Regime Portraits." HRNK Insider, Comitê para Direitos Humanos na Coreia do Norte, 2018.

Parsons, Dan. "VH-92 Closer to Being 'Marine One' but Comms System Could Still Cause Delays." The War Zone, 2 de maio de 2022.

Podvig, Pavel. "Does Russia Have a Launch-on-Warning Posture? The Soviet Union Didn't." *Russian Strategic Nuclear Forces* (blog), 29 de abril de 2019.

Postol, Theodore A. "North Korean Ballistic Missiles and US Missile Defense." *Newsletter of the Forum on Physics and Society*, 3 de março de 2018.

———. "Possible Fatalities from Superfires Following Nuclear Attacks in or Near Urban Areas." Comitê Diretivo do Instituto de Medicina (Estados Unidos) para o Simpósio sobre as Implicações Médicas da Guerra Nuclear. Em *The Medical Implications of Nuclear War*. Editado por F. Solomon e R. Q. Marston. Washington, D.C.: National Academies Press, 1986.

"President of State Affairs Kim Jong Un Watches Test-Firing of New-Type Tactical Guided Weapon." Voice of Korea, 17 de março de 2022.

"Q&A with Steven J. DiTullio, VP, Strategic Systems." *Seapower*, outubro de 2020.

"Revealed: Putin's Luxury Anti-Nuclear Bunker for His Family's Refuge." *Marca*, 3 de março de 2022.

Robles, Pablo e Choe Sang-Hun. "Why North Korea's Latest Nuclear Claims Are Raising Alarms", *New York Times*, 2 de junho de 2023.

Roblin, Sebastien. "Armed to the Teeth, America's Ohio-Class Submarines Can Kill Anything." *National Interest*, 31 de agosto de 2021.

_____. "Ohio-Class: How the US Navy Could Start a Nuclear War." *19FortyFive*, 3 de dezembro de 2021.

Robock, Alan, Luke Oman e Georgiy L. Stenchikov. "Nuclear Winter Revisited with a Modern Climate Model and Current Nuclear Arsenals: Still Catastrophic Consequences." *Journal of Geophysical Research Atmospheres* 112, n.º D13 (julho de 2007).

Rogers, Katie e David E. Sanger. "Biden Calls the 'Prospect of Armageddon' the Highest Since the Cuban Missile Crisis." *New York Times*, 6 de outubro de 2022.

Rogoway, Tyler. "Here's Why an E-6B Doomsday Plane Was Flying Tight Circles off the Jersey Shore Today." The War Zone, 13 de dezembro de 2019.

_____. "Trump Said He Found the Greatest Room He'd Ever Seen Deep in the Pentagon, Here's What He Meant." The War Zone, 1.º de dezembro de 2019.

Roughton, Randy. "Beyond the Blast Doors." *Airman*, 22 de abril de 2016.

"Rule 42. Work and Installations Containing Dangerous Forces." Comitê Internacional da Cruz Vermelha. Em *Customary International Humanitarian Law, Volume 1: Rules*. Editado por Jean-Marie Henckaerts e Louise Doswald-Beck. Cambridge, UK: Cambridge University Press, 2005.

"Russia Submarine Capabilities." Ficha Informativa, Nuclear Threat Initiative, 6 de março de 2023.

"Russia to Keep Notifying US of Ballistic Missile Launches." *Reuters*, 30 de março de 2023.

Sagan, Carl. "Nuclear War and Climatic Catastrophe: Some Policy Implications." *Foreign Affairs*, Inverno 1983/84.

Sanger, David E. e William J. Broad. "In North Korea, Missile Bases Suggest a Great Deception." *New York Times*, 12 de novembro de 2018.

Saslow, Eli. "The Nuclear Missile Next Door." *Washington Post*, 17 de abril de 2022.

Schneider, Stephen H. e Starley L. Thompson. "Nuclear Winter Reappraised." *Foreign Affairs*, 981–1005.

Shim, Elizabeth. "CIA Thinks North Korean Missiles Could Reach U.S. Targets, Analyst Says." *United Press International*, 18 de novembro de 2020.

Shin, Hyonhee. "North Korea's Kim Oversees ICBM Test, Vows More Nuclear Weapons." *Reuters*, 19 de novembro de 2022.

Shipper, David K. "Russia's Antiquated Nuclear Warning System Jeopardizes Us All." *Washington Monthly*, 29 de abril de 2022.

Smith, Josh. "Factbox: North Korea's New Hwasong-17 'Monster Missile.'" *Reuters*, 19 de novembro de 2022.

Smith, Josh e Hyunsu Yi. "North Korea Launches Missiles from Submarine as U.S.— South Korean Drills Begin." Reuters, 13 de março de 2023.

Sockol, Michael D., David A. Raichlen e Herman Pontzer. "Chimpanzee Locomotor Energetics and the Origin of Human Bipedalism." *Proceedings of the National Academies of Science* 104, n.º 30 (24 de julho de 2007): 12265-69.

Sokolin, Anton. "North Korean Satellite to Fall toward Earth after 7 Years in Space, Experts Say." *NK News*, 30 de junho de 2023.

Starr, Steven, Lynn Eden e Theodore A. Postol. "What Would Happen If an 800-Kiloton Nuclear Warhead Detonated above Midtown Manhattan?". *Bulletin of the Atomic Scientists*, 25 de fevereiro de 2015.

Stewart, Phil e Idrees Ali. "Exclusive: U.S., Russia Have Used Their Military Hotline Once So Far during Ukraine War." *Reuters*, 29 de novembro de 2020.

Stone, Mike. "Pentagon Evaluating U.S. West Coast Missile Defense Sites: Officials." *Reuters*, 2 de dezembro de 2017.

Stone, Richard. "Spent Fuel Fire on U.S. Soil Could Dwarf Impact of Fukushima: New Study Warns of Millions Relocated and Trillion-Dollar Consequences." *Science*, 24 de maio de 2016.

Sutton, H. I. "New North Korean Submarine: ROMEO-Mod." Covert Shores Defense Analysis, 23 de julho de 2019.

_____. "New Satellite Images Hint How Russian Navy Could Use Massive Nuclear Torpedoes." Instituto Naval dos Estados Unidos, 31 de agosto de 2021.

_____. "Spy Sub among Russian Navy Submarines Which Surfaced in Arctic." Covert Shores, 27 de março de 2021.

Thomson, Jess. "Would Putin's Nuclear Bunker in Ural Mountains Save Him from Armageddon?". *Newsweek*, 10 de novembro de 2022.

"Three Russian Submarines Surface and Break Arctic Ice During Drills." *Reuters*, 26 de março de 2021.

Thurlow, Setsuko. "Setsuko Thurlow Remembers the Hiroshima Bombing." Associação de Controle de Armas, julho/agosto de 2020.

Toon, Owen B., Alan Robock e Richard P. Turco. "Environmental Consequences of Nuclear War." *Physics Today* 61, n.º 12 (dezembro de 2008): 37-40.

Trevithick, Joseph. "Putin Reveals Existence of New Nuclear Command Bunker." Drive, 6 de janeiro de 2021.

Turco, R. P. *et al.* "Nuclear Winter: Global Consequences of Multiple Nuclear Explosions." *Science* 222, n.º 4630 (1983): 1283-92.

"US Strategic Command's New $1.3B Facility Opening Soon at Offutt Air Force Base." *Associated Press*, 28 de janeiro de 2019.

Van Diepen, Vann H. "It's the Launcher, Not the Missile: Initial Evaluation of North Korea's Rail-Mobile Missile Launches." 38 North, 17 de setembro de 2021.

_____. "March 16 HS-17 ICBM Launch Highlights Deployment and Political Messages." 38 North, 20 de março de 2023.

Van Schaik, Nathan. "A Community Member's Guide to Understanding FPCON." Gabinete de Relações Públicas do Exército dos Estados Unidos, 1.º de julho de 2022.

Von Hippel, Frank N. e Michael Schoeppner. "Reducing the Danger from Fires in Spent Fuel Pools." *Science and Global Security* 24, n.º 3 (setembro de 2016): 141-73.

"W88 Warhead Program Performs Successful Tests", Phys.org. 28 de outubro de 2014.

Warnke, Paul C. "Apes on a Treadmill." *Foreign Policy* 18 (primavera de 1975): 12-29.

Wellerstein, Alex. "The Demon Core and the Strange Death of Louis Slotin." *New Yorker*, 21 de maio de 2016.

Wesolowsky, Tony. "Andrei Sakharov and the Massive 'Tsar Bomba' That Turned Him against Nukes", Radio Free Europe, 20 de maio de 2021.

Willman, David. "The Pentagon's 10-Billion-Dollar Radar Gone Bad." *Los Angeles Times*, 5 de abril de 2015.

Wolfsthal, Jon. "We Never Learned the Key Lesson from the Cuban Missile Crisis." *New Republic*, 11 de outubro de 2022.

Xia, L. *et al*. "Global Food Insecurity and Famine from Reduced Crop, Marine Fishery and Livestock Production Due to Climate Disruption from Nuclear War Soot Injection." *Nature Food* 3 (2022): 586-96.

Yamaguchi, Mari e Hyung-Jin Kim. "North Korea Notifies Neighboring Japan It Plans to Launch Satellite in Coming Days." *Associated Press*, 29 de maio de 2023.

Youssef, Nancy A. "U.S., Russia Establish Hotline to Avoid Accidental Conflict." *Wall Street Journal*, 4 de março de 2022.

Zeller, Tom, Jr. "U.S. Nuclear Plants Have Same Risks, and Backups, as Japan Counterparts." *New York Times*, 14 de março de 2011.

Zuckerman, Ed. "Hiding from the Bomb—Again." *Harper's*, agosto de 1979.

DEPOIMENTOS E TRANSCRIÇÕES

Declaração de comandante Charles A. Richard, Comando Estratégico dos Estados Unidos diante do Subcomitê de Apropriações de Defesa da Câmara dos Representantes, 5 de abril de 2022.

Declaração de comandante Charles A. Richard, Comando Estratégico dos Estados Unidos diante do Comitê das Forças Armadas da Câmara dos Representantes, 1.º de março de 2022.

Declaração de comandante Charles A. Richard, Comando Estratégico dos Estados Unidos diante do Comitê das Forças Armadas da Câmara dos Representantes, 13 de fevereiro de 2020.

Declaração de dr. Bruce G. Blair, Audiência do Comitê das Forças Armadas da Câmara sobre Perspectivas Externas em Política e Postura de Dissuasão Nuclear, 6 de março de 2019.

Declaração do general C. Robert Kehler, Força Aérea dos Estados Unidos (aposentado), diante do Comitê de Relações Exteriores do Senado, 14 de novembro de 2017.

Declaração de Theodore A. Postol. "Why Advances in Nuclear Weapons Technologies Are Increasing the Danger of an Accidental Nuclear War between Russia and the United States." Hart Senate Office Building, Washington, D.C., 26 de março de 2015.

Depoimento do embaixador Henry F. Cooper. "The Threat Posted by Electromagnetic Pulse and Policy Options to Protect Energy Infrastructure and to Improve Capabilities for Adequate System Restoration." 4 de maio de 2017, 23.

Depoimento de dr. William Graham. "Threat Posed by Electromagnetic Pulse (EMP) Attack". Comitê das Forças Armadas, Câmara dos Representantes dos Estados Unidos, 10 de julho de 2008.

Depoimento do dr. William R. Graham e dr. Peter Vincent Pry. "Empty Threat or Serious Danger? Assessing North Korea's Risk to the Homeland." Câmara dos Representantes, Comitê de Segurança Interna, 12 de outubro de 2017.

Depoimento de Richard L. Garwin. "Prepared Testimony for the Hearing, 'Protecting the Electric Grid from the Potential Threats of Solar Storms and Electromagnetic Pulse.'" 17 de julho de 2015.

Depoimento Setsuko Thurlow. "Disarmament and Non-Proliferation: Historical Perspectives and Future Objectives." Royal Irish Academy, Dublin, 28 de março de 2014.

_____. "Vienna Conference on the Humanitarian Impact of Nuclear Weapons." Ministério Federal, República da Áustria, 8 de dezembro de 2014.

Depoimento de vice-almirante Jon A. Hill, diretor da Agência de Defesa contra Mísseis da Marinha dos Estados Unidos, perante o Subcomitê de Forças Estratégicas do Comitê das Forças Armadas do Senado, 18 de maio de 2022.

Transcrição de Vladimir Solovyov e Vladimir Putin. "The World Order 2018", 1h19. Tradução do russo de Julia Grinberg. Russia-1 Network, março de 2018.

"Admiral Charles A. Richard, Commander, U.S. Strategic Command, Holds a Press Briefing." Transcrição, Departamento de Defesa, 22 de abril de 2021.

"Authority to Order the Use of Nuclear Weapons." Audiência diante do Comitê de Relações Exteriores, Senado dos Estados Unidos, 14 de novembro de 2017.

"Meeting with Heads of Defence Ministry, Federal Agencies and Defence Companies." Presidente da Rússia/Eventos, Sochi, 11 de novembro de 2020.

"National Reconnaissance Office, Mission Ground Station Declassification, 'Questions and Answers.'" Escritório Nacional de Reconhecimento, 15 de outubro de 2008.

"Spent Nuclear Fuel, Options Exist to Further Enhance Security." Depoimento ao Presidente, Subcomitê de Energia e Qualidade do Ar, Comitê de Energia e Comércio, Câmara dos Representantes dos Estados Unidos, Controladoria do Governo dos Estados Unidos, julho de 2003.

"Strategic Warning System False Alerts." Audiência do Comitê das Forças Armadas, Câmara dos Representantes, Congresso dos Estados Unidos, 24 de junho de 1980.

LIVROS DE *BRIEFINGS*

Burr, William, ed. "77th Anniversary of Hiroshima and Nagasaki Bombings: Revisiting the Record." Electronic Briefing Book N.º 800, Arquivo de Segurança Nacional, Universidade George Washington, 8 de agosto de 2022.

_____. "The Creation of SIOP-62: More Evidence on the Origins of Overkill." Electronic Briefing Book N.º 130, Arquivo de Segurança Nacional, Universidade George Washington, 13 de julho de 2004.

_____. "The 'Launch on Warning' Nuclear Strategy and Its Insider Critics." Electronic Briefing Book(s) N.º 43, Arquivo de Segurança Nacional, Universidade George Washington, abril de 2001, atualizado N.º 674, 11 de junho de 2019.

_____. "Nuclear Winter: U.S. Government Thinking during the 1980s." Electronic Briefing Book N.º 795, Arquivo de Segurança Nacional, Universidade George Washington, 2 de junho de 2022.

_____. "Studies by Once Top Secret Government Entity Portrayed Terrible Costs of Nuclear War." Electronic Briefing Book N.º 480, Arquivo de Segurança Nacional, Universidade George Washington, 22 de julho de 2014.

Mastny, Vojtech e Malcolm Byrne. "Soviets Planned Nuclear First Strike to Preempt West, Documents Show." Electronic Briefing Book N.º 154, Arquivo de Segurança Nacional, Universidade George Washington, 13 de maio de 2005.

"Site R Civil Defense Site." Documentos FOIA Ref 00-F-0019. Adquiridos por John Greenwald Jr., *Black Vault*, 18 de fevereiro de 2000.

APRESENTAÇÕES DE SLIDES

"Diablo Canyon Decommissioning Engagement Panel Spent Fuel Workshop." Embassy Suites Hotel, San Luis Obispo, 23 de fevereiro de 2019. Apresentação de slide com 116 páginas.

Garwin, Richard L. e Theodore A. Postol. "Airborne Patrol to Destroy DPRK ICBMs in Powered Flight." Grupo de Trabalho de Ciência, Tecnologia e Segurança Nacional, MIT, Washington, D.C., 27 a 29 de novembro de 2017. Apresentação de slide com 26 páginas.

McDuff, Glen. "Ballistic Missile Defense", LAUR-18-27321. Laboratório Nacional de Los Alamos, s.d.

_____. "Effects of Nuclear Weapons", LAUR-18-26906. Laboratório Nacional de Los Alamos, s.d.

_____. "Nuclear Weapons Physics Made Very Simple", LAUR-18-27244. Laboratório Nacional de Los Alamos, s.d.

_____. "Underground Nuclear Testing", LAUR-18-24015. Laboratório Nacional de Los Alamos, s.d.

McDuff, Glen e Alan Carr. "The Cold War, the Daily News, the Nuclear Stockpile and Bert the Turtle", LAUR-15-28771. Laboratório Nacional de Los Alamos, s.d.

McDuff, Glen e Keith Thomas. "A Tale of Three Bombs", LAUR-18-26919. Laboratório Nacional de Los Alamos, 23 de janeiro de 2017.

Moser, D. "Physics/Global Studies 280: Session 14, Module 5: Nuclear Weapons Delivery Systems, Trajectories and Phases of Flight of Missiles with Various Ranges." Apresentação de slide com 110 páginas.

Postol, Theodore A. "CNO Brief Showing Closely Spaced Basing Was Incapable of Launch." *Briefing* do Pentágono, Departamento de Defesa, 1982. Apresentação de slide com 22 páginas.

⎯⎯⎯. "The North Korean Ballistic Missile Program and U.S. Missile Defense." Grupo de Trabalho de Ciência, Tecnologia e Segurança Global do MIT, Fórum de Física e Sociedade, Reunião Anual da Sociedade Americana de Física, 14 de abril de 2018. Apresentação de slide com 100 páginas.

⎯⎯⎯. "Striving for Armageddon: The US Nuclear Forces Modernization Program, Rising Tensions with Russia, and the Increasing Danger of a World Nuclear Catastrophe Symposium: The Dynamics of Possible Nuclear Extinction." Academia de Medicina de Nova York, 1.º de março de 2015. Apresentação de slide com 13 páginas.

Scarlett, Harry Alan. "Nuclear Weapon Blast Effects", LA-UR-20-25058. Laboratório Nacional de Los Alamos, 9 de julho de 2020.

PODCASTS

Carlin, Dan e Fred Kaplan. "Strangelove Whisperings." Podcast *Dan Carlin's Hardcore History: Addendum*, 1.º de março de 2020.

Coyle, Philip. Podcast *Nukes of Hazard*, The Center for Arms Control and Non-Proliferation (O Centro para Controle e Não Proliferação de Armas), 31 de maio de 2017.

Gross, Terry e David Hoffman. "'Dead Hand' Re-Examines the Cold War Arms Race." Podcast *Fresh Air*, NPR, 12 de outubro de 2009.

Perry, Lisa e dr. William J. Perry. Podcast *At the Brink: A William J. Perry Project*, Primeira Temporada, julho de 2020.

Rogan, Joe e Yeonmi Park. "The Joe Rogan Experience #1691, Yeonmi Park." Podcast *The Joe Rogan Experience*, agosto de 2021.

"Salt Life: Go on Patrol with an Ohio-Class Submarine That's Ready to Launch Nuclear Warheads at a Moment's Notice." Podcast *National Security Science*, LA-UR-20-24937, Departamento de Defesa dos Estados Unidos, 14 de agosto de 2020.

Impressão e Acabamento:
GRÁFICA SANTA MARTA.